김수연의
아기발달백과

임신기부터 이해하고 준비하는
아기의 성장발달 로드맵

김수연의
아기발달 백과

● 김수연 지음 ●

삼인

" 아기의 뇌신경망 발달에 관심을 가져주세요 "

2014년, 〈김수연의 아기발달백과〉 첫 책을 출간하고 벌써 10년이 흘렀습니다. 그동안 책을 읽은 부모들로부터 아기를 키울 때 도움이 되었다는 인사를 자주 받았습니다. 요즘에는 연구소에서 발달 검사를 했던 아기들이 건강한 사회 구성원으로 성장해 활발히 활동하는 소식을 접하기도 합니다. 참 감사한 일입니다.

이스라엘에서 영유아발달 관련 공부를 하고 그곳 아동발달연구소에서 일하다가 귀국하여 우리나라에서 아기발달 연구를 진행한지도 30여 년이 되었습니다. 그동안 발달 검사와 연구 현장에서 수많은 부모와 아기를 만나 그들의 직접적인 문제를 해결하는 활동과 함께 아기를 낳고 키우는 일에 대한 사회적 인식 변화와 정부 정책의 개선을 위해 노력해 왔습니다. 근래 저출생 시대가 되면서 출산과 육아에 대한 사회적 관심이 늘고 정부에서도 아기들을 위한 지원을 늘리고 있는 것은 어려움 속에서도 다행인 일입니다. 이러한 사회적 노력과 더불어 한 명 한 명의 아기들이 어떤 성장과 발달 특성이 있는지 이해하고 아기들에게 알맞은 양육 방법을 찾아가려는 부모님들의 노력이 더해지기를 바랍니다.

"아기의 성장 발달은 임신 중 엄마 배 속에서부터 시작됩니다."

임신 중 엄마의 배 속에서는 아기의 손과 발이 만들어지기 전에 뇌신경망 발달이 가장 먼저 시작됩니다. 열 달이라는 임신 기간 동안 아기의 뇌신경망은 빠른 속도로 복잡하게 만들어져 갑니다. 아기의 뇌신경망이 잘 만들어져야 아기가 태어나서 목도 가누고, 걷고, 엄지 검지로 콩을 집을 수도 있습니다. 어린이집에 적응하는 일도, 한글과 숫자 공부도 모두 엄마 배 속에서 만들어지는 뇌신경망이 잘 발달되었을 때 가능한 일입니다.

아기가 태어났을 때 아기의 키와 몸무게, 머리둘레를 측정하게 되는데 이는 단순히 아기의 머리와 키가 얼마나 큰지 알아보기 위함이 아닙니다. 아기의 키가 너무 작거나 머리둘레가 너무 작은 경우, 또는 너무 큰 경우에는 임신 중에 아기의 뇌신경망 형성에 문제가 있을 수 있다고 판단하고 아기의 발달 상황을 더 자주 지켜보거나, 뇌기능 검사를 조기에 수행하기도 합니다.

아기가 잘 먹고 잘 놀고 건강한 모습을 보여도 주기적으로 머리둘레, 체중, 키를 측정해야 하고 발달 검사를 하는 이유는 아기의 뇌신경망이 잘 발달되고 있는지를 알아보기 위해서입니다. 아기의 건강 상태만 가지고 아기의 뇌신경망 상태를 판단할 수 없기 때문입니다.

"아기의 발달 특성을 이해하면서 양육해야 합니다."

아기의 건강 문제는 아기의 나이나 몸무게를 고려해서 결정할 수 있지만, 아기를 키워가는 양육 방법은 각 아기가 가지고 태어나는 성장과 발달 특성을 고려해야 합니다. 많이 먹이고 다양한 자극을 준다고 해서 모든 아기들이 더 잘 자라는 것은 아닙니다. 아기의 몸집 특성에 맞게 먹여야 하고 아기의 발달 수준에 맞는 놀이를 제공해야 아기의 뇌신경망을 최대로 활성화시킬 수 있습니다. 〈김수연의 아기발달 백과〉는 초보 부모가 아기의 성장과 발달 특성을 이해하고 아기의 성장과 발달 수준에 맞는 육아법을 찾아갈 수 있게 도와줄 것입니다.

"충실한 설명의 본 책과 바로바로 활용 가능한 특별부록으로 구성되어 있습니다."

이 책은 본 책과 특별부록, 총 2권으로 구성되어 있습니다.

본 책에는 임신 중 태아기부터 생후 60개월까지 발달기별 아기들의 발달 특성을 자세히 설명하고 있습니다. 특히 발달기별로 수록되어 있는'집에서 하는 아기발달 검사'는 혹시라도 아기의 성장과 발달이 지연되고 있을 경우 조기에 발견할 수 있는 검사들로 구성하였습니다. 본 책의 내용을 전부 읽지 않더라도'집에서 하는 아기발달 검사'는 해당 시기에 반드시 진행해서 혹시 모르는 아기의 발달 지연을 빨리 발견해 전문가의 조치를 받았으면 좋겠습니다.

특히 아직 출산 전인 경우에는 육아를 함께할 가족들과 본 책을 처음부터 한번 쭉 읽어보기를 권합니다. 아기가 태어나기 전에 아기의 출생에서 60개월까지의 성장과 발달 과정을 충분히 이해하면 앞으로 태어날 아기의 행동을 이해하면서 아기를 어떻게 키워갈지 방향을 잡는 데 큰 도움이 될 것입니다.

특별부록은 아기가 태어나고 본격적인 육아가 시작되어 정신없을 때 바로바로 꺼내서 보며 활용할 수 있도록 발달기별로 좀 더 다양한 발달 검사방법과 부모와 함께하는 발달 놀이로 꾸며져 있습니다. 총 55가지의 발달 검사와 117가지의 발달 놀이는 여러 육아 상황에서 당장 문의를 하거나 조언을 해줄 육아 선배가 없는 초보 부모가 쉽게 활용할 수 있도록 자세한 설명과 일러스트로 구성되어 있습니다. 여기에 더해 일러스트로 설명이 부족할 수 있는 부분들은 QR코드를 활용한 짧은 동영상으로 초보 부모의 이해를 돕고자 노력했습니다. 육아의 목표는 아기가 가지고 태어난 잠재능력을 최대한으로 발휘할 수 있는 기회를 제공하는 일이어야 합니다. 최저 출생률의 시대에 아기를 낳고 키우기로 큰 결심을 한 초보 부모들이 좀 더 수월하게 아기를 키울 수 있도록 지난 30여 년의 노하우를 이 책에 담았습니다. 집에서 아기가 잘 성장 발달하고 있는지를 살펴보고 아기에게 필요한 다양한 발달 놀이와 아기 다루기의 방법을 통해서 소중한 내 아기의 잠재능력을 최대한으로 끌어올릴 수 있도록 〈김수연의 아기발달백과〉 개정 3판이 도와줄 것입니다.

신촌 연구실에서

김수연

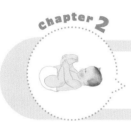

chapter 2

생후 4~6개월 아기발달

"아기의 뇌 발달을 위해서는 다양한 자극이 필요합니다!"

chapter 3

생후 7~10개월 아기발달

"혼자서 앉고 기어갈 수 있어요!"

chapter 4

생후 11~16개월 아기발달

"혼자서 걸을 수 있어요!"

생후 37~60개월 아이발달
chapter 7

"어린이집과 유치원에 잘 적응해요!"

❘ 우리 아기 나이 계산법 ❘

아기의 성장과 발달을 평가하기 위해서는 먼저 아기의 나이를 계산해야 한다. 육아 서적에서 '생후 4개월'이라고 했을 때, 이것이 생후 3개월이 지나자마자를 말하는 것인지, 아니면 생후 4개월이 지난 후를 말하는 것인지 혼란스러웠던 경험이 있을 것이다. 그래서 정확하게 아기 나이를 이야기하기 위해 "우리 아기는 121일이 된 아기예요" 혹은 "99일 된 아기예요" 하고 말하는 경우도 많다.

아기의 성장과 발달 평가를 위해서는 아래의 예시대로 아기 나이를 계산하면 된다.

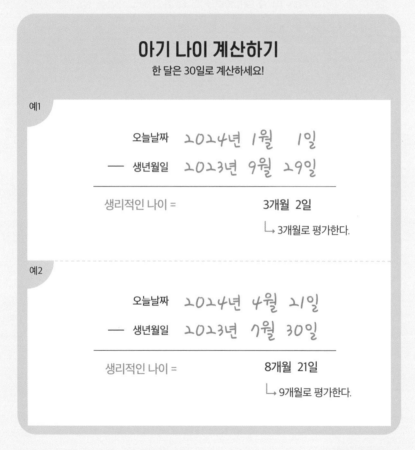

아기 나이 계산하기
한 달은 30일로 계산하세요!

예1

오늘날짜	2024년 1월 1일
― 생년월일	2023년 9월 29일
생리적인 나이 =	3개월 2일

ㄴ 3개월로 평가한다.

예2

오늘날짜	2024년 4월 21일
― 생년월일	2023년 7월 30일
생리적인 나이 =	8개월 21일

ㄴ 9개월로 평가한다.

이 방법으로 계산한 아기의 생리적인 나이는 다음과 같은 기준으로 정리한다.

1개월 16일~2개월 15일	2개월
2개월 16일~3개월 15일	3개월
7개월 16일~8개월 15일	8개월
11개월 16일~12개월 15일	12개월

미숙아(조산아) 나이 계산하기
한 달은 30일로 계산하세요!

미숙아(조산아)의 경우 생리적인 나이와 교정 나이를 계산한다. 성장 평가의 경우 생리적인 나이로 평가하고 발달 평가의 경우 생후 24개월까지는 교정 나이로 평가 한다.

· 33주에 태어난 경우 ·

(40주 - 33주 = 7주 먼저 태어난 것임)

오늘날짜	2024년 4월 5일
— 생년월일	2023년 8월 14일

생리적인 나이 =   7개월 21일

                                      ↳ 8개월(성장 평가 시)

교정 나이 = 7개월 21일 - 7주(한 달+3주)

                ↳ 6개월(발달 평가 시)

+ 교정 나이는 생리적인 나이에서 빨리 태어난 주 수를 빼서 계산한다.

일러두기

- 이 책에서는 임신 중 태아부터 생후 24개월 미만의 아이는 '아기'로, 몸놀림이 활발해지고 언어이해력이 향상되는 생후 25개월 이후의 아이는 '아이'로 표현하였습니다.

Chapter 0

임신~출생
아기발달

> ## " 아기의 뇌 발달은
> ## 임신 초기부터 시작됩니다. "

아기발달은 아기가 태어나서 움직이고 생각하고 사람들과 관계를 맺는 모든 활동을 의미한다. 아기가 혼자서 세상을 살아가기 위한 여러 능력들은 아기의 뇌 발달(뇌신경망 발달)이 결정한다. 그리고 아기의 뇌 발달은 임신 초기부터 시작된다. 따라서 임신기간 내내 몸조심이 필요하지만 특히 임신 초기에 특별히 몸조심을 해야 한다고 말하는 것이다.

임신을 준비할 때 산부인과 진료가 필요한 이유 역시 아기의 뇌 발달에 영향을 미칠 수 있는 요인들을 미리 점검해서 임신을 해도 아기의 뇌 발달에 지장이 없을 지를 알아내기 위함이다. 특히 엽산과 철분은 임신 초기 아기의 뇌 발달 형성에 중요한 역할을 하므로 임신 전에 충분한 양을 보충해 주어야 한다. 엽산 이외에도 부모의 음주, 흡연, 약물복용, 영양상태, 가족력 등 아기의 뇌 발달에 영향을 미칠 수 있는 요인들에 대해서는 주기적으로 산부인과 진료를 통해 점검받아야 한다.

임신 기간 중 초음파 검사는 임신 주수에 맞게 아기의 크기가 적절한지를 알아

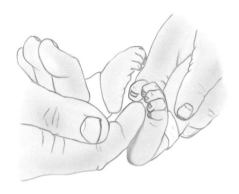

보는 일이다. 배 속의 아기가 잘 자라고 있다는 말은 손가락 수나 발가락 수가 정상
이라는 의미보다는 아기의 뇌 발달이 문제없다는 의미로 받아들여야 한다.

임신 중 아기의 뇌 발달

Fetal Brain Development

임산부의 영양상태

임신 초기에 입덧이 심해서 음식섭취를 잘 하지 못했다고 해서 아기의 뇌 발달에 부정적인 영향을 미치는 경우는 거의 없다. 하지만 임신 중기 이후에는 아기의 뇌 발달이 매우 활발하게 형성되는 시기이므로 적절한 영양공급이 필요하다. 산모에게 충분한 영양이 공급되지 못하는 경우 아기에게 영양공급이 어려워지므로 자궁 내 아기의 성장 지연이 발생하고 아기의 성장 지연은 아기의 뇌 발달에 심각한 영향을 미치게 되기 때문이다. 혹시 임신 중기 이후에도 심한 입덧으로 밥을 전혀 먹을 수 없다면 산부인과 주치의와 상의해서 의학적인 방법을 통해서라도 영양분을 공급해 주어야 한다. 충분한 영양섭취가 필요하다고 해서 많은 양의 칼로리를 섭취해 비만이 되지 않도록 주의해야 한다. 오히려 임산부의 비만은 아기의 건강에도 부정적인 영향을 미치므로 임신 전부터 산부인과 진료를 통해 당뇨나 고혈압 등의 질병 유무를 확인하고 아기의 뇌 발달을 위해 적정체중을 유지할 수 있게 노력해야 한다. 아기의 뇌 발달에 필요한 영양섭취는 임산부의 체중이 5~9킬로그램 정도 증가하는 것으로 충분하므로 아기의 뇌 발달에 필요한 요인들이 충족되었다면 일부러 칼로리의 섭취를 높일 필요

는 없다. 만일 아기의 뇌신경망 형성에 필요한 요인들이 부족한 경우에도 약물 처방으로 충족시킬 수 있으므로 많은 양의 음식섭취가 필요하지는 않다. 하지만 절대적으로 영양공급을 받지 못하는 상황이 지속된다면 아기의 뇌 발달이 정상적으로 이루어질 수는 없다.

임신 중 스트레스가 아기의 뇌 발달에 미치는 영향

'임신 중 스트레스가 아기의 뇌 발달에 영향을 미친다'는 이야기를 쉽게 듣게 된다. 임신 중에 잘 챙겨먹지 못했다거나 아기가 나올 때까지 직장생활을 해서 몸이 힘들었어도 정기적인 산부인과 검진으로 임산부와 아기의 건강상태를 점검한다면 아기의 뇌신경망 발달에 대해서는 크게 걱정하지 않아도 좋다. 관련 연구결과들은 임신 중 아기의 뇌 발달에 가장 크게 영향을 미치는 요인으로 '원하지 않은 임신(unwanted baby)'을 말하고 있다. 원하지 않은 임신일 경우 임산부가 극한 스트레스 속에서 잘 먹지 않

거나 다양한 방법으로 스스로 스트레스를 주어 자연유산을 유도하게 되기 때문에 배 속의 아기가 잘 자라지 못하기 때문일 것이라고 생각된다.

준비하지 못한 상태에서의 임신일지라도 임신 사실을 알게 된 후부터 임산부가 아기의 건강을 위해서 노력한다면 아기의 뇌 발달에 부정적인 영향을 미치기는 어렵다. 임신 중에 겪게 되는 스트레스를 적절한 영양공급이나 휴식, 취미활동 등으로 해결해 나갈 수 있다면 아기의 뇌 발달에 영향을 미칠 것을 염려하며 급격히 생활방식을 바꾸고 안정을 취할 필요는 없다.

임신 중 운동의 중요성

연구 1

최근의 연구결과들은 임신 중 산모의 주기적인 운동이 산모의 건강과 아기에게 긍정적인 영향을 주는 것으로 이야기한다. 임산부들을 대상으로 걷기나 수영 등 유산소 운동프로그램을 일주일에 3~4번 수행한 결과 조산율이 운동을 하

지 않은 임산부 집단보다 높지 않았고 오히려 운동을 한 집단이 운동을 하지 않은 집단보다 정상 분만율이 더 높고, 제왕절개 분만율은 낮게 나타났다. 그리고 임신성 당뇨와 고혈압 발생률도 낮게 나타났다.

연구 2

18~40세 사이의 임신 16주 미만의 임산부를 대상으로, 한 집단은 주당 150분의 중간 강도 유산소운동에 참여하게 하고 다른 집단은 주당 150분의 가벼운 스트레칭 및 이완 호흡요법을 하게 하였다. 두 집단의 임산부가 임신 34~36주가 되었을 때 심초음파로 아기의 심장기능을 평가하였는데 중간 강도 유산소운동에 참여한 집단이 가벼운 스트레칭 및 이완 호흡요법을 한 집단보다 아기의 심장기능 수치가 의미 있게 높게 나타났다.

연구 3

임신 12~16주 사이의 임산부들에게 임신 38~40주까지 매주 세 번씩 1회 60분 정도 병원 안에 있는 피트니스 룸에서 운동프로그램을 수행했다. 프로그램 초

기에는 운동을 시작하는 집단과 운동을 시작하지 않은 두 집단 간에 우울감 측정값의 차이가 없었다. 하지만 임신 38주와 아기를 낳은 6주 후에는 운동프로그램을 수행한 집단에서 운동프로그램에 참여하지 않은 집단보다 우울증을 호소한 사람의 수가 적었다. 산모나 아기 엄마의 우울증은 아기 엄마에게만 힘든 일이 아니고 아기 양육에 부정적인 영향을 미치게 되며 가족에게도 힘든 일이다. 위의 연구결과를 참고하면 임신 말기와 산후 초기의 우울증 예방을 위한 임신 중 운동프로그램의 중요성을 확인할 수 있다.

따라서 임신을 준비한다면 임신 전부터 운동을 습관화시킬 필요가 있다. 임신 전에 운동이 습관화되어 있어야 임신 후에도 지속적으로 운동을 하기가 수월하기 때문이다. 임신 전에 운동을 하지 못했더라도 임신 후에 산부인과 주치의와 상의 후 적절한 운동을 생활화하는 일은 태교동화책이나 태교음악을 듣는 일보다 더 중요하다고 할 수 있다.

태교에 대한 오해

우리나라 임산부들 중에 대다수는 임신 중에 태교동화책도 읽어주고 태교음악도 들려주고 예비 아빠가 배 속 아기에게 자주 말을 걸어 주어야 한다고 생각한다. 배 속의 아기를 위해 비싼 돈을 들여서 해외로 태교여행을 떠나기도 한다. 간혹 임신 중에 수학문제를 풀거나 영어공부를 열심히 해서 수학과 영어를 잘하는 아기를 만들려고 노력하는 산모도 있다.

산모가 가능한 한 스트레스를 받지 않도록 노력해야 하는 일은 매우 중요하다. 하지만 태교동화책을 읽어주고 태교음악을 듣는 일이 결정적으로 아기의 뇌 발달에 긍정적인 영향을 미친다고 이야기하기는 어렵다.

임산부의 배에 얼굴을 대고 다정하게 말을 걸거나 태교동화책을 읽어 주어도 배 속 아기에게는 '윙, 윙'하는 소리로 들리게 된다. 엄마 아빠가 하는 말은 양수를 거치면서 흡수되므로 아기에게 말소리가 전달되기 어렵다. 산모가 움직이면서 산모의 옷과 배가 부딪칠 때도 뱃속의 아기에게는 잡음으로 들릴 수 있고, 산모가 배를 쓰다듬을 때도 잡음으로 전달될 수 있다.

임신 말기에 산모에게 음악을 들려주면 태동을 더 느낀다는 연구결과들도 있다. 아기가 기분이 좋아서 태동이 많아지는 것이라고 해석하기도 하지만 그렇기 때문에 임신 중에 음악을 많이 들려 주면 아기가 정서적으로 더 안정되고 더 똑똑해진다고 과학적으로 설명하기는 어렵다. 게다가 일상적인 산모의 스트레스는 아기의 뇌 발달에 부정적인 영향을 미치지 않으므로 배 속의 아기를 잘 자라게 하려고 필요 이상으로 태교에 신경을 쓸 필요는 없다. 그러므로 혹시라도 뱃속에서 아기가 잘 자라지 못하거나 출생 후에 의학적인 문제나 발달문제가 진단되더라도 산모가 태교를 충분히 하지 못해서 생긴 일이라고 단정 짓고 자책하면 절대로 안 된다. 대부분의 자연유산의 원인은 태교를 하지 않아서가 아니고 아기가 선천적으로 염색체에 이상이 있거나 아직 의학적으로 밝히지 못하는 원인들 때문이다.

임신을 준비하고 열심히 태교동화책을 읽어주고 클래식 음악을 듣는다고 해도 2~3%의 아기들은 선천적으로 의학적인 문제나 발달문제를 가지고 태어나게 된다. 따라서 어떤 경우에도 아기가 가지고 태어난 문제의 원인을 태교에서 찾으려는 비과학적인 태도를 갖지 말아야 한다. 일정 시간 태교동화책도 읽어

보고 태교음악도 들어보는 일이 산모와 예비 아빠가 책임감 있는 부모가 되겠다는 마음가짐을 갖는 데는 도움이 될 수는 있다. 하지만 태교가 아기발달에 도움이 된다고 주장하는 일은 없어야 한다.

아기가 엄마 배 속에 있었을 때 들려준 노래에 반응하기도 하고 아빠가 해준 말을 기억하는 것 같다는 개인적인 경험과 생각들로, 임신 중에 사랑한다고 말을 많이 해주고 노래를 자주 들려주어야 한다고 주장하는 이들도 있다. 특히 아버지의 낮은 목소리로 태교동화책을 자주 읽어주라는 이야기들을 쉽게 접할 수 있다. 하지만 배 속 아기 때의 경험이 아기의 기억과 정서발달에 영향을 미치는지에 대해서는 아직 의학적으로 밝혀진 바가 없다. 부모의 행복감을 위해서 행하는 태교는 어떤 형태라도 적극적으로 권할 수 있지만 의학적으로 태교가 아기의 건강과 인지발달, 정서발달에 의미 있는 영향을 미칠 것이라는 기대까지는 하기 어렵다고 이야기할 수밖에 없다.

모유 수유에 대한 오해

모유 수유가 아기의 IQ를 높인다는 여러 연구결과가 계속해서 나오고 있다. 대부분의 연구결과에서는 모유 수유를 한 아기들의 IQ가 모유 수유를 하지 않은 아기들의 IQ보다 통계적으로 5~7점 혹은 7~9점 정도 높게 나오고 있다. 모유 수유를 한 집단과 분유를 먹여서 키운 집단 아기들의 지능이 정상 범위에 속하면서 IQ 5~9점 정도의 차이를 보인 것이다. 만일 분유를 먹여서 키운 아기들의 지능이 경계성 지능 수준의 범위에 있고 모유를 먹여서 키운 아기들이 분유를 먹인 아기들보다 IQ 5~9점 차이로 정상 범위에 속한다고 한다면 이 5~9점 차이는 학습과 일상생활 적응에 의미 있는 차이를 보일 수 있다. 하지만 분유를 먹여서 키운 아이들과 모유를 먹

여서 키운 아기들의 IQ가 모두 정상 범위에 속하면서 5~9점의 차이를 보였다면 이 차이는 학교에서 공부를 할 때나 일상생활의 문제해결력에 의미 있는 영향을 준다고 보기는 매우 어렵다.

영국의 런던대학과 골드스미스대학의 공동 연구는 모유 수유는 유아기는 물론 청소년기 지능형성에 영향을 미치지 않는다는 연구결과를 내놓았다.

그러므로 모유 수유가 아기의 IQ를 5~9점 정도 높인다는 연구결과 때문에 건강상의 이유로 모유를 먹이지 못하는 아기 엄마들이 심한 죄책감을 가질 필요는 없다. 아기의 학습능력은 IQ가 정상 범위에 속하는 경우 스트레스 상황에서의 감정조절력, 사회성 발달, 학습 동기, 건강 상태 등 다양한 요인에 영향을 받게 되므로 단지 모유 수유를 오래 하면 IQ가 높아져서 공부도 잘하고 사회에 잘 적응할 수 있을 것이라고 오해하면 안 된다.

모유 수유가 아기의 면역력 향상에 의미 있는 영향을 미친다는 결과는 의학적으로 받아들여지고 있다. 하지만 정상 범위의 면역력을 가지고 태어난 아기들

의 경우 분유 수유를 한다고 아기의 몸이 아파지고 건강상태가 나빠지는 것은 아니다. 단, 인큐베이터에서 몇 달 동안 지내야 하는 미숙아들이나 건강상의 어려움을 가지고 태어나서 입원을 해야 하는 아기들의 경우 엄마의 모유를 먹이거나 혹은 모유은행을 통해서 모유 수유를 공급해 아기의 면역력을 높여주려는 노력은 필요하다. 아기의 면역력 향상을 위해 최소한 6개월 정도까지는 모유 수유를 권한다. 그리고 젖이 많이 나오고 아기 엄마가 체력적으로 모유 수유가 어렵지 않고 모유 수유하는 시간이 행복하다면 생후 24개월까지도 엄마와 아기가 긴밀하게 상호작용을 하는 기회로서 모유 수유를 할 수도 있다. 단 생후 6개월 이후에는 영양공급을 위해서 적절한 이유식이 제공되는 조건에서 모유 수유가 이루어져야 한다.

Chapter 1

출생~생후 3개월
아기발달

> " 아기는 태어날 때부터
> 보고 들을 수 있어요! "

아기가 태어나 백일이 될 때까지는 엄마 배에서 나와 세상이라는 새로운 환경에 적응하는 시간이다. 1950년대에는 아기가 백지와 같아서 아무것도 할 수 없는 존재로 인식됐다. 하지만 1970년대 이후 다양한 연구를 통해 아기가 이미 엄마 배 속에서 다양한 능력을 갖추고 태어난다는 것을 알게 되었다.

대표적으로 미국의 소아정신과 의사인 브래즐턴(T. Berry Brazelton) 박사는 오랜 임상 경험을 통해서 아기가 환경에 반응할 수 있는 능력을 갖추고 태어나며, 외부의 자극에 적극적으로 반응하면서 발달해가는 존재라고 이야기했다. 그리고 오랜 연구 끝에 태어난 지 30일 이전의 신생아들이 보이는 독특한 행동 특성을 평가할 수 있는 〈신생아 행동 평가 척도(The Neonatal Behavioral Assessment Scale)〉를 개발해 세상을 놀라게 했다.

〈신생아 행동 평가 척도〉를 통해 부모가 갓 태어난 아기를 바라보면서 부모의 얼굴을 살살 흔들면 아기는 흔들거리는 시각적 자극을 인지하고 부모의 얼굴에 집중할 수 있고, 소리를 들려줄 때 아기가 소리를 듣고 눈을 크게 뜨며 두리번거리다가 소리가 나는 방향으로 눈동자를 돌리고 약간 고개도 돌릴 수 있다는 사실도 알게 되었다. 더불어 브래즐턴 박사는 아기마다 고유의 행동 특성을 가지고 태어나며, 이러한 특성이 부모의 양육 태도에도 영향을 미칠 수 있다는 사실을 밝혀냈다. 즉, 환경에 반응하는 아기의 행동 특성이 양육자가 아기를 대하는 태도를 결정지을 수 있다는 것이다.

브래즐턴 박사 연구 이전에는 아기 행동의 원인이 모두 부모에게 있다고 생각하고, 문제 행동의 원인을 모두 부모의 양육 태도에서 찾으려고 했다. 그러나 브래즐턴 박사의 연구로 부모와 자녀의 관계가 아기의 타고난 행동 특성과 부모의 양육 태도 간 상호작용의 결과라는 인식을 갖게 되었다.

아기에게 특정 자극을 주었을 때 아기의 반응은 부모로 하여금 아기를 다시 자극하게 할 수도 혹은 자극을 중단시키게 할 수도 있다. 그래서 브래즐턴 박사가 개발한 도구는 갓 태어난 신생아가 자극에 대해서 어떻게 반응하는지 초보 부모에게 알려주는 교육적인 목적으로 많이 활용된다. 초보 엄마들이 보는 앞에서 아기가 외부 자극에 어떻게 반응을 하는지 알려주면, 아기의 행동 특성을 이해하고 내 아기에게 필요한 부모의 역할이 무엇인지 구체적으로 이해할 수 있게 된다.

갓 태어난 아기의 행동 특성을 이해하면 할수록 내 아기에 대한 애정이 커지고 초보 부모라도 아기를 다루는 일에 대한 자신감이 커진다. 출생 후 3개월까지는 갓

부모 - 자녀의 관계 형성

아기의 타고난 행동 특성 ⇌ 부모의 양육 태도

태어나 아직 환경에 적응하지 못한 아기들이 가정에서 제공되는 자극에 어떤 반응을 보이는지를 자세히 관찰해야 하는 시기이다.

TIP 신생아 행동 평가 척도

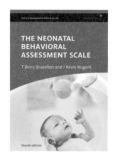

신생아 행동 평가 척도(The Neonatal Behavioral Assessment Scale, NBAS)는 1973년에 브래즐턴 박사에 의해 만들어졌다. 처음에는 출생 후부터 1개월까지 신생아의 행동발달을 평가하기 위해 개발되었으나, 제3판(1995)부터는 출생 후부터 약 2개월까지의 신생아 행동을 평가할 수 있도록 개정되었다. 이 검사는 갓 태어난 아기들의 행동 특성을 매우 세밀히 관찰할 수 있는 능력을 키우는 데 큰 도움을 준다. 따라서 신생아 행동발달 평가뿐만 아니라 갓 태어난 아기들이 환경 자극에 어떻게 반응하는지 살펴보는 초보 부모들의 교육용 도구로도 많이 활용되고 있다.

아기의 시각발달

Your Baby's Visual Development

신생아도 흐릿하게 볼 수 있어요

아기가 태어나면 부모는 아기와 관계를 맺고 싶은 마음에 눈을 맞추려고 노력한다. 하지만 방금 태어난 아기와 눈 맞춤에 성공하는 일은 쉽지 않은 일이다. 갓 태어난 아기의 시각발달을 이해한다면 부모는 아기와 시각적인 첫 관계를 어떻게 맺을지에 대한 아이디어를 얻을 수

있을 것이다.

아기는 태어나면서부터 열심히 주변을 둘러보지만, 아직 시야가 흐릿하다. 갓 태어난 아기의 시각발달에 관한 연구 결과를 통해 갓 태어난 아기는 앞에 보이는 물체의 테두리나 굴곡진 곳에 더 초점을 맞춘다는 것을 알 수 있다. 즉 자기 얼굴을 들여다보는 부모 얼굴 전체를 인식하기보다는 턱선, 머리끝 부분,

▲ 1개월 아기의 사람 얼굴 시각 스캐닝

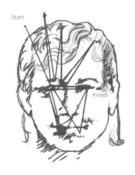

▲ 2개월 아기의 사람 얼굴 시각 스캐닝

출처 : Adapted from Shaffer, D. R. (1993). Social and personality development (3rd ed.). Pacific Grove, CA: Brooks/Cole.

31

▲ 엄마 얼굴을 보고 혀를 날름하는 아기

▲ 엄마 얼굴을 보고 입을 크게 벌리는 아기

눈 주위 등에 관심을 보인다는 것이다. 따라서 갓 태어난 아기가 부모의 얼굴을 보고 눈동자에 시선을 맞추는 눈 맞춤을 하지 않는다고 걱정할 필요는 없다.

갓 태어난 아기는 각지고 튀어나온 곳으로 시선이 집중되므로 갓 태어난 아기를 처다보며 부모가 혀를 날름하면 반사적으로 아기도 혀를 날름하는 반응을 보이기도 한다. 부모가 '아'하고 입을 크게 벌리면 아기 역시 자신의 입을 크게 벌리는 모습도 관찰할 수 있다.

갓 태어난 아기는 살살 움직이는 것에 초점을 맞추기 쉬우므로 아기 눈앞에서 장난감을 살살 흔들어준다면 아기의 까만 눈동자가 아기 눈앞의 장난감에 초점을 맞추는 모습을 관찰할 수 있다. 아기가 장난감에 아기가 초점을 맞추는 모

습을 보게 되면 부모는 더욱 적극적으로 아기와 상호작용을 하고 싶어진다.

아기 앞에서 엄마의 얼굴을 살살 흔들어주세요

최근 들어 갓난아기와 눈 맞춤이 잘 안 된다고 자폐스펙트럼 장애를 의심하는 부모들이 늘고 있다. 아기와 눈을 맞추려고 아기의 얼굴과 너무 가까이에서 눈을 맞추려고 하면 아기는 부모와 눈을 맞추기 힘들어진다. 아기의 입장에서는 다가오는 부모의 얼굴이 마치 커다란 모양의 물체가 갑자기 자기에게 다가온다고 느껴질 수 있다. 아기는 겁을 먹고 다가오는 부모의 얼굴을 거부

할 수도 있다.

따라서 생후 2개월 이전에는 너무 가까이서 아기를 빤히 쳐다보기보다는 부모의 얼굴을 살살 흔들어주어서 아기의 시선을 이끄는 것이 더 효과적이다. 이때 아기는 부모의 눈을 보기보다는 흔들거리는 부모의 얼굴을 쳐다보게 될 것이다. 아기의 얼굴을 바라보면서 부모가 입술을 움직여 노래를 불러준다면 부모의 눈보다는 움직이는 입술에 아기가 시선을 집중하기가 더 쉬워질 수 있다.

생후 2개월이 지나면서는 아기의 시력이 많이 좋아져서 부모의 얼굴을 보다 선명하게 볼 수 있게 된다. 생후 3개월 정도에는 아기의 눈에서 20~30센티미터(부모가 아기를 팔에 안고 눈을 맞출 때 부모의 팔 길이 정도) 떨어진 거리의

물건이나 사람의 얼굴을 아주 잘 인식할 수 있게 된다.

따라서 생후 3개월 무렵부터는 아기와 부모 간의 의미 있는 눈 맞춤을 기대할 수 있다.

부모의 감정도 이해할 수 있어요

신생아 관련 연구결과에 의하면 아기는 태어나면서부터 사람 얼굴을 인식할 수 있고 다른 시각적 자극보다 사람 얼굴을 선호하도록 프로그램되어 있다고 한다. 아마도 진화적인 목적으로 사람의 얼굴을 자세히 분석할 수 있는 능력을 갖추고 태어난 것으로 판단하고 있다.

다음의 〈신생아의 시각 선호도〉 이미지는 신생아의 시각 반응 연구를 위해 진행한 실험의 내용이다. 두 이미지는 눈, 코, 입, 눈썹 등 동일한 시각적 요소를 가지고 있지만 신생아는 사람 얼굴 모양을 한 왼쪽 그림을 선호했고 오른쪽의 그림은 덜 선호하는 반응을 보였다.

다음의 〈다양한 패턴에 대한 아기의 시각 선호도〉 그래프는 아기가 어떤 패

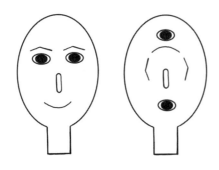

▲ 신생아의 시각 선호도

출처 : Development of face processing / WIREs Cognitive Science Volume 2, November/December 2011

턴의 시각적 자극에 더 관심을 보일지 연구한 결과이다.

생후 2~3개월의 아기나 3개월 이상

인 아기 모두 다른 모양보다는 사람 얼굴 모양에 관심을 크게 보였다. 이 연구 결과를 통해서 아기들이 선천적으로 사람의 얼굴에 관심을 가지고 태어난다는 것을 알 수 있다.

아기의 시각반응에 대한 다양한 연구 결과가 나오기 전에는 아기의 첫 장난감은 대부분 빨간색으로 만들었었다. 이후 아기의 시각 선호도 연구결과를 토대로 빨간색보다는 검은색과 흰색이 들어가도록 첫 장난감들이 제작되고 있다. 생후 2개월 이후에 아기가 가장 선호하는

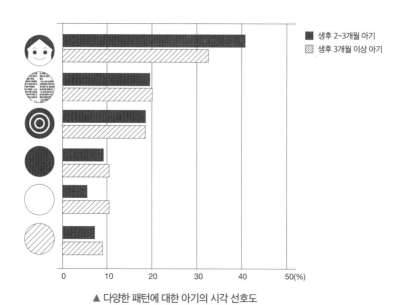

▲ 다양한 패턴에 대한 아기의 시각 선호도

출처 : Fantz, R. L. (1961). The origin of form perception. Scientific American, 204, 66-72.

모양은 사람의 얼굴 모양이므로 가정에서 가족의 사진을 넣어서 아기의 첫 장난감이 직접 만들어보는 것도 좋을 것 같다.

출생 후 3개월이 지나면서 아기는 엄마 얼굴 표정의 작은 변화에도 관심을 보이게 된다. 엄마가 행복한지, 슬픈지, 화가 났는지를 엄마의 얼굴 표정 변화로 알 수 있게 되는 것이다. 부모가 장난으로 '이놈' 하면서 화가 난 표정을 지으면 아기는 울음을 터트릴 수도 있으므로 일부러 아기를 놀리려고 화가 난 표정을 짓는 일은 하지 말아야 한다.

입술에 선명한 색으로 립스틱을 발라서 아기에게 노래를 불러준다면 립스틱이 칠해진 엄마의 움직이는 입술을 집중해서 쳐다보면서 아기가 자기 입술도 움직여 옹알이로 답해줄 수도 있을 것이다.

 선천성 백내장 조기 발견

출생~3개월 시기에 아기의 눈 맞춤 반응을 관찰하면서 꼭 해야 할 일은 조기에 선천성 백내장을 발견하는 것이다. 아기는 생후 5~6주 정도 되면 사물을 지속적으로 응시할 수 있게 되고, 3개월 정도 지나면 좌우 모든 방향으로 사물을 주시할 수 있다. 생후 3개월 이후는 사물을 지속적으로 보는 능력과 눈이 하나의 사물을 동시에 보는 능력이 형성되는 시기인데, 이 시기가 지났음에도 불구하고 사물을 주시하지 못하거나 눈이 심한 사시처럼 보인다면 꼭 안과검사를 받아야 한다. 심한 선천성 백내장이 있거나 눈에 구조적인 문제가 있으면 생후 7개월 이전에 발견해 치료하지 못하면 이후 정상적인 시력발달에 영향을 미칠 가능성이 있으니 꼭 확인하는 것이 좋다.

백내장은 수정체가 혼탁해져 빛을 제대로 통과시키지 못하게 되면서 안개가 낀 것처럼 시야가 뿌옇게 보이는 질환이다. 조기 발견이 중요한 이유는 어려서부터 백내장으로 주변의 시각적인 자극을 받아들이지 못하면, 조기 수술이 어렵고 나중에 수술한다고 해도 볼 수 없게 되기 때문이다. 따라서 소아안과 전문의가 선천성 백내장 수술을 권한다면 미루지 말고 전문의가 권하는 시기에 수술하는 것이 좋다.

집에서 하는 아기발달 검사

시각반응 검사

검사명 **눈동자 옆으로 움직이기**

검사시기 2개월 16일 ~ 3개월 15일

검사방법 아기의 검은 눈동자 속에 부모의 얼굴이 보이면 살짝 오른쪽으로 고개를 돌려본다. 아기의 검은 눈동자가 오른쪽으로 따라오는지 살펴본다. 왼쪽으로도 시도해 본다.

생후 3개월 15일에도 아기의 눈동자가 옆으로 움직여지지 않는다면 소아안과의 진료가 필요하다. 혹시 아기의 눈에 흰 막이 덮여 있다면 출생 직후에라도 소아안과를 방문해야 한다. 아기가 잘 먹지 못하면서 눈을 맞추지 못한다면 뇌신경 발달의 문제가 원인일 수 있으므로 소아재활의학과의 방문이 필요하다.

아기의 청각발달

Your Baby's Auditory Development

신생아도 들을 수 있어요

1980년대에 '엄마 배 속의 아기가 밖에서 나는 소리를 듣는다. 혹은 아니다'하는 논란이 있었다. 엄마들이 임신 중에 들려주었던 음악을 아기가 태어난 후에 들려주면 다른 음악보다 더 예민하게 반응한다는 사실을 경험하면서 아기가 엄마 배 속에 있을 때 음악이나 부모의 목소리를 들을 수 있다고 생각하게 된 것이다. 그래서 일부 관심 있는 연구자들

은 배 속 아기가 실제 밖에서 나는 소리를 들을 수 있는지 연구하기 시작했다.

아기의 청각은 보통 임신 25주 정도가 되면 외부의 큰 소리에 반응할 정도로 발달한다. 이 연구결과를 상업적으로 활용해 임신부의 배에 이어폰 같은 기구를 대고 부모가 아기에게 이야기할 수 있는 도구들이 나왔다. 또 태교음악과 태교동화책도 많이 나오고 있다. 물론 임신 기간에 예비 부모가 아기와 상호작용하는 놀이의 한 방법으로 활용해 보는

것은 의미가 있다. 하지만 이러한 노력이 아기의 뇌 발달을 의미 있게 증진시킨다는 연구결과는 아직 미흡하다.

브래즐턴 박사의 〈신생아 행동 평가 척도〉를 통해 신생아의 귀에서 20센티미터 정도 떨어진 곳에서 종소리나 목소리를 들려주면 아기의 눈동자와 고개가 소리가 들리는 쪽으로 향한다는 것을 확인했다. 또 아기들이 청소기 소리에 울음을 그친다는 것은 여러 번 방송을 통해 알려진 사실이다. 아기가 울 때, 아기의 귀에 대고 '쉬쉬~'하면서 물소리 같은 소리를 들려주면 아기가 쉽게 진정하기도 한다.

이른바 '백색소음'이라고 부르는, 귀에 쉽게 익숙해져 작업에 방해되지 않는 이러한 소음이 아기들을 진정시키는 것으로 알려져 있다. 백색소음에는 진공청소기나 사무실의 공기정화장치 소리, 파도 소리, 빗소리, 폭포 소리 등이 있다. 백색소음이 엄마 배 속에서 들었던 혈류 흐르는 소리와 비슷하기 때문에 아기들이 이 소리에 진정이 되는 것이라는 해석도 있다.

쉬~쉬~

아기가 소리를 못 듣는지 빨리 발견해야 합니다

아기가 태어나면서부터 외부의 소리를 들을 수 있다는 사실을 알게 되면서 선천적으로 청각장애가 있거나 난청이 있는 아기들을 빨리 발견하기 위한 노력이 이루어지고 있다. 우리나라에서도 생후 1개월 이내에 아기가 잘 들을 수 있는지 알아보는 청각선별검사를 실시하고 있다. 난청을 조기에 발견해서 조치하는 경우 말하기와 학습에 크게 도움이 되므로 청각선별검사는 꼭 필요하다. 신생아 시기에 병원에서 하는 청각선별검사 결과와 상관없이 난청의 조기 발견을 위해서는 생후 9개월까지 지속적으로 아기가 작은 소리도 잘 듣는지 가정에서 점검해 주어야 한다.

아기가 선천적으로 소리를 듣지 못하면 운동발달이 늦어집니다

아기가 소리를 잘 못 들을 때 발생하는 가장 큰 문제가 운동발달이 느려진다는 것이다. 아기의 몸 움직임은 소리를 듣고 소리가 나는 곳을 찾으려고 몸을 움직이면서 시작되기 때문이다. 소리를 듣지 못하는 경우 아기는 누워 있는 자세에서 몸을 스스로 움직이려는 동기를 부여받지 못하므로 근력이 향상되지 못하고 운동성이 떨어진다.

소리를 듣지 못하는 아기에게 소아물리치료의 도움이 필요한 이유는 시각자극을 적극적으로 활용해서 아기의 몸 움직임을 도와주어야 하기 때문이다. 출생~생후 3개월은 목 가누기를 위한 운동발달이 활발하게 진행되는 시기이므로 소리를 듣지 못하는 아기의 경우 목 가누기부터 늦어질 수 있다.

집에서 하는 아기발달 검사

청각반응 검사

검사명 **딸랑이 소리에 고개 돌리기**

검사시기 1개월 16일 ~ 3개월 15일

검사방법 딸랑이 소리 같은 부드러운 소리로 아기의 청각반응을 확인해 본다. 아기마다 선호하는 소리가 있을 수 있으므로 매번 새로운 소리로 검사해 본다. 날카로운 소리에는 과민하게 반응하게 되는 시기이므로 가능하면 다양한 소리이지만 부드러운 소리로 검사해야 한다. 아기가 검사자와 눈을 맞추고 있는 경우에는 소리에 반응하지 않을 수 있으므로 가능하면 검사자와 눈을 맞추지 않은 상태에서 청각반응을 확인한다.

선천성 난청 조기 발견과 치료

난청이란 소리의 전달이나 인식, 변별에 이상이 있는 상태로, 태어날 때부터 발생하는 선천성 난청과 태어날 때는 청력이 정상이었지만 나중에 나빠지는 후천성-지연성 난청이 있다. 그중 선천성 난청은 가족력, 임신 중 감염, 출생 시 합병증과 같은 위험인자가 있는 경우와 위험인자가 없는 경우로 나뉜다. 위험인자가 있는 아기는 출생 후 정밀청력검사를 실시하지만, 위험인자가 없고 별다른 이상을 나타내지 않는 아기는 뒤늦은 시기에 난청을 발견하는 경우가 적지 않다.

선천성 난청은 조기 발견하여 적절한 치료를 받으면 난청을 회복하거나 난청으로 인한 손실을 최소화할 수 있다. 그러나 발견 시기나 치료 시기가 늦어져 아기가 제때 소리자극을 받지 못하면 청각을 담당하는 뇌 발달이 이루어지지 않고 언어발달, 사회성발달에 문제가 생길 가능성이 크다. 그러므로 가능한 한 빠른 시기에 발견하여 치료를 받는 것이 중요하다. 국가에서도 선천성 난청을 조기 발견 · 치료할 수 있도록 2018년부터 신생아 청각선별검사에 대한 비용을 지원하고 있으니 가까운 보건소를 방문해 지원을 받길 권한다.

• **신생아 청각선별검사와 '1-3-6 원칙'**

신생아 청각선별검사는 건강한 신생아의 경우 생후 1개월 이내에, 중환자실 신생아나 미숙아의 경우 교정 나이 기준으로 생후 1개월 이내에 받아야 한다. 검사 결과는 '통과(pass)' 또는 '재검(refer)'으로 판정한다. 만약 신생아 청각선별검사에서 어느 한쪽 귀라도 재검 판정이 나오면 생후 3개월 이내에 정밀청력검사를 받는다. 그리고 정밀청력검사에서 최종 난청으로 진단을 받은 경우 생후 6개월 이내에 보청기, 언어검사와 치료 등의 청각재활치료를 시작한다. 생후 1개월 이내에 신생아 청각선별검사, 생후 3개월 이내에 정밀청력검사, 생후 6개월 이내에 청각재활치료를 받는 시기를 아울러 '1-3-6 원칙'이라고 표현하니 잘 기억해 두고 중요한 검사 시기를 놓치지 말자.

아기의 큰 근육 운동발달

Your Baby's Gross Motor Development

'생리적인 굴곡상태'를 이해해야 합니다

갓 태어난 아기의 배를 바닥에 닿게 하여 엎어놓으면 엉덩이가 하늘로 솟은 모양이 된다. 이를 태어나면서 보이는 '생리적인 굴곡상태(Physiological Flexion)'라고 이야기하고 이렇게 둥그런 모습은 아기가 엄마 배 속에서 잘 성장했음을 의미한다. 예정일보다 일찍 태어난 아기일수록 생리적인 굴곡상태는 덜 나타난다. 생리적인 굴곡상태를 보이는 아기를

배가 바닥에 닿게 엎어놓으면 무릎이 굽혀진 모습을 보이며, 미숙아일수록 다리가 쭉 뻗은 모습을 보인다.

일부러 아기 다리를 쭉 펴려고 할 필요는 없습니다

초보 부모들은 보통 아기의 생리적인 굴곡 상태를 잘 이해하기 어렵다. 아기의 몸이 엄마 배 속에서 오래 있느라 접혀 나왔다고 보고 다리를 쭉쭉 펴주어야 한

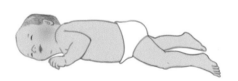

▲ 미숙아로 출생한 아기

▲ 정상으로 출생한 아기

다고 생각하기도 한다. 하지만 생후 3개월까지는 생리적인 굴곡상태가 유지되므로 다리를 쭉 뻗게 하는 쭉쭉이를 많이 해준다고 해서 다리가 금방 곧게 펴지지는 않는다. 오히려 쭉쭉이를 강제로 하는 경우 아기가 스트레스를 받을 수 있으므로 너무 힘을 주어서 하지 않는 것이 좋다. 굽어 있는 다리는 운동발달이 진행되면서 생후 6개월 무렵 곧게 펴지므로 무리하게 다리를 펴려는 노력은 하지 말자.

깨어 있는 시간에는
캐리어를 활용해 주세요

이 시기에는 생리적인 굴곡상태가 유지되도록 아기를 눕히는 것이 좋다. 엄마 배 속에 있을 때처럼 자세가 유지되면 아기가 편안함을 느낀다. 시중에 다양한 형태로 아기를 등으로 눕힐 수 있는 육아용품들이 있다. 가능하면 아기의 엉덩이가 아래로 많이 내려가도록 제작된 육아용품을 구매하여 활용하기를 권한다.

생리적인 굴곡상태를 유지시키기 위해 구입을 권하는 육아용품으로는 카시

트로도 쓸 수 있는, 아기를 안고 다니는 바구니인 캐리어가 있다. 엄마 배 속에서와 같이 등이 둥글게 구부러질 수 있도록 깊게 파인 캐리어에 눕혀놓으면 아기가 가장 편안함을 느낄 수 있는 상태가 된다. 캐리어를 이용하면 아기를 눕히고 잠시 다른 일을 할 수도 있고, 울 때 흔들어 흔들침대 대용으로 활용할 수도 있다. 까다로운 기질의 아기인 경우에도 손을 덜 타게 할 수 있으므로 적극 권한다. 아기를 옮길 때도 가능하면 안아서 옮기지 말고 캐리어를 활용하면 아기가 편안해하므로 활용성이 좋은 육아용품이다. 단, 생후 6개월 무렵이면 아기의 몸이 다 펴져서 캐리어를 사용하기 힘들다. 캐리어를 쓸 수 있는 시간은 대략 5~6개월 정도이니 중고 캐리어를 활용하는 것도 좋다.

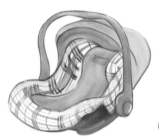

▲ 캐리어 (권함)

▲ 흔들침대 (권하지 않음)

▲ 아기체육관 (권하지 않음)

반면 흔들침대는 엉덩이가 아래로 푹 내려가지 못해서 등을 굴곡상태로 만들어주지 못하므로 권하지 않는다. 신생아를 45도로 기울어진 흔들침대에 눕혔을 때 시간이 지날수록 아기의 몸이 아래로 쏠려 내려오게 되기 때문이다. 그리고 아기를 장시간 등으로 눕게 하는 육아용품은 아직 몸이 둥근 상태인 아기가 안정된 상태로 자세를 유지하기 어렵고, 아기의 등을 긴장하게 만들기 때문에 권하지 않는다.

잠이 들면 바닥에서 등으로 눕혀 재워야 합니다

깨어있는 시간에는 캐리어에 눕혀놓는 것이 좋지만 잠을 재울 때는 아기가 잠들면 캐리어에서 꺼내 등으로 눕혀야 한다. 캐리어에서 아기가 잠들면 아기의 고개가 아래로 쳐지면서 아기의 기도가 막힐 수 있기 때문에 영유아돌연사가 발생할

수 있기 때문이다.

미국 질병통제예방센터(Centers for Disease Control, CDC)와 국립보건연구원(National Institute of Health, NIH)은 영유아돌연사 예방을 목적으로 1994년부터 안전한 수면 캠페인(Safe of Sleep)을 벌이고 있다. 이에 따르면 아기 수면을 위한 육아용품의 경우 등받이 각도가 10도를 초과하지 않도록 하고 있다. 발달이 미숙한 아기들은 수면 중 호흡이 불안하고 덜 발달한 목 근육과 좁은 기도 때문에 경사진 육아용품에서 잠이 드는 경우, 머리무게로 고개가 앞으로 숙여지면서 기도를 압박해 질식할 가능성이 높아지게 되기 때문이다. 따라서 아기를 재울 때 캐리어에 눕혀 살살 흔들어주다가 잠이 들면 아기를 탄탄한 바닥에 등으로 눕혀서 재우면 된다.

몸이 한꺼번에 움직이는 현상이 나타난다. 일정한 방향성 없이 온몸이 움직인다고 해서 이를 '랜덤 무브먼트(Random Movement)'라고 부른다. 의도하지 않은 상태에서 온몸이 움직이면 자신의 움직임에 놀라서 아기의 몸은 또다시 움직이고 결국 매우 놀라서 울게 된다. 그래서 옛 어른들은 아기가 낯선 소리자극에 놀랐을 때 움직이는 자신의 몸에 놀라지 않도록 팔과 다리를 천으로 둘러서 꽁꽁 싸맸던 것이다. 목욕을 시킬 때 아기를 천으로 꽁꽁 싸매서 머리를 먼저 감긴 다음 얼굴을 씻기고 빠른 속도로 몸을 씻기는 것도, 머리에 물이 닿으면 아기의 몸이 긴장하게 되어 놀라서 울기 때문에 아기가 스트레스를 덜 받게 하려고 그렇게 하는 것이다.

생후 3개월 이전, 특히 생후 1개월까

랜덤 무브먼트(Random Movement)를 줄여주세요

출생~3개월 사이에는 예상치 못한 청각자극이나 피부자극을 받으면 아기의 온

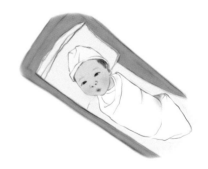

지는 가능하면 잠을 자는 시간에도 아기를 기저귀 천으로 잘 감싸서 수면 중에 갑자기 온몸이 움직일 때 덜 놀라게 해주는 것이 좋다.

아기 목이 한쪽으로 기울어져 있는지 확인해 주세요

눕혔을 때 목이 한쪽으로 기울어져 있는 아기들을 자주 본다. 반대편으로 눕혀놓아도 아기는 금방 목을 돌려버린다. 엄마들이 "아기가 한쪽만 봐요" 하고 말하는 아기들 중에는 목 근육이 손상된 아기들도 있고, 근육은 손상되지 않았지만, 한쪽으로 기울어진 채 목이 굳은 아기들도 있다. 심하지 않으면 집에서 따뜻한 물로

목욕시킨 후 목 마사지를 해주면 쉽게 바로잡을 수 있다. 단, 직접 마사지해 주기가 겁나거나 마사지로도 나아지지 않으면 생후 4개월이 지나기 전에 소아물리치료사를 찾아가야 한다.

간혹 태어나면서 목의 특정 부위 근육에 멍울이 생겨 근육 길이가 짧아지는 경우도 있다. 이렇게 되면 자연스럽게 근육의 길이가 짧아진 쪽으로 목이 기울게 된다. 이런 증상을 의학 용어로 '선천성 사경'이라고 말한다.

이스라엘에서 일할 때 만난 고개가 심하게 기울어진 아기는 부모가 아기용 침대를 사지 못할 정도로 살림이 어려워 작은 유모차에서 오랜 시간 아기를 재웠던 것이 원인이었다. 아기가 컸는데도 작은 유모차에서 재우다 보니 아기 목의 한쪽

✦TIP✦ 아기 목 마사지 방법

1 아기를 따뜻한 물에서 목욕시킨다.
2 아기의 목이 기울어져 있는 반대쪽으로 아기의 목을 돌린다.
3 약 5초 동안 근육이 충분히 늘어나도록 당긴다.
4 사경의 정도에 따라 1~20회 정도 계속한다.

근육이 짧아졌던 것이다. 이런 경우에는 선천적 사경을 가지고 태어나지 않았어도 환경적인 요인 때문에 사경이 발생한 것으로 소아물리치료를 통해 짧아진 근육을 늘려주어야만 했다.

사경은 생후 4개월 이전에 소아물리치료를 시작해야 쉽게 바로잡을 수 있다. 치료 방법은 아기의 목을 기울어진 방향과 반대되는 방향으로 비틀어 짧아진 근육을 늘이는 것이다. 조기에 치료하지 않을 경우 목이 기울어져 척추가 올바르게 성장할 수 없으므로 반드시 치료를 해주어야 한다.

아기의 다리 길이를 확인해 주세요

아기가 갓 태어났을 때는 몸이 움츠러져 있어 다리를 펴기가 쉽지 않다. 요즘은 아기 마사지가 유행하기도 하지만 왠지 아기의 다리를 쭉 펴면 부러질 것도 같고 아파할 것도 같아 여간 조심스러운

 TIP 집에서 하는 다리 길이 검사법

아기를 눕혀놓고 다리를 구부린 후 아기의 무릎 부위를 잡고 두 다리를 젖혀본다.
굽혀진 두 다리가 같은 각도로 젖혀져야 정상이다.
아기가 거부하거나 불편해서 심하게 울 경우 검사를 중단하고 소아청소년과를 방문해서 검사를 받기를 권한다.

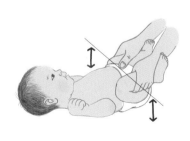

것이 아니다. 그러나 '선천성 고관절 탈구증'을 빨리 발견하기 위해서 한 번쯤은 아기의 두 다리를 쭉 펴서 길이가 같은지 확인해 보아야 한다. 만약 아기의 다리 길이에 이상이 느껴지면 종합병원 소아정형외과 전문의나 소아재활의학과 전문의를 찾아가 정확한 진단을 받아야 한다.

조기에 발견하면 100% 치료가 가능한 선천성 발달 문제 중 하나가 바로 선천성 고관절 탈구증이다. 간단히 설명하면 골반 안으로 들어가 있어야 하는 다리의 출발 부분이 밖으로 빠져 있기 때문에 생기는 증상이다. 선천성 고관절 탈구증인 줄 모르고 방치하면 고관절이 빠진 쪽의 다리가 제대로 자라지 않고 짧아지며 관절이 아파서 걷기도 힘들고

어른이 되어서도 퇴행성관절염이 빨리 찾아온다. 결론적으로 발견이 늦을수록 치료가 어렵고 치료비도 많이 들며 결과도 좋지 않다. 보통 부모가 신생아 시기에 발견하기란 쉽지 않지만, 대부분의 소아청소년과 전문의는 신생아의 고관절 탈구를 검사할 수 있다.

첫아기이거나 태내에서 거꾸로 있었던 아기, 출생 시 목이 삐뚤어지는 선천성 사경이 있었던 아기, 발에 선천성 기형이 있는 아기, 형제 중에 고관절 탈구가 있었던 아기의 경우 특별히 신경을 써서 진료를 받아야 한다. 선천성 고관절 탈구증이 신생아 때 발견되면 수술을 하지 않고, 천으로 만든 옷을 입혀 빠져나간 관절을 끼워 넣는 방식으로 교정할 수도 있다.

집에서 하는 아기발달 검사

큰 근육 운동발달 검사

검사명 **엎드린 자세에서 고개 들기**

검사시기 2개월 16일 ~ 3개월 15일

검사방법 아기를 엎드려 놓은 자세에서 얼마나 고개를 들 수 있을지 알아본다. 새로운 소리를 들려주면 아기가 고개를 들어 소리 나는 쪽을 바라보려고 한다. 다양한 소리가 나는 장난감이나 부모의 목소리로 아기가 고개를 들도록 유도하면 된다.

아기발달 검사방법이자 아기의 목 가누기를 도와주는 방법이다. 아기가 고개를 들지 못하면 깨어 있는 시간에 캐리어에 앉히지 말고 바닥에 엎드려 놓아 고개를 들 수 있는 기회를 주어야 한다.

아기의 작은 근육 운동발달

Your Baby's Fine Motor Development

신생아의 손은 엄지가
손바닥 안으로 쥐어져 있어요

신생아는 엄지가 손바닥 안으로 들어가고 나머지 손가락이 쥐어지는 형태로 주먹을 쥐고 태어난다. 갓 태어난 신생아를 목욕시킬 때 아기가 물속에서 긴장하면 주먹을 더 세게 쥐곤 한다. 손바닥을 씻기기 위해 수건으로 자극하는 경우 반사적으로 손에 힘이 들어가고 주먹이 쥐어지기 때문에 아기의 손바닥을 닦아주는 일도 여간 힘든 일이 아니다. 아기를 키워본 엄마라면 목욕시킬 때 아기가 놀라 우연히 엄마의 옷자락을 쥐거나 머리카락을 쥐고 절대로 놓지 않았던 경험을 한 번쯤은 했을 것이다. 어떤 것이든 손에 들어오면 아기는 긴장하면서 온몸에 힘을 주고 주먹을 꼭 쥐기 때문이다.

몸에 자극이 와도 주먹을 쥐고 손바닥에 자극이 주어져도 온몸에 힘을 주면서 주먹을 쥔다. 이렇게 반사적으로 주먹을 세게 쥐는 반응은 신생아 시기에 강하게 나타나며 생후 3개월이 되면서부터 손이 펴지고 손바닥에 자극이 주어져도 반사적으로 주먹을 쥐지 않게 된다.

생후 3개월이 되면 아기의 손에 긴장이 풀리면서 손을 펴고 있는 시간이 늘어난다. 펴져 있는 손에 딸랑이를 쥐어주면 아기는 의도적으로 딸랑이를 쥐게 된다. 출생 후 3개월까지는 몸의 어느

한 부분에라도 자극이 오면 온몸이 움직이는 시기이다. 그래서 손에 딸랑이를 쥐여주었을 때 반사적으로 몸이 움직이면서 팔도 움직이므로 딸랑이에서 소리가 난다는 것을 깨닫는 경험을 하게 된다. 이 반사적인 몸 움직임을 반복 경험하면 아기는 서서히 자기 팔이 움직이면 소리를 들을 수 있다는 사실을 알게 되고, 의도적으로 소리를 듣기 위해 딸랑이를 흔들 수도 있다.

딸랑이는 연필 두께 정도여야 합니다

이 시기의 아기 손에 쥐여주는 딸랑이는 손잡이가 연필 두께 정도여야 한다. 예전에 장난감을 만드는 회사 사장님이

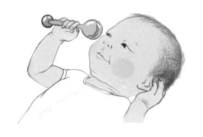

샘플이라고 보내준 딸랑이가 있었다. 손잡이가 얼마나 두꺼운지, 마치 어른들이 사용하는 망치의 손잡이 같았다. 설명서를 보니 생후 12개월까지 가지고 놀 수 있는 딸랑이라고 적혀 있었다. 아기 엄마들은 장난감을 구입할 때 오랫동안 쓸 수 있는 것을 선호하기 때문에 12개월까지 쓸 수 있는 딸랑이를 만든 것이다. 딸랑이에서 나는 소리를 들으며 손에 쥐고 흔드는 것을 재미있어하는 나이는 생후 3~5개월 정도이다. 따라서 딸랑이는 생후 3개월 된 아기의 손에 잡히도록 연필 두께 정도인 것이 좋다.

공갈젖꼭지는 입술의 움직임을 돕고 스트레스를 줄여주어요

아기의 입술에 손가락을 갖다 대면 입술을 오물거리면서 자극이 주어지는 쪽으로 입술을 돌린다. 이때 초보 부모들은 아기가 배가 고픈 것으로 생각하고 젖을 물리기도 하지만 배가 고프기 때문이 아니라 손과 마찬가지로 아기의 입술에 자극을 주면, 반사적으로 움직이는 것

이다. 이때 입에 공갈젖꼭지를 넣어주면 아기는 반사적으로 빨기 시작한다.

아기가 어떤 소리나 자극으로 스트레스를 받는 경우 온몸이 긴장되고 심하게 울 수 있다. 이때 공갈젖꼭지를 물려주면 입안에 들어온 자극으로 인해 입술이 오물거려지면서 안정감을 느끼게 된다. 갓 태어난 아기가 세상에 적응하는 기간인 생후 3개월까지는 외부 자극에 쉽게 긴장하는 시기이므로 아기가 스트레스를 받는 상황에서 적극적으로 공갈젖꼭지를 사용하라고 권하고 싶다.

공갈젖꼭지의 사용이 모유 수유량을 줄일 것이라는 가설도 있어 전문가들이 연구를 하기도 했다. 하지만 현재까지의 연구결과로는 공갈젖꼭지의 사용이 모유 수유의 양을 줄인다고 이야기하기는 어렵다. 모유 수유는 공갈젖꼭지의 사용과 상관없이 그 양이 충분치 않을 수 있으므로 2주마다 아기의 체중을 측정하고 성장곡선을 활용해서 체중 증가율이 감소하지 않는지 점검해야 한다. 공갈젖꼭지의 사용으로 모유 수유량이 줄어들 것을 걱정하기보다 공갈젖꼭지를 사용하면서 주기적으로 체중을 확인하고, 체

중이 충분히 증가하지 않으면 분유로 보충해 주는 것이 바람직하다.

뇌신경망을 활성화하는 집 안 환경

부모의 옷이나 육아용품, 집 안의 인테리어 등으로 다양한 시각적인 자극을 제공해 주어야 아기 뇌의 시각영역 신경망이 활성화되어 새로운 자극을 탐구하려는 욕구가 생기고 아기가 스스로 팔을 뻗어서 만져보려는 동기가 일어나므로 목 가누기와 팔 뻗기 등의 큰 근육 운동 발달을 도와줄 수 있다. 만일 선천적으로 잘 보지 못하거나 잘 듣지 못하는 경우에는 자기 몸을 움직이려는 동기가 생

기지 않는다. 아기가 발달 검사나 발달 놀이에 적절히 반응하지 못한다면 혹시 선천적으로 시력과 청력에 이상이 있는지 살펴보아야 한다.

그리고 부모의 목소리와 함께 방문하는 친인척의 목소리도 자주 들려주어 새로운 목소리에 관심을 갖는 기회를 제공해야 아기 뇌의 청각영역 신경망이 활성화될 수 있다. 만일 주 양육자 한 사람이 하루 종일 아기를 돌보아야 한다면 목소리 톤을 여러 가지로 바꾸어서 아기에게 말을 걸어주어야 뇌신경망이 더 활발하게 활성화될 수 있다. 지속적인 같은 자극에는 아기의 뇌신경망이 활발하게 반응하지 않기 때문이다.

양육자의 목소리 외에도 부드러운 소리가 나는 장난감이나 다양한 음악소리를 듣게 해주어야 한다. 아기가 특별히 관심을 두는 소리가 나는 장난감이면 고개를 들거나 팔을 뻗어 만져보고 싶은 동기가 일어나게 되고 결국 아기의 큰 근육 운동발달을 증진하게 되기 때문이다.

새로운 시각적 자극과 청각적 자극, 그리고 피부 자극은 아기가 세상을 탐구하려는 욕구를 불러일으키고 아기 몸 근육의 긴장도를 올리면서 몸을 움직일 수 있게 도와주므로 자연스럽게 아기의 운동발달도 증진한다.

●●●

Habituation

아기의 뇌는 의미 없이 지속적이고 반복적으로 제공되는 자극에 대해서 무감각해진다. 아기에게 똑같은 청각적, 시각적인 자극이 주어지는 경우 처음에는 호기심을 갖고 반응을 보이지만 시간이 지나면서는 그 자극에 대해 무감각해지게 되는 것이다.

무표정한 얼굴을 지속적으로 보여주거나 이미 익숙해진 장난감이나 소리를 의미 없이 반복적으로 제공하면 아기는 주어지는 감각을 무시하게 되므로 뇌신경망 발달에 도움이 되지 않는다. 그래서 아기는 자신의 뇌신경망을 활성화하기 위해서 스스로 주변에서 새로운 자극을 찾게 된다.

이런 특성을 가진 아기의 뇌신경망 발달을 위해서는 다양한 목소리와 얼굴 표정과 움직임을 보이는 사람들과의 만남이 필요하다.

아기의 감정조절력

Your Baby's Emotional Regulation

우는 아기는 먼저 작은 자극으로 달래주세요

갓 태어난 아기를 데리고 집에 오면 가장 당황하게 되는 순간이 바로 아기가 울 때이다. 아기의 울음소리는 순하게 우는 울음에서 하늘을 찌를 듯이 우는 울음까지 다양하다. 아기는 태어나면서부터 여러 감각들을 갖추고 있으므로 딱히 기저귀가 젖었거나 배가 고파서 우는 것만은 아니다. 아기는 부모가 이해할 수 없는 여러 가지 이유로 운다.

아기는 열 달 동안 엄마 배 속의 양수에 떠 있었기 때문에 흔들거리는 자극에 매우 익숙하고 안정감을 느낀다. 하지만 우는 아기를 바로 안아서 달래게 되면 나중에는 하루 종일 아기를 안고 있어야 할지도 모른다. 우는 아기를 달랠 때는

최소한의 자극으로 아기가 감정을 조절할 기회를 주는 것이 좋다. 아기가 울면 먼저 딸랑이 소리를 들려주거나 "괜찮아요" 하고 엄마 목소리를 들려준다. 그래도 계속 울음을 그치지 않으면 공갈젖꼭지를 물려보고, 흔들거리는 캐리어에 앉혀도 보고, 마지막으로 들어올려서 안아주는 것이 아기의 감정조절능력 증진에 도움이 된다. 우는 아기를 안고 달랠 때는 무릎을 굽혔다 폈다 하면서 흔들림을 주는 동작을 함께 해주는 것이 좋다.

하루 종일 아기를 안고 달래는 경우 양육자는 체력적으로 피곤해진다. 양육자의 피곤함은 결국 우울증을 가져오고 양육자의 우울증은 아기에 대한 방임과 학대로 이어질 수도 있다. 우는 아기는 먼저 작은 자극으로 달래야 한다.

1단계

시각자극을 제공한다.
엄마의 눈빛이나 아기가 좋아하는 장난감을 보여준다.

2단계

청각자극을 제공한다.
엄마의 목소리나 부드러운 장난감 소리를 들려준다.

3단계

공갈젖꼭지를 사용한다.
빠는 행위는 아기의 불안을 감소시켜 주므로 오랫동안 활용해 온 방법이다.

4단계

아기를 캐리어나 흔들침대 혹은 유모차에 눕혀서 가볍게 흔들어준다.
무엇보다도 아기를 잘 진정시키는 자극은 아기를 살살 흔들어주는 전정기관자극이다. 머리가 살살 흔들릴 때 귀 안에 있는 전정기관이 같이 자극을 받게 되어 아기에게 안정감을 준다. 생후 3개월까지의 아기는 울 때 자기 몸이 자기 의지와 상관없이 움직이므로 캐리어에 앉힐 때는 보자기로 몸을 잘 싸서 앉히는 것이 좋다.

5단계

아기를 안고 '쉬~ 쉬~' 하는 백색소음을 들려주면서 무릎을 굽혔다 폈다 하는 전정기관자극을 준다.
적극적인 스킨십과 청각자극, 전정기관자극을 모두 활용하는 방법이다. 아기를 안고 아기를 안은 사람의 몸을 움직이는 것 역시 전정기관자극을 간접적으로 제공하는 것이므로 흔들림 때문에 아기가 뇌 손상을 입을까 걱정할 필요는 없다.

Q&A

출생~생후 3개월

시각발달

Q 아기하고 눈 맞춤이 잘 안돼요.

백일 된 아기입니다. 어떤 경우에는 눈 맞춤이 가능한데 가끔 눈을 맞추려고 다가가면 아기가 눈을 피하는 것 같습니다. 남편은 눈 맞춤이 잘 된다고 하는데 제 눈만 안 맞출 수도 있나요?

A 아기가 눈을 잘 맞추는지 살펴보기 위해서 엄마가 계속 무표정한 얼굴로 아기의 눈만 쫓아가게 되면 아기는 눈 맞춤 시도의 의미를 알지 못하므로 피하게 됩니다. 눈 맞춤을 자주 시도하지 마시고 아기와 잠시 떨어졌다가 다시 얼굴을 보게 될 때 "까꿍" 하는 청각자극을 주면서 웃는 얼굴로 눈 맞춤을 시도해 보세요. 초보 엄마들은 불안한 마음에 무표정한 얼굴로 아기의 눈만 쫓아가는데 이런 행동은 생후 3개월 된 아기에게 스트레스로 작용할 수 있으며 눈 맞춤을 피하게 됩니다.

Q 아기가 잘 못 보는 것 같아요

2개월 10일 된 아기예요. 열 달 채우고 2.6킬로그램으로 태어났습니다. 신생아 때는 그러려니 했는데 눈 초점이 주로 이마 쪽을 향하고 눈 맞춤이 없습니다. 손을 바로 눈앞에 갖다 대도 깜박임이 없고 사물을 보지 않는 느낌이 역력합니다. 그래서 며칠 전 안과를 찾아가 안저검사(망막과 시신경검사)를 해보았는데 이상이 없다고 하네요. 안과 선생님은 소아과 선생님과 발달 지연에 대해 상담해 보라고 하는데, 어느 곳을 찾아가야 할까요? 시력이 늦게 발달하는 경우도 있나요?

A 아기의 눈 초점이 이마 쪽을 향하고 있다면 뇌 발달에 지연이 있을 가능성이 있습니다. 혹은 시력 문제나 뇌의 운동영역에 문제가 있는 경우에도 눈 맞춤이 잘 되지 않습니다. 아기에게서 반응을 관찰하기 어려우므로 시각적 자극을 주는 일이 힘들겠지만, 소리가 나는 장난감을 가지고 아기가 쳐다보도록 지속적으로 자극을 주시기 바랍니다. 깨어 있는 시간에는 엎어놓으시고 머리 위에서 청각자극을 주셔야 아기가 고개를 들려고 노력할 수 있습니다. 뇌 발달 문제로 시각반응에 이상을 보인다고도 생각할 수 있으므로 소아재활의학과 전문의 진료와 소아물리치료의 도움이 필요할 수 있습니다.

청각발달

Q 아기가 잘 듣는지 모르겠어요

저는 한 달 하고 3주 지난 아기를 둔 초보 엄마입니다. 이번 주부터 목도 가누고 저와 눈을 맞추며 웃기 시작한 지도 꽤 된답니다. 그런데 소리에 반응하는지 알아보려고 딸랑이를 흔들면 소리에 반응하기보다는 제 얼굴만 따라옵니다. 제 얼굴을 안 보이게 하면 저를 찾느라고 고개를 돌리는데, 소리에 반응해서 돌리는 건지 구별이 잘 안됩니다. 제가 너무 빨리 걱정하는 걸까요? 집에서 해볼 수 있는 간단한 방법이 있으면 가르쳐주세요. 아니면

병원에 가서 검사를 받아보아야 하는지요?

A 아기가 엄마의 얼굴을 응시하고 있으면 귀로는 소리가 잘 들리지 않습니다. 소리에 집중할 수 있
도록 무늬가 없는 벽을 보게 하고 검사를 해야 합니다. 생후 1개월 3주에 청각자극에 반응을 잘
보이지 않는다면 생후 4개월 15일에 다시 확인해 보시기 바랍니다. 생후 7개월 15일까지는 일주
일에 한 번 정도씩만 청각반응 놀이를 해보세요. 너무 자주 하면 같은 소리가 나는 청각자극에는
반응하지 않습니다. 다양한 소리를 가지고 청각반응을 점검해 보아야 합니다.

큰 근육 운동발달

Q 3주밖에 안 된 아기를 엎어 키워도 되나요?

3주 하고 4일 된 아기입니다. 선생님 글을 읽고 아기를 엎어 키우려고 하는데 너무 울어
서 보기가 딱해요. 처음에 엎어놓으니까 한 20분 정도 울다가 잠이 들었는데, 40분 정도
후에 깨서 또 울기에 바로 눕혔습니다. 하루에 어느 정도 엎어놓아야 할까요? 계속 우는
데도 엎어놓는 게 좋은가요? 울고 난 후 우유를 주었는데 가끔씩 손이나 발을 움찔하며
놀라는 기색을 보입니다. 아기가 충격을 받은 게 아닐까요? 엎어놓은 뒤에 우니까 배가
고파 우는 건지 힘들어 우는 건지 알 수가 없어요.

A 생후 3개월 이전 아기의 경우 기분 좋은 시간을 이용해서 1~2분씩만 엎어놓아도 큰 근육 운동발
달에 도움이 됩니다. 엎어놓고 아기의 엉덩이에 손을 대고 살살 흔들어주어도 좋습니다. 아기의
머리맡에서 장난감으로 소리를 내어 아기가 소리에 집중하도록 도와주세요. 아기가 울면 안기보
다는 캐리어에 눕히고 흔들어주기 바랍니다. 3개월 이전의 아기를 너무 울리면 온몸이 경직되어
손과 발이 움찔움찔할 수가 있습니다.

Q 엎어놓으면 고개를 한쪽으로만 돌려요.

생후 54일째 되는 아기인데요. 눕혀놓았을 때는 고개를 이쪽저쪽으로 잘 돌리는 데 엎어
놓았을 때는 왼쪽으로만 고개를 돌리고 싶어 해요. 잘 때 오른쪽으로 돌려놓으면 그대로
자기도 하는데 잠이 깨면 울면서 다시 왼쪽으로 돌려요. 깨어 있을 때 오른쪽으로 돌리면
막 울고요. 눕혀놓았을 때 이쪽저쪽 다 보는 것으로 보아 사경은 아닌 것 같은데 왜 엎드
렸을 때는 왼쪽만 고집하는 걸까요? 이러다 목이 한쪽으로만 굳어지는 건 아닌지 걱정이
됩니다.

A 어른도 한쪽으로 고개가 더 잘 돌아가듯이 아기들도 한쪽이 다른 쪽보다 고개가 더 잘 돌아갈 수
있습니다. 억지로 고개를 돌리려 하지 마시고 아기가 고개를 돌리지 않는 쪽으로 햇빛이 들어오
게 해주시면 자연스럽게 머리의 방향을 바꿀 수 있습니다.

Q 너무 많이 안아주는 건 아닌지 걱정이에요.

이제 막 10주가 된 우리 아기는 할머니, 증조할머니와 함께 살고 있어서 거의 사람 품에
안겨 있습니다. 신생아 때는 누워 있는 시간이 길어 몸을 좌우로 많이 움직여서 일찍 뒤집
겠다 했거든요. 그런데 시댁으로 들어온 후 사람 품에서 대부분의 시간을 보내 누워 있으
려 하지도 않고, 누워 있어도 가만히 모빌만 보고 있으며 뒤집어놓으면 많이 힘들어합니
다. 낮에는 일부러 많이 뒤집어놓는데 똑바로 있을 때보다 낮잠을 아주 많이 자고, 깨어
나면 끙끙거리며 바동대기만 합니다. 너무 안겨만 있으려고 해서 집에 아무도 없을 때는
아무리 보채도 울게 놔두곤 하는데 어떻게 하는 게 옳을까요? 백일이 지나면 안아달라고
보채는 게 좀 덜해진다고 하는데 맞나요?

A 주위에 사람이 많으면 아무래도 자주 안아주게 됩니다. 깨어 있을 때는 잠깐이라도 엎어놓으세
요. 할머니나 증조할머니가 아기를 안고 싶어 하시는 것을 막을 수는 없을 겁니다. 1분씩이라도
자주 엎어놓고 엉덩이를 흔들어주시면 좋겠습니다.

Q 우리 아기는 안아주면 싫어해요

만 2개월 된 남자아기입니다. 우리 아기는 신생아 때부터 안아주면 용을 써서 우유 먹일 때도 눕혀서 먹입니다. 누워서 우유를 먹으면서도 계속 힘을 주는데 다른 아기보다 좀 심한 것 같습니다. 재울 때는 안아서 재우기도 하는데, 계속 얼굴을 비비는 아기 표정을 보면 불편해 보이고 때론 힘을 줘서 얼굴이 벌게지곤 합니다. 다른 사람이 안아줘도 마찬가지고요. 단순히 안아주는 게 불편한 건지 혹시 다른 이상이 있는 게 아닌지 궁금합니다.

A 스킨십이 몸에 긴장을 가져오는 아기들이 있습니다. 재울 때는 유모차에 눕혀놓으시고 유모차를 살살 밀어서 흔들림의 자극을 주면서 재우셔도 됩니다. 분유를 먹일 때는 캐리어에 앉혀서 먹이시기를 바랍니다.

Q 백일이 막 지난 아기인데 서 있는 걸 좋아해요.

우리 아기는 오늘로 102일째 되는 여자아기입니다. 목은 2개월쯤에 가누었고 뒤집기는 85일째에 했습니다. 엎드린 아기 앞에 좋아하는 물건들을 놓아두면 막 웃기도 하고 가지러 가려고 팔다리를 바동거리기도 합니다. 얼마 전까지만 해도 겨드랑이를 잡고 아빠 무릎 위에 살짝 앉혀주면 좋아하며 잘 앉아 있더니, 이젠 도통 앉아 있으려고 하지 않아요. 살짝 세워주면 다리를 한 다리씩 파닥거리면서 좋아하고 서 있으려고만 해요. 허리와 다리에 무리가 가지 않을까 걱정되네요.

A 잠깐씩 아기와 놀기 위해 세워두는 것은 좋지만 오래 세워두면 아기가 기는 것을 방해할 수 있습니다. 운동발달이 빨라도 많이 엎어놓아야 아기의 에너지가 기어가는 동작으로 이어지게 할 수 있습니다. 세우지 마시고 좀 울더라도 깨어 있는 시간에는 많이 엎어놓으시고 아기의 머리맡에 소리 나는 장난감을 놓아주세요. 소리를 듣고 고개를 들려고 연습하도록 해주기 바랍니다.

Q 일부러 앉혀두어도 괜찮을까요?

이제 100일 된 아기 엄마입니다. 아기한테 그림책 같은 것을 보여주다 보면 아무래도 무릎이나 바닥에 앉히게 되거든요. 그렇게 일부러 앉혀도 아기발달에 지장이 없는지 궁금합니다.

A 생후 100일은 목 가누기까지만 발달이 진행됐을 시기입니다. 아직 등과 허리, 엉덩이까지 운동신경이 발달하지 않았으므로 앉지지 않는 것이 좋습니다. 그림책을 보여줄 때는 엎어놓은 자세에서 아기가 고개를 들었을 때 보여주거나 캐리어에 앉혀 그림책을 보여주면 좋겠습니다. 잠깐씩 어른이 양반다리를 하고 앉은 상태에서 다리 사이에 아기의 엉덩이를 넣고 겨드랑이를 잡아주어 앉히는 것은 가능합니다.

작은 근육 운동발달

Q 공갈젖꼭지를 빨게 놔두어도 되나요?

100일이 조금 지난 여자아기인데 안아주면 하도 손을 빨아서 공갈젖꼭지를 물려주었더니 잘 때도 빨려고 하고 계속 빨고 싶어 하는데 그냥 놔두어도 괜찮나요? 아직 습관은 들지 않아서 안 주어도 그런대로 잘 놀아요. 빠는 욕구를 채워주는 관점에서는 필요한 것 같고, 어른들은 빨리지 않는 것이 좋다고 해서 혼란스럽습니다. 가끔 빨리는 게 좋다면 언제, 얼마만큼 빨게 하는 것이 좋을까요? 잘 때 물고 자게 해도 될까요? 공갈젖꼭지를 물고 나서 젖을 먹는 양이 좀 줄었습니다. 과식을 막는 차원에서 좋은 건가요?

A 손을 빠는 것보다는 공갈젖꼭지를 빠는 것이 손가락 피부를 보호하는 측면에서는 더 좋은 방법입니다. 잠이 들 때는 빨게 하시고 잠이 들면 살짝 빼보세요. 잠이 들면 공갈젖꼭지를 입에 물고는 있어도 빨지는 않습니다. 또 공갈젖꼭지를 물리고 나서 젖 먹는 양이 줄었다고 생각되면 2주

마다 체중을 측정해 성장곡선에 표시하고 확인하세요. 체중 증가율에 감소가 없다면 걱정하지 않으셔도 좋습니다. 심심하거나 긴장하는 경우 손가락을 더 빨게 됩니다. 백일이 지났다면 손에 딸랑이를 쥐여주어도 좋습니다.

Q 양쪽 손의 움직임이 달라요.

우리 아기는 11주 된 남자아기입니다. 약 2주 전에 발견했는데 양쪽 손 움직임에 차이가 보입니다. 딸랑이를 오른손에 쥐여주면 계속 쥐고 있는데, 왼손은 자주 떨어뜨리며 팔꿈치를 잘 굽히지 않고 바닥에 팔을 편 상태로 딸랑이를 쥐고 있습니다. 딸랑이를 쥐고 있지 않을 때도 오른손은 팔을 잘 굽히며 움직임이 많은데, 왼손은 바닥에 팔을 펴고 가끔씩만 움직입니다. 아직 어린 아기라 양손에 차이가 나는 것인지, 아니면 문제가 있는 것인지 궁금합니다. 몸을 꼬며 움직이는 용틀임을 우리 아기는 좀 심하게 하는 것 같다는데, 손의 움직임과도 관련이 있는지요? 발달 점검을 해봐야 하는지 궁금합니다.

A 보통 운동발달은 한쪽이 다른 한쪽보다 우월합니다. 따라서 한 손으로는 딸랑이를 잘 흔드는데 다른 한 손으로는 딸랑이를 쥐었다가 놓치기도 하고 잘 흔들지 못할 수도 있습니다. 한 손의 움직임만 정상 범위에 속해도 정상 발달입니다.

감정조절력

Q 잠투정이 너무 심해요

생후 24일 된 신생아의 엄마입니다. 아직 이런 문의를 하기에 이른 것이 아닌지 망설여지기도 하는데요. 아기가 잠투정이 늘면서 며칠 전부터 심하게 악을 쓰며 울어 대고 업어주어야 울음을 그칩니다. 매번 그러는 건 아니고 하루에 두 번 정도, 특히 전날 잠을 많이 자

고 나면 그럽니다. 전 아기가 너무 심하게 악을 쓰면 스스로 그치게 좀 내버려두고 싶은데
어른들은 그러면 아기 성격이 나빠진다고 하네요. 정말 그런가요? 초보 엄마라 모든 게
힘드네요.

 아기의 울음에 엄마가 불안해하면 아기에게 엄마의 불안한 마음이 전해져서 아기가 안정을 찾기
힘듭니다. 아기가 울 때 숨을 크게 쉬고 침착해지려고 노력하세요. 아기를 업고 걸어 다니면서 울
음을 달래는 것은 양육자의 큰 근육을 이용하는 것이므로 팔로 안고 달래는 것보다는 아기와 양
육자 모두에게 도움이 되는 방법입니다. 몸이 힘든 경우에는 유모차에 아기를 싣고 유모차를 굴
려주셔도 좋습니다. 흔들리는 자극은 아기가 안정하게 해줍니다. 공갈젖꼭지도 적극적으로 활용
하세요. 집 안이 답답해서 울 때에는 밖으로 나가면 울음이 달래지기도 합니다. 혼자 울게 내버려
두기보다는 양육자가 덜 지치는 육아법을 활용하세요. 등에 업고 밖에 나가서 여기저기 둘러보
게 하며 걸어 다니는 방법은 아기에게 가장 안정감을 주는 양육법입니다.

1개월 된 아기,
발달 검사를 해야 하나요?

한국에 와서 처음 만난 아기는 생후 4개월에 '선천성 갑상선기능부전증'진단을 받은 7개월 된 아기였다. 선천성 갑상선기능부전증은 조기에 발견하지 않을 경우 지적장애를 가져온다. 갑상선 기능이 부진하여 아기 때 뇌 발달에 절대적으로 필요한 갑상선 호르몬이 분비되지 않거나 충분하지 않아 뇌 발달이 전반적으로 떨어지는 것이다. 5,000명 중 한 명꼴로 태어나는 질병으로 출생 후 최대한 빨리 검사하여 조기에 갑상선 호르몬을 투여하면 지적장애를 예방할 수 있다.

선천성 갑상선기능부전증을 보이는 아기들은 혀가 커서 입술 밖으로 나와 있기도 하고 피부가 푸석푸석하기도 하다. 또 깊은 잠을 오래 자므로 부모에게 효도하는 순한 아기라는 오해를 받기도 한다. 하지만 아기가 오래 잠을 자는 것은 뇌의 기능이 떨어지기 때문이므로 절대로 좋아할 일이 아니다. 아기의 얼굴과 피부 상태의 이상은 호르몬 약물을 투여하면 곧 정상으로 돌아온다. 그러나 앞에서 언급한 아기는 생후 4개월에 진단을 받아 3개월이나 늦게 약물이 투여된 경우였다. 생후 4개월까지 갑상선 호르몬이 결여되어 있었다면 이미 뇌 손상을 받았을 가능성이 크다. 생후 7개월 된 아기의 발달 상태는 3개월 반 정도

였는데 7개월 된 아기가 3개월 반이 늦다는 것은 50%나 발달이 늦은 것이므로 매우 심한 발달 지연으로 진단 내려진다.

아기 부모는 이미 첫째를 낳아 기른 경험이 있어, 아기가 잠을 많이 자고 느리며 외모도 조금 이상해서 병원에 예방주사를 맞으러 갈 때마다 물어보았다고 한다. 하지만 늘 대답은 "아직 아기가 어리니까 기다려보자"는 것이었다고 한다. 결국 엄마는 기다리다 못해 발달장애 관련 서적을 찾아 읽었고 선천성 갑상선기능부전증 증상과 유사하다는 것을 발견, 그 길로 대학병원 소아청소년과에 가서 아기의 증상을 직접 이야기하고 검사를 부탁해 약물 투여를 시작했다고 이야기했다. 결국 1년쯤 후 아기는 고집부리는 건강한 아기로 자라 있었지만 약간의 지적장애를 보였다.

암도 예방과 조기 발견이 중요하듯이 발달장애도 장애의 종류에 따라 조기 발견되는 경우 아기와 그 가족의 운명을 바꿀 수 있다. 그래서 발달 검사는 아기가 태어나는 순간부터 이루어져야 한다. 아기발달에 대한 인식 변화로 "1개월 된 아기인데 발달 검사를 해야 하나요?"와 같은 질문을 더 이상 받지 않는 육아 환경이 만들어졌으면 하는 바람이다.

참고로 선천성 갑상선기능부전증 검사는 태어난 모든 아기들에게 병원에서 실시해야 한다. 출산 후 병원에서 퇴원할 때 선천성 갑상선기능부전증 검사를 했는지 꼭 물어보고 검사 결과를 확인해야 한다.

아기를 엎어 키우면
위험하다?

생후 6개월 이전의 아기들이 엎드려 잠을 자다가 갑자기 사망하는 사례가 늘고 있기 때문에 아기가 잘 때는 엎어 재우지 않을 것을 권하고 있다. 영아 돌연사증후군의 원인은 아직 정확하게 밝혀지지 않았다. 솜이불에 아기를 엎어 재웠을 때 아기가 고개를 돌리지 못하고 푹신한 솜이불에 코가 막혀서 호흡을 하지 못해 사망하게 되는 것과는 다른 원인이 있는 것으로 보고 있다. 그러나 아기가 고개를 빨리 가누게 하려면 깨어 있는 시간에는 엎어놓기를 권한다. 영아 돌연사증후군은 주로 아기가 잠자는 동안 발생하기 때문에 깨어 있는 시간에 1~2분씩 아기를 지켜보면서 엎어놓는 것은 아기의 목 가누기에 도움이 된다.

대학병원 소아청소년과에서 아기발달 클리닉을 운영할 때의 일이다. 젊은 아기 엄마가 친정어머니와 함께 아기를 데리고 검사실에 들어왔다. 몹시 불안해하는 표정이었다. 생후 9개월인 아기가 아직 기지 못한다는 것이 방문 이유였다. 먼저 아기가 지적장애로 운동발달이 늦는 것인지 아니면 단순히 운동발달만 늦는 것인지 알아보았다. 이제 낯을 가릴 나이인 생후 9개월에 눈치를 봐가며 어르는 사람에게 가끔씩 웃어주기도 하고, 눈을 떼지 않고 조심스러워하는 모습을 보면 일단 인지능력이 정상 범위일 가능성이 높으므로 안심할 수 있었다. 아기는 검사자를 응시하고 낯선 사람에 대해 긴장하면서도 흥미를 보였다. 그런데 팔을 뻗어 장난감을 잡는 모양이 세련되지 못하고 무엇보다도 엎어놓으면 고개만 쳐들 뿐 팔꿈치를 대고 어깨와 가슴을 들어올리지 못했다. 덩치는 큰데 운동발달은 심한 지연을 보이고 있었다. 인지능력에 문제가 없는데 운동발달이 늦는 경우는 대부분 선천적으로 운동발달이 우수하지 않은 아기를 깨어 있는 시간에도 등으로 눕혀놓은 경우이다. "이 아기 등을 대고 누워서만 놀았지요?" 하고 물어보았다. 이야기를 들어보니 서른이 넘어 쌍둥이를 임신했는데 임신 3개월에 쌍둥이 중 한 아기가 유산되었단다. 그래서 임신 내내 조심하며 어렵게 이 아기를 얻었다고 했다. 태어난 후에도 세워서 안으면 아기가 힘들 거라고 생각해 옆으로 눕혀서 안고 보물 다루듯이 다루었다고 한다.

정상적인 근육의 긴장도와 운동신경을 가지고 태어난 아기는 엄마가 좀 미숙하게 다루어도 정상 운동발달을 한다. 그러나 조금이라도 근육의 긴장도가 떨어지거나 예민한 기질의 아기는 양육자가 아기를 어떻게 다루었느냐에 따라 운동발달이 크게 달라진다. 몸이 늘어지면서 몸집이 큰 아기에게 몸을 움직일 기회를 주지 않으면 운동발달은 당연히 느려지게 된다. 선천적으로 운동발달이 느린 아기를 바람 불면 꺼질세라 포대기에 싸서 신줏단지 모시듯 감싸고 키우면 뇌장애를 의심받을 정도로 운동발달이 지연될 수 있다.

요즘에는 침대 문화가 발달하여서 아기가 태어나기 전에 아기용 침대를 준비한다. 아기침대의 매트리스는 푹신하면 안 되고 탄탄하게 아기의 몸을 받쳐주는 재질이어야 한다. 특별한 이상 없이 태어난 아기라면 깨어 있는 시간에 탄탄한 매트리스에 엎어놓아서 코가 박혔을 때 머리를 돌려 코를 옆으로 뺄 정도의 능력은 가지고 태어난다. 그러므로 아기침대를 활용할 때는 아기가 깨어 있는 시간에는 엎어 키워야 아기의 목 가누기가 빨라진다. 물론 아기가 목을 일찍 가누었다고 해서 뒤집기와 기기도 빨라지는 것은 아니다. 하지만 아기가 빨리 목을 가눈다면 엎드린 자세에서 고개를 들고 세상을 자유롭게 볼 수 있어서 좋고, 양육자의 입장에서도 아기가 목을 잘 가누므로 아기 다루기가 훨씬 쉬워진다. 아기가 깨어 있는 시간에 엎어놓는 것은 아기가 태어나자마자 곧 시작해야 한다. 출생 후 계속 등으로 눕혀놓았다가 3~4개월 이후 엎어놓는 경우에는 이미 아기의 등 근육이 뻣뻣해져 버려서 깨어 있는 시간에 엎어놓아도 아기가 스스로 상체를 들어올리기 힘들어진다. 엎드려진 상태에서 등 근육이 굳어서 스스로 상체를 들어올리지 못하고 아기가 울면 아기의 울음소리를 견디지 못하는 엄마는 즉시 아기를 안아서 달래거나 등으로 눕히게 된다. 이렇게 되면 3개월이 지나서 아기를 깨어 있는 시간에 엎어 키우기가 더 힘들어지는 것이다.

귀한 자식일수록 깨어 있는 시간에는 엎어 키우라!

Chapter 2

생후 4~6개월
아기발달

"아기의 뇌 발달을 위해서는 다양한 자극이 필요합니다!"

생후 4~6개월이 되면 아기가 엄마 얼굴을 또렷하게 볼 수 있고, 가족의 목소리를 듣고, 누구인지 구별할 정도로 성장한다. 운동발달에서는 목 가누기가 완성되며, 상체에서 허리 부분까지 운동신경이 발달하여 기기를 준비하는 시기이다. 스스로 손을 펴고 팔을 뻗어 딸랑이를 잡으려고 시도할 수도 있다.

이 시기에 아기의 뇌 발달을 위해서 가장 중요한 것은 가족들이 다양한 얼굴 표정을 보여주고 목소리를 들려주는 것이다. 매일 함께 시간을 보내는 가족의 수가 많을수록 아기의 뇌신경망은 더 활발하고 복잡하게 발달한다. 만일 가족이 없다면 이웃사촌들이 매일 놀러 와도 좋다. 놀러 올 이웃사촌도 없다면 경비아저씨나 자주 가는 동네 슈퍼 아주머니의 얼굴과 목소리라도 매일 접하게 해주어야 아기의 뇌 발달이 활발히 진행될 수 있다.

생후 4~6개월은 감각발달, 큰 근육 운동발달, 작은 근육 운동발달이 빠른 속도로 향상되면서 자신의 환경을 느끼고 몸을 활용해서 주어지는 자극에 대처할 수 있는 몸놀림이 시작되는 중요한 시기이다. 또 저시력이나 난청, 운동장애 등을 조기 발견할 수 있는 시기이므로 아기가 주변의 새로운 사물에 어떻게 반응하는지 세심히 관찰해야 한다. 간혹 모유 수유를 하는 경우, 수유의 양을 정확히 알 수 없으므로 체중 증가율이 감소하는 경우가 있다. 모유 수유 시에는 2주에 한 번 성장곡선을 활용해서 체중 증가를 확인해 보아야 한다.

머리둘레의 증가 속도가 줄어들거나 갑자기 빨라지는지도 매달 확인해 보라. 머리둘레 증가 속도가 갑자기 느려진다면 아기의 머리가 빨리 닫힌다는 신호이다. 반대로 머리둘레 증가 속도가 갑자기 빨라진다면 머리에 물이 차거나 종양이 생긴다는 이야기이므로 빨리 발견해서 병원 진료를 받아야 한다. 체중과 마찬가지로 성장곡선을 활용해서 점검하면 머리둘레의 증가율과 감소율을 조기에 발견할 수 있다.

아기의 신체 측정

Your Baby's Body Measurements

정기적으로 머리둘레를 측정해 주세요

아기가 태어나면 최소한 한 달에 한 번 정도는 머리둘레를 측정하고 성장곡선에 체크를 해주어야 한다. 그래야 아기의 머리에 물이 차거나 종양이 있는 경우에 조기 발견할 수 있다. 이스라엘의 경우, 머리둘레(두위) 성장곡선을 활용해서 한 달에 한 번씩 아기의 머리둘레를 측정하기 때문에 뇌에 종양이 생기거나 뇌가 빨리 닫히는 경우 조기에 발견해 뇌 손상을 최대한으로 줄인다. 하지만 우리나라에서는 아직까지도 정기적으로 머리둘레를 측정하지 않아 가끔 뇌 손상이 늦게 발견되는 안타까운 사례를 접하게 된다.

사례

만 5개월 된 아기인데 만 5세가 된 큰아이의 모자가 머리에 맞는 것을 이상하게 여긴 한 엄마가 연구소 홈페이지를 통해서 어떻게 두 아기의 머리 크기가 같을 수 있는지 상담을 해온 적이 있었다. 아기의 머리둘레를 재보니 97%ile을 훨씬 넘는 아주 큰 머리였다. 발달 검사 결과 운동발달은 정상 범위에 속했지만 인지발달에 지연을 보이고 있었다.

일반적인 발달 지연이라면 운동발달이 정상 범위에 속하는데 인지발달이 지연으로 나올 수가 없다. 따라서 머리에 혹이 있다고 판단하여 빨리 대학병원 소아신경과 전문의의 진료를 받아보라고 권했고, 같은 병원에서 근무한 적이 있던 소아신경과 전문의에게 진료를 의뢰했다. 한 달쯤 지난 후에 아기 엄마는 아

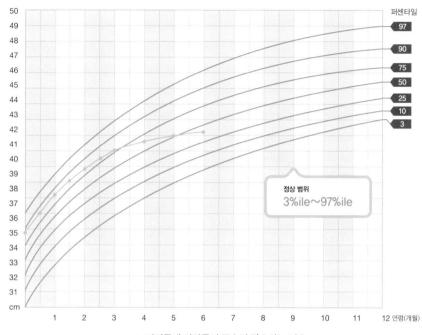

▲ 머리둘레 성장률이 급속히 **감소**하는 경우

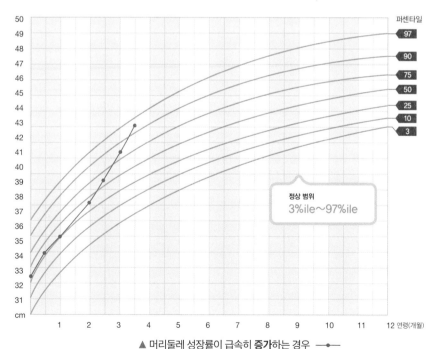

▲ 머리둘레 성장률이 급속히 **증가**하는 경우

기가 물혹을 동반한 뇌종양으로 수술을 받았고, 당시 MRI를 권유받지 않았다면 한 달도 살기 어려운 상태였다고 감사 편지를 보내왔다.

산부인과에서는 아기가 태어나자마자 아기의 머리둘레를 정확하게 측정하고 정상 범위에 속하는지 꼭 확인해서 아기 기록지에 적어주어야 한다. 소아청소년과에서도 예방 접종을 위해 아기가 병원을 방문하면 꼭 머리둘레를 정확하게 측정해서 이전의 측정치와 비교하고 이전의 측정치보다 머리가 너무 작거나 큰 경우, 머리를 검사하여 문제가 있는지 확인해 주어야 한다.

집에서 하는 아기발달 검사

신체 측정

검사명 **아기 머리둘레 측정하기**

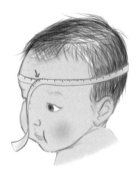

검사시기 　출생 직후 정확한 측정이 필수적이며, 생후 12개월까지는 매달 한 번씩 측
정해야 한다. 만약 머리둘레 성장률에 의심이 간다면 2주마다 한 번씩 측정
하는 게 좋다.

머리둘레 측정하는 방법

검사방법
- 소리 나는 장난감을 가지고 소리를 내서 아기가 머리둘레 재는 것에 관
심을 갖지 않고 장난감에 관심을 보이도록 유도한다.
- 아기의 이마를 중심으로 머리둘레를 줄자로 한 바퀴 돌린 다음에 줄자를
바짝 잡아당겨서 둘레를 측정한다.

- 한 번 더 측정해서 처음에 측정한 머리둘레와 같은지 확인한다. 만일 다르다면 다시 한번 측정해서 정확한 수치를 확인한다.
- 머리둘레 곡선에 수치를 기재한다. 한 달 전보다 머리둘레 성장률이 빠르거나 줄어든 경우 2주 뒤에 다시 측정한다. 2달 동안 성장률이 급격히 상승하거나 줄어드는 경우 소아신경외과 전문의의 진료가 필요하다.

정확한 머리둘레 측정을 위해 알아야 할 것

- 줄자의 크기가 다를 수 있으므로 항상 같은 줄자를 가지고 측정해야 오차를 줄일 수 있다.
- 측정하는 사람이 바뀌는 경우 오차가 있을 수 있으므로 항상 같은 사람이 측정하는 것이 좋다. 한 사람이 측정하는 경우라도 오차를 줄이기 위해 꼭 두 번 측정해야 한다.

모유 수유하는 아기의 체중 감소를 주의해야 합니다

생후 4~6개월의 아기들 중에서 모유 수유를 하는 아기의 경우, 꼭 성장곡선을 활용해서 체중 증가율을 확인해야 한다. 모유 수유는 아기의 건강을 위해서 매우 중요하지만, 분유처럼 아기가 얼마를 먹었는지를 정확히 확인하기는 어렵다. 특히 순한 아기의 경우 엄마의 젖꼭지를 빨다가 잠이 드는 경우가 많으므로, 아기가 얼마나 모유를 섭취했는지 꼭 성장곡선을 통해서 확인해 보아야 한다. 성장곡선상에 체중 증가율이 감소하는 데 엄마 젖을 더 먹이기 어려운 경우라면 모유 수유로 모자라는 수유량을 보충해

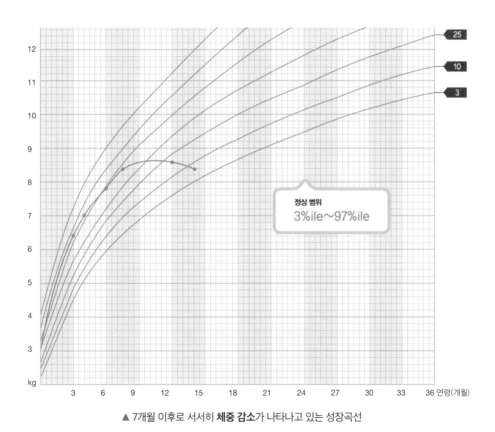

▲ 7개월 이후로 서서히 **체중 감소**가 나타나고 있는 성장곡선

주어야 한다. 성장 지연과 발달 지연을 보인 아기들 중에서 모유 수유를 한 아기들이 많았다는 영국 런던대학 연구진의 연구결과가 있었다.

그 이유는 모유 수유를 하는 경우 수유량이 부족한 것을 조기에 발견하지 못하기 때문이다. 수유량의 부족으로 뇌 발달 지연이 생길 수 있으니 모유 수유를 하는 아기일수록 체중 평가를 더 꼼꼼히 해야 한다.

이스라엘 아동발달연구소의 일원으로 영국 런던대학 연구진으로부터 연구방법에 대한 훈련을 받은 후, 성장 지연으로 철분 부족을 보이고 발달 지연을 보이는 아기들에 관한 연구를 진행한 적이 있다. 자료 수집을 위해 이스라엘의 지역 보건소에 비치되어 있던 모든 아기의 성장곡선을 분석했다. 지속적으로 체

중 감소를 보인 아기들은 경제적으로 어려운 지역에 거주하여 정기적으로 보건소를 방문해 검사받지 못한 아기들이었다. 모유 수유로 인한 영양 공급의 부족을 조기에 발견하지 못하면 이렇듯 영아기 발달 지연의 결과를 가져온다.

모유 수유 아기는 철분결핍성빈혈 검사를 해주세요

아기의 영양 공급의 부족은 철분결핍성빈혈을 가져오기도 한다. 아기 때의 철분 부족은 단순히 빈혈이라는 건강상의 문제만 일으키는 것이 아니라 뇌 발달을 저하시키기 때문에 뇌 발달을 돕기 위해서도 꼭 조기에 발견해야 한다. 철분이 부족한 아기들은 뇌신경발달에 영향을 받아 산만해지고 밤중 수면도 어려워지기 때문에 조기에 발견되지 못하고 장기간 지속되는 경우 영유아기의 발달 지연으로 이어질 수 있다.

사례

한 젊은 엄마가 생후 6개월 된 아기를

안고 연구소를 찾아왔다. 임신했을 때 보건소에서 성장곡선의 중요성에 대한 필자의 강의를 듣고 아기를 낳자마자 2주마다 체중을 확인하면서 모유 수유를 하다가 성장 증가율이 감소되는 것을 발견했다고 했다. 그리고 병원을 찾아가 혈액검사를 한 결과 철분결핍성빈혈 판정을 받고 철분제를 먹이기 시작했다는 것이다. 아기 엄마의 모유량이 부족했던 모양이다. 강의를 듣고 스스로 성장곡선에 체중 증가율을 기록하고 성장 지연을

조기 발견하는 젊은 엄마들을 볼 때면 전문가로서 큰 보람을 느낀다.

생후 6개월 이전 철분결핍성빈혈의 원인은 대부분 모유 수유량의 부족 때문이다. 따라서 부모가 모유 수유를 결심했다면 우선 성장곡선을 확인하고 2주마다 체중을 측정해야 한다. 이때 중요한 것은 기저귀를 채우고 체중을 측정할 때 기저귀와 기저귀에 묻은 소변의 무게 때문에 정확한 측정이 어려우므로 기저귀를 간 상태로 측정해야 한다.

집에서 하는 아기발달 검사

신체 측정

검사명 **아기 체중 측정하기**

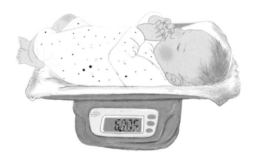

검사방법

1 아기 체중계를 준비한다. 아기 체중계가 없는 경우 일반 체중계 위에 플라스틱 박스를 놓고 플라스틱 박스 속에 면으로 된 기저귀를 깔아서 아기를 눕혔을 때 포근하게 느껴지도록 한다. 체중계의 눈금을 0으로 맞춘다.

2 아기에게 입힐 속옷과 기저귀의 무게를 측정한다.

3 아기에게 속옷과 새 기저귀를 채우고 체중을 측정한다.

4 측정한 체중에서 속옷과 기저귀의 무게를 뺀다.

5 아기의 나이를 정확히 계산해서 성장곡선에 해당 수치를 표기한다.

아기 체중계나 아기를 눕힐 플라스틱 박스를 준비하지 못한 경우

1 엄마의 체중을 잰다.

2 엄마가 아기를 안고 체중을 잰다.

3 아기의 속옷과 기저귀의 무게를 잰다.

4 엄마가 아기를 안고 잰 체중에서 엄마의 체중과 아기의 속옷,
   기저귀의 무게를 빼고 아기의 체중을 산출한다.

아기의 시각발달

Your Baby's Visual Development

엄마 얼굴이 또렷하게 보여요

생후 4개월만 되어도 엄마 얼굴의 작은 점을 볼 수가 있다. 따라서 생후 4개월부터는 사람의 얼굴에 큰 관심을 보이기 시작한다. 3개월 이전까지는 균형 잡히지 않은 얼굴에 관심을 보였다면 생후 4개월이 되면서는 사람의 얼굴 모양에 관심을 보이게 된다. 따라서 눈, 코, 입이 있는 인형이나 동물들의 얼굴 모양에도 큰 관심을 보이게 되는 것이다.

눈 맞춤 놀이를 너무 많이 하지는 마세요

아기의 시각이 발달하면서 아기와 눈 맞춤 놀이가 편해지는 시기이다. 하지만,

이 무렵에 종일 아기와 눈 맞춤을 시도하다가 더 이상 눈을 맞추지 않는 아기의 반응을 보고 불안해서 연구소를 찾아오는 엄마들이 많다. 눈을 잘 맞추지 않는데 혹시 자폐가 아니냐고 문의를 해오는 것이다. 어제는 눈을 맞추었는데 오늘은 맞추지 않는 것이라면 혹시 어제 눈 맞춤 놀이를 너무 많이 한 것은 아닌지 생각해 보아야 한다. 아기는 이미 엄마 얼굴에는 익숙해져 있으므로 아무런 표정과 목소리의 변화 없이 계속해서 눈 맞춤을 시도하는 경우, 아기는 엄마의 표정 없는 얼굴을 의미 없는 자극으로 받아들이고 눈을 피하게 될 수도 있다. 저녁에 퇴근한 아빠와는 눈을 잘 맞추지만 주 양육자인 엄마와는 눈을 맞추지 않는다면 이미 익숙한 엄마의 얼굴에는 관심이 덜 가기 때문이지 자폐스펙트럼 장애

이거나 애착장애가 원인이 아니다.

다른 모양을 분별할 수 있어요

생후 4개월 된 아기에게 같은 모양인 ＋, ＋를 보여주다가 다른 모양인 ＋, ○을 보여주면 아기는 새로운 모양인 ○에 더 관심을 가지고 바라보게 된다.

마찬가지로 아기에게 같은 모양의 ×, ×를 보여주다가 다른 모양인 ＋, ×를 보여주면 ＋의 모양에 더 관심을 보이게 된다.

백일이 지나서 생후 4개월만 되어도 사물의 모양이나 무늬의 차이를 시각적

으로 인지하고 새로운 것에 더 관심을 보일 수 있을 정도로 시각적인 인지능력이 발달하게 된다. 따라서 집안의 인테리어나 양육자의 옷 모양과 색깔 등이 다양성을 띨 때 아기는 새로운 시각적인 자극을 받아들이면서 뇌신경망을 활성화할 수 있다.

사례

아기의 발달이 늦다고 연구소로 달려온 아기 엄마가 있었다. 작은 슈퍼마켓 주인인 그녀는 슈퍼마켓에 딸린 작은 방에 아기를 재우면서 키웠다. 아기는 순해서 배가 고플 때만 울었고 엄마는 아기가 울 때만 방에 들어가서 젖을 먹였다. 방

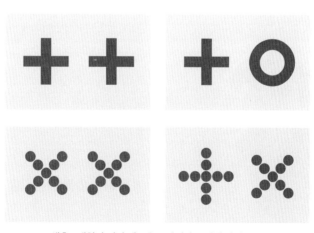

▲ 생후 4개월이 되면 새로운 모양이나 무늬에 관심을 갖는다

에는 흰색 계통의 벽지가 발라져 있었고 창문의 커튼 역시 흰색 계통이었다. 결국 아기에게 그 방은 아무런 시각자극이 없는 공간이었다. 벽지도 하얗고 커튼도 하얀 경우 아기는 시선을 어디에 두어야 할지 몰라서 불안해진다. 당연히 바빠서 청각자극도 주어지지 못했으므로 아기는 몸을 움직일 기회를 얻지 못해 운동발달이 늦어졌었다. 혼자서 아기를 키워야 하는 경우에는 아기에게 필요한 자극을 주기가 어려울 수 있다. 가족구성원이 많은 경우에는 가족의 움직임이나 옷 색깔의 변화 등으로 아기가 자연스럽게 새로운 시각적인 자극을 취할 수 있다. 하지만 여러 가지 사정으로 독박육아를 해야 하는 경우라면 가능한 한 아

기 물품이라도 알록달록한 것으로 구입하기를 권한다. 벽이 흰색이라면 비용을 들여 벽지를 바꾸기보다 띠 벽지를 벽에 붙여보는 것도 좋다. 알록달록 무늬가 있는 커튼을 달아주는 것도 좋은 방법이다. 아기의 옷을 알록달록하게 입혀주면 자기 옷을 보면서도 시각적인 자극을 받을 수 있다. 또한 이 시기에 아기는 사람의 얼굴 형태를 하고 있으면서 자신에게 익숙하고 균형 잡힌 무늬에 관심을 갖는다. 따라서 아기를 돌보는 사람이 얼굴 모양의 캐릭터가 그려진 옷을 입으면 아기에게 시각적인 즐거움을 줄 수가 있다. 모양의 작은 차이도 분별이 가능하므로 모양과 색이 다른 장난감들을 접하게 한다면 아기의 시각적인 즐거움은 더해질 것이다. 굳이 비용을 들여서 장난감을 사지 않더라도 집에 있는 시각적으로 다양한 패턴의 물건들을 접하게 하는 것이 좋다.

거울 속의 얼굴에 관심을 가져요

생후 4개월이 되면 거울로 자기 얼굴과

아기의 시각적 인지발달 정도를 알아보기 위해 아기에게 거울을 보여주는 방법을 활용하기도 한다. 자주 거울을 보여주며 아기가 웃거나 움직일 때 거울 속의 아기도 따라 움직이는 것을 보면서 거울 속의 아기가 자신인 것을 알게 해주는 것이 좋다.

엄마 얼굴을 보여주었을 때 자기 얼굴보다는 거울 속 엄마 얼굴이 더 익숙하므로 엄마의 얼굴에 더 관심을 가지고 쳐다보게 된다. 거울 속 자신의 모습은 익숙하지 않은 얼굴이므로 관심을 덜 보이게 된다. 그러다가 생후 6개월이 되면 거울 속 자신의 모습을 보고 좋아서 손을 거울에 가져다 대며 만져보기도 한다.

동물의 지능 정도를 알아보는 실험을 할 때 거울 속 동물 자신의 모습에 어떤 반응을 보이는지를 확인하는 경우가 있다. 이 실험에서 대부분의 동물은 자신의 모습에 크게 관심을 두지 않고 지나치지만, 지능이 높은 개는 자신의 모습을 뚫어지게 살펴보며 거울에 다가가서 관심을 갖는 행동을 보였다.

아기의 낯가림이 시작돼요

생후 4개월이 되면 사람 얼굴의 작은 차이를 시각적으로 인지할 수 있으므로 낯선 사람에 대한 낯가림이 시작된다. 낯가림을 한다는 것은 주 양육자와 새로운 사람의 얼굴 형태의 차이를 인지한다는 의미이다. 아기의 기질에 따라서 친밀도가 높은 아기는 새로운 얼굴에 대해 흥미를 느끼고 미소를 지어주는 행동을 보이기도 한다. 이런 경우에 아기가 주 양육자와 애착 형성이 잘되지 않은 것으로 오해하고 속상해하는 아기 엄마들도 많다.

아기가 시각적으로 사람의 얼굴을 인지할 때의 반응은 낯가림이라는 불편함의 반응과 호기심을 보이는 친밀감의 반응 두 가지 형태로 나타날 수 있으므로 낯선 사람을 더 반긴다고 해서 애착관계에 문제가 있다고 오해할 필요는 없다. 낯선 사람에게 더 관심을 보인다면 낯선 사람과 눈 맞출 기회를 주고 낯선 사람의 냄새도 맡게 하고 상호작용도 할 기회를 주면 된다.

하지만 시각적으로 익숙하지 않은 사람에 대해서 경계하는 태도를 보이는 경우에는 낯선 사람과 적당한 거리를 두고 아기가 거리감을 줄일 수 있게 기다려주어야 한다. 아기가 경계심을 가지고 있을 때 단순히 친절한 얼굴 표정과 목소리 톤으로 아기의 경계를 낮출

수는 없다.

이웃사촌이 필요합니다

아기는 같은 시각자극에는 관심을 덜 보이므로 새로운 대상에 관심을 더 가지고 집중할 수 있다. 따라서 집에 주기적으로 놀러 오는 이웃사촌이나 가까운 가족이 있는 것이 아기의 시각적 인지능력을 활성화하는 데 도움이 된다. 이웃이나 가족이 대화하면서 얼굴 표정에 변화를 보인다면 어른들의 표정 변화는 아기에게는 매우 즐거운 시각 자극이 될 것이다.

낯을 가리는 아기와 친해지기

❶ 낯선 사람이 생후 4~6개월 된 아기를 처음 접하는 경우 절대로 먼저 다가가서 스킨십을 시도하지 않아야 한다.

❷ 아기와 최소한 20~30센티미터 정도 떨어진 거리에서 새로운 장난감이나 아기가 좋아하는 장난감을 보여주고 소리를 내면서 아기가 긴장감을 풀 때까지 기다려야 한다.

❸ 웃는 표정을 짓고 다양한 목소리를 내면서 아기가 낯선 사람을 관찰할 기회를 제공해야 한다.

❹ 긴장을 많이 하는 아기의 경우 1~5미터 정도 거리를 두면서 아기 엄마와 먼저 대화하고 아기와 눈을 맞추지 않으면 아기가 더 쉽게 긴장을 풀 수 있다.

❺ 아기가 긴장을 풀고 낯선 사람이 건네는 장난감을 손을 뻗어서 잡으면 그때 아기에게 스킨십을 시도하는 게 좋다.

집에서 하는 아기발달 검사

─── 시각반응 검사 ───

검사명 **눈동자 따라오기**

검사시기 3개월 16일 ~ 6개월 15일

검사방법　생후 4개월이 되면 눈 주변 근육 6개의 운동발달이 완성되므로 장난감이 위, 아래, 옆으로 움직여질 때 눈동자를 돌려서 쳐다볼 수 있다.

소리가 나는 작은 장난감을 아기의 눈으로부터 20센티미터 떨어진 곳에서 응시하게 한다. 아기가 장난감을 응시하면 좌우로 그리고 상하로 천천히 움직이며 아기의 눈동자가 따라오는지 살펴본다. 아기의 시각발달 놀이로도 활용이 가능하다.

아기의 청각발달

Your Baby's Auditory Development

소리 나는 쪽으로 고개를 돌려요

생후 4개월(생후 3개월 16일~생후 4개월 15일)은 아기가 목을 가눌 수 있는 시기라는 점에서 매우 중요하다. 목을 가눈다는 말은 아기가 자기 의지대로 목을 오른쪽 왼쪽으로 움직일 수 있다는 의미이기도 하다. 따라서 아기는 소리가 나는 방향을 찾아서 고개를 움직일 수 있다.

생후 3개월까지는 반복적으로 소리를 들려주는 경우 고개를 매우 천천히 소리가 나는 방향으로 조금 움직일 수 있다면, 생후 4개월에는 한두 번만 들려주어도 방향을 알고 소리가 나는 쪽으로 고개를 돌릴 수 있다. 그뿐만 아니라 귀에서 20센티미터 정도 떨어진 곳에서 딸랑이 소리를 들려주는 경우 잠시 생

각하다가 소리가 나는 방향으로 고개를 돌린다. 물론 자신이 선호하는 소리에만 반응하므로 딸랑이 소리에 고개를 돌리지 않는다면 다른 소리를 들려주어서 확인해 보자. 생후 6개월이 되면서는 더 다양한 소리를 인식하고 소리가 나는 방향으로 고개를 돌리게 된다.

다양한 소리를 접하게 해주세요

가청 주파수에 따라서 소리의 방향을 잘 분별하는지 알아보는 아기 청력검사는

생후 7~9개월 무렵에 실시한다. 생후 6개월 무렵에는 일상생활에서 쉽게 접할 수 있는 소리를 들려주고 아기가 소리가 나는 방향을 인지하고 고개를 돌리는지만 살펴보면 된다. 다양한 소리에 흥미를 느끼므로 움직이면서 다양한 소리를 내는 장난감을 몇 가지 구입하는 것이 좋다. 가족이 많으면 다양한 목소리를 경험할 수 있지만 그렇지 못한 가정이 대부분이므로 움직이면서 소리가 나는 장난감이 필요하다. 북이나 장난감 피아노처럼 두들겼을 때 소리가 나는 장난감도 좋다.

가족 간의 말다툼은 자제해 주세요

생후 4~6개월은 아직 부드러운 소리에 관심을 가질 때이다. 아기는 목소리 톤으로 누구인지 분별할 수 있으며, 가족의 목소리를 듣고 톤에 따라서 기분을 파악할 수도 있다. 그 때문에 가능하면 목소리를 높여서 다투는 일은 줄여야 한다. 출생~3개월 사이 아기에게 다투는 목소리는 단순히 소음으로 들려서 놀랄 뿐이지만, 생후 4개월 이후에는 감정이 담긴 부정적인 의미라는 것을 알아차리기 때문에 조심해야 한다. 애착 관계가 형성된 주 양육자의 목소리여도 소리가 높아지면 아기는 크게 긴장한다.

집에서 가족들이 노래를 자주 부르면 아기는 매우 즐거워한다. 가족이 많지 않으면 손님들이 방문해서 아기를 얼러주거나, 아기를 밖으로 데리고 나가서 마주치는 사람들의 목소리를 경험하게 해주는 일도 필요하다.

집에서 하는 아기발달 검사

청각반응 검사

검사명 **소리 나는 방향으로 고개 돌리기**

검사시기 3개월 16일~ 5개월 15일

검사방법 엄마가 벽을 보고 양반다리를 하고 앉은 상태에서 다리 사이에 아기를 앉힌다. 아빠는 엄마의 등 뒤 20센티미터 떨어진 곳에서 딸랑이, 핸드폰 음악 소리, 열쇠 흔드는 소리 등 다양한 소리를 1~2초 정도 짧게 들려준다. 아기가 소리가 나는 방향으로 고개를 돌리는지를 관찰한다.

 청각자극에 적절히 반응하지 못하면 생후 7개월에 다시 검사한다.

주의 사항 만일 아기가 목 가누기가 늦어진다면 소리 나는 방향으로 고개를 돌리기 어려울 수도 있다.

아기가 바라보는 벽지가 알록달록하거나 다른 대상에 시각적으로 관심을 보인다면 소리에 대한 반응이 늦을 수도 있다.

아기의 피부감각발달

Your Baby's Skin Sensation

스킨십을 자주 해주세요

부드러운 스킨십은 아기의 면역체계를 좋게 하므로 일상생활에서 아기에게 자주 스킨십을 해주는 것이 좋다.

인큐베이터 속 작은 아기들의 경우에는 약간 주무르듯이 해주는 딥(deep)한 마사지가 살살 피부만 자극하는 마사지보다 체중 증가에 도움이 된다는 연구결과도 있다. 특히 엄마의 가슴에 아기의 가슴을 대고 등을 쓰다듬는 '캥거루 간호법'은 엄마와 아기의 애착 관계 형성에도 도움이 되고 아기의 호흡을 안정시키는 데도 큰 도움이 되기 때문에 미숙아실에서 많이 활용하고 있다.

미숙아들에게는 피부자극으로 인한 체중 증가가 뇌 발달에도 영향을 미치기 때문에 의미가 매우 크다. 하지만 정상 체중으로 태어난 아기들의 체중 증가는 미숙아들처럼 뇌 발달과 직접적인 관련이 없으므로 산모가 피곤함을 무릅쓰고 캥거루 간호법을 일부러 할 필요는 없다. 일상생활에서 아기에게 젖을 먹이거나 목욕 후에 로션을 발라주는 등의 일반적인 육아 활동을 통해서도 충분한 피부자극이 주어지기 때문이다. 아기가 신뢰할 수 있는 사람이 주는 피부자극은 아기에게 편안함과 안정감을 준다. 주 양육자의 컨디션이 좋은 상태에서 아기를 힘을 주어 껴안거나 전신 마사지를 해주는 놀이는 아기의 근육을 이완시키는 데 도움이 된다. 마사지는 아기의 장 운동과 혈액순환을 좋게 하며 마음도 안정시킨다. 엄마가 피곤하지 않은 시간을 이용해서 아기와 마사지를 통해 상호 교감을 나누면 좋다.

아기의 전정기관자극

Your Baby's Vestibular Stimulation

전정기관자극은
아기에게 안정감을 줍니다

전정기관자극에 대한 반응은 머리가 움직일 때 귀 안의 전정기관이 자극되어 뇌로 전달되면서 느끼게 되는 반응이다. 몸이 살살 흔들리면서 머리도 살살 흔들리는 경우 사람의 마음은 안정이 된다. 반면 몸이 격하게 움직이고 머리도 심하게 움직일 때는 온몸이 긴장하게 되고 심하면 무서움을 느끼게 된다.

아기들은 열 달 동안 엄마 배 속 양수에서 몸과 머리가 움직이는 자극을 받으며 성장한다. 따라서 아기를 살살 흔들어 자극을 주면, 아기는 쉽게 안정감을 느낄 수 있다. 단, 아기를 흔들어줄 때는 몸을 잡고 직접 흔드는 것이 아니라 품에 안고 내 몸을 움직여서 아기에게 자극이 전달되도록 해야 한다. 아기를 두 손으로 잡고 심하게 흔들면 아기의 뇌가 두개골에 부딪히면서 뇌 손상을 일으킬 수도 있다. 4~6개월 된 아기들의 경우 심하게 흔들면 등에 지나친 힘을 줘 등 근육이 뻗칠 수 있다. 따라서 가능하면 엄마 배 속에서의 자세처럼 아기를 동그랗게 안고 위아래, 또는 양옆으로 살살 흔들어주자.

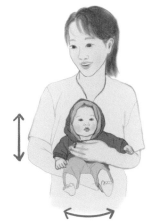

아기의 큰 근육 운동발달

Your Baby's Gross Motor Development

가슴까지 상체를 들어올릴 수 있어요 (Elbow Support)

생후 4개월 무렵에는 아기가 고개를 완전하게 가눌 수 있다. 엎어놓았을 때 가슴까지 들어올릴 수 있으며 소리가 나는 방향으로 고개를 돌릴 수도 있다. 또 가슴 위 20센티미터 높이에 있는 장난감을 손을 뻗어서 잡을 수도 있다.

▲ 팔꿈치로 상체 지지하기(Elbow Support)

아기를 세우려고 하지 마세요

생후 4개월 무렵에는 아기를 세워놓으면 다리에 힘을 줄 수 있지만 아직 운동발달은 가슴까지만 이루어졌으므로 자꾸 세워놓는 경우 기기와 걷기가 늦어질 수 있다. 따라서 가능하면 아기를 자주 세우지 않는 것이 좋다. 자주 엎어놓아야만 가슴에서 허리까지 들어올리다가 기어갈 수 있다. 또 생후 4~6개월 무렵이 되면 뒤집기를 할 수 있지만 뒤집기를 기다리기보다는 깨어 있는 시간에 엎어놓는 것이 정상 운동발달을 빨리 진행시킬 수 있는 방법이다.

생후 5개월이 되면 낮은 탁자 위의 작은 장난감들을 잡을 수 있다. 아직은 깨어 있는 시간에 많이 엎어놓고, 바로 눕힐 때는 캐리어에 눕혀 상체가 45도 정도 들어올려지게 해주는 것이 좋다. 눕혀놓으면 등 근육이 발달하여 몸을 뒤집기 어렵고 손을 뻗어서 장난감을 쥐기도 어려워진다.

생후 6개월쯤 되면 누워서 등을 구부려 자기의 발을 잡을 수 있다. 발을 입에 넣어 빨기도 한다.

생후 5~6개월 무렵에는 엎어놓았을 때 두 팔을 뻗어서 상체를 들어올리는 동작이 가능하다. 팔을 앞으로 뻗지 못하는 경우 양팔을 옆으로 벌리고 배에 힘을 주게 된다. 항상 두 팔을 앞으로 놓아 주어 팔로 자신의 상체를 지지하고 배꼽까지 올릴 수 있게 도와주어야 한다.

가능하면 앉혀놓지 마세요

아기를 앉혀놓으면 잠시 앉아 있기도 하지만 가능하면 앉혀놓지 않는 것이 좋다. 자꾸 앉혀놓으면 엎드려서 스스로 몸을 움직여 기어가려고 하지 않고 계속 울면서 앉혀달라고 한다. 계속 앉혀놓는 경우 7~9개월 무렵에 엉덩이로 기어가기도 한다.

생후 5~6개월이 되면 손바닥으로 바닥을 지지하고 팔을 쭉 펴서 배꼽까지 상체를 들어올릴 수 있다. 이렇게 하면 손목이 밖으로 꺾이면서 물건을 잡을 때의 손목 움직임을 도와주므로 매우 중요한 동작이다. 운동성이 좋은 아기들은 생후 6개월 무렵에 배밀이로 기어갈 수도 있고 혼자서 앉을 수도 있다.

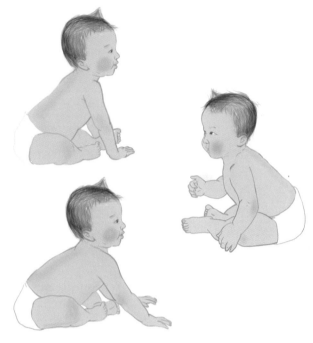

▲ 혼자 앉혀놓았을 때 상체가 기울어지는 모습
(생후 4~6개월에는 가능하면 앉혀놓지 말아야 한다)

이 시기의 아기발달에서 가장 중요한 것은 아기에게 엎어진 자세에서 스스로 상체를 들어올릴 기회를 많이 제공하는 것이다. 아기를 엎어놓고 아기의 눈높이에 소리가 나는 장난감을 놓아두면 소리를 쫓아서 고개를 들고 점점 상체를 들어올리려고 할 것이다. 소리가 나는 장난감이 움직이기도 한다면 아기는 팔이나 손으로 상체를 지지한 채 움직이는 장난감을 쫓아 고개를 돌린다.

6개월 된 아기는 허리까지 운동신경이 발달한다. 따라서 앉혀놓는 경우 등을 지지해 주어야만 잠깐씩 앉은 자세를 유지할 수 있다. 아직 엉덩이까지 운동신경이 내려오지 않아서 혼자 앉혀놓는 경우 상체가 앞으로 쏠리면서 두 팔로 상체를 지지한다. 아직은 혼자서 앉아 있기 어려운 상태이므로 바닥에 앉혀놓는 것은 아기 몸에 부담을 주므로 하지 않는 것이 좋다.

생후 6개월이 되면 아기가 캐리어에서 빠져나오려고 하기 때문에 잠깐씩만 앉혀놓는 것이라면 보행기에 발이 바닥에 닿지 않게 하고 앉혀놓는 방법도 있다. 하지만 가능하면 바닥에 엎어놓아 스스로 기어갈 수 있는 기회를 많이 주는 것이 좋다.

깨어 있는 시간에는 무조건 엎어놓으세요

사례

이스라엘의 아동발달연구소에서 일할 때였다. 이스라엘은 보건소에서 정기적으로 아기의 발달 검사를 수행하는데 한

국 유학생과 생후 4개월 된 아기가 보건소에서 발달 검사를 받고 고개를 잘 가누지 못해 아동발달연구소로 오게 되었다. 발달 검사를 하면서 아기를 엎어놓자 아기는 고개를 들지 못하고 낑낑댔다. 낑낑대는 아기가 안쓰러운 아기 엄마는 빨리 안으려고 했지만 담당 의사는 종일 엎어놓으라고 조언했다. 지금 힘들어도 엎어놓아야 고개를 가눌 수가 있으며, 당장은 아기가 울어도 그래야 나중에 엄마가 우는 일이 생기지 않는다고 단호하게 이야기했다. 결국 아기 엄마는 집에 가서 종일 아기를 달래가며 엎어놓았고 아기는 2주 만에 엎드린 상태에서 상체를 들 수 있었다.

선천적으로 운동발달이 우수한 아기들은 부모의 양육 태도와 상관없이 운동발달이 자연스럽게 이루어진다. 하지만 선천적으로 운동발달이 느린 아기들은 양육 방법에 따라서 운동발달 정도에 큰 차이를 보인다. 생후 4~6개월의 아기들은 아직 작고 바닥에 내려놓기가 안쓰럽겠지만 아기의 운동발달을 위해서 깨어 있는 시간에 가능한 한 바닥에 엎어놓는 양육 태도가 필요하다. 바닥에 엎어놓으

면 뒤집기 과정을 건너뛰는 것이므로 운동발달을 촉진할 수 있다. 반대로 눕혀 놓으면 뒤집기가 늦어지면서 결국 모든 운동발달 과정이 늦어지게 된다.

아기가 뒤집기를 못 한다고 걱정하기 전에 아기를 엎어놓는 지혜가 필요하다. 아기를 엎어놓고 엉덩이를 지긋이 눌러 주면 지렛대 원리에 의해서 아기가 상체를 들기가 쉬워진다.

선천적으로 운동성이 떨어져 운동발

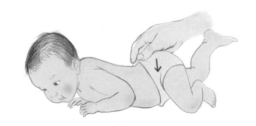

달이 많이 늦을 때는 아기 배 밑에 공을 넣어주거나 부모의 허벅지를 받치고 네 발로 설 수 있도록 도와주는 방법도 좋다.

▲ 아기의 운동성이 떨어지는 경우 촉진시키는 운동법

집에서 하는 아기발달 검사

큰 근육 운동발달

검사명 **팔꿈치로 상체 지지하기** Elbow Support

검사시기 3개월 16일 ~ 5개월 15일

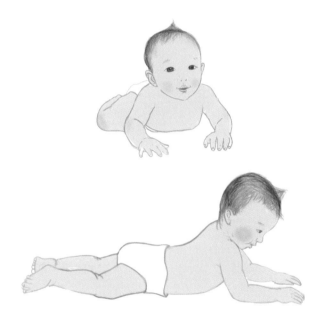

검사방법   엎드린 자세에서 팔꿈치로 상체를 지지할 수 있는지 살펴본다.

집에서 하는 아기발달 검사

큰 근육 운동발달

검사명 **아기 목 가누기** Head Control

검사시기 3개월 16일 ~ 5개월 15일

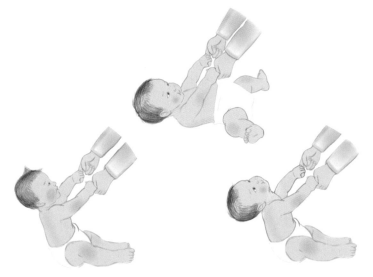

▲ 목을 가누는 모습   ▲ 목을 가누지 못하는 모습

검사방법   엄마의 검지를 아기가 쥐었을 때 아기를 들어올린다. 아기의 목이 아래로 떨어지지 않고 바르게 일어나 앉을 수 있는지 살펴본다.

생후 5개월 15일에도 아기의 목이 아래로 떨어지면서 엎드려 놓았을 때 고개를 바닥에서 들지 못한다면 큰 근육 운동발달 지연이므로 소아재활의학과 전문의의 진료가 필요하다.

집에서 하는 아기발달 검사

큰 근육 운동발달

검사명 **손바닥으로 지지하고 상체 올리기** Hands Support

검사시기 4개월 16일 ~ 6개월 15일

검사방법 엎드린 자세에서 손바닥으로 상체를 지지하고 허리까지 들어올릴 수 있는
지 살펴본다.

목 가누기가 가능하면서 상체를 들지 못한다면 네발 서기 운동을 시켜 주는
것이 좋다.

집에서 하는 아기발달 검사

큰 근육 운동발달

검사명 **자기 손으로 자기 발 잡기**

검사시기 5개월 16일 ~ 6개월 15일

검사방법 아기가 등으로 누워서 자연스럽게 자기 팔로 자기 발을 잡는지 살펴본다. 경우에 따라 한 손으로 한 발만 잡기도 하고 양손으로 양발을 잡기도 하고 잡은 발을 입에 넣고 빨기도 한다. 어떤 형태로든 자기 손으로 자기 발을 잡는지 살펴본다. 아기가 자기 손으로 자기 발을 잡지 못한다면 등 근육 스트레칭 운동을 시켜주는 것이 좋다.

아기의 작은 근육 운동발달

Your Baby's Fine Motor Development

손을 뻗어 장난감을 잡을 수 있어요

생후 4개월이 되면 주먹을 쥐고 있던 손을 자기 의지대로 펼 수가 있다. 그래서 원하는 물건을 보면 손을 펴고 물건을 잡기 위해 팔을 뻗는다. 아기는 태어났을 때 엄지가 손바닥 안에 들어간 상태로 주먹을 쥐고 있지만 서서히 손을 펴서 생후 4개월 정도가 되면 엄지도 손바닥에서 빠진다. 그러나 아기가 원하는 대로 팔이 잘 조절되지는 않으므로 물건을 쉽게 잡지는 못한다. 하지만 손에 딸랑이를 쥐여주면 꼭 잡고 한두 번 흔들 수는 있다.

콩을 잡을 수 있어요

생후 5개월이 되면 밥상 위에 있는 콩을 발견하고 손바닥으로 잡으려고 헛손질이나마 시도할 수 있다. 6개월이 되면 손을 뻗어서 손바닥으로 콩을 잡는 데 어려움이 없다.

만일 이 시기에 콩을 잘 잡지 못하는 경우 시력 저하도 의심해 볼 수 있다. 손에 쥔 장난감을 입으로 가져가서 빨 수도 있는데, 6개월 전에는 아직 손보다는 입이 더 발달해서 대부분의 장난감을 입으로 가져가 탐구하려고 한다. 혹시 장난감을 지나치게 입으로 가져가는 경우, 공갈젖꼭지를 물려주고 놀도록 하자. 공갈젖꼭지가 입에 물려 있는 경우에 장난감을 입으로 덜 가져가고 손으로 만지작 거리면서 놀 수 있기 때문이다.

등 근육이 강해지면
손을 앞으로 뻗을 수가 없습니다

눈앞에 있는 장난감으로 손을 뻗지 못하는 경우, 간혹 등 근육이 강해져서 팔을 앞으로 내밀고 싶지만 반대로 뒤로 가는 경우일 수 있다. 따라서 생후 4~6개월 아기가 팔 움직임에 어려움이 있다면 아기를 엎어놓아 보라. 아기가 상체를 얼마나 들어올릴 수 있는지 확인해 큰 근육 운동발달에 대한 평가를 해보아야 한

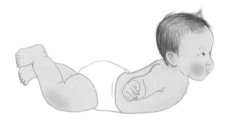

다. 아기를 장시간 눕혀놓아서 등 근육이 강해진 경우라면, 아기는 장난감을 잡고 싶어도 팔이 앞으로 나가지 않고 새의 날개처럼 펄럭거린다.

숟가락으로
밥을 받아먹을 수 있어요

아기발달에 있어서 작은 근육 운동발달이란 주로 손 조작과 입술의 움직임을

말한다. 생후 6개월이 되면 입술 주변의 작은 근육들이 발달해 숟가락으로 이유식을 주는 경우 양쪽 입술을 움직이면서 받아먹을 수 있다.

입술을 움직여서 내는 발음도 가능해져 '맘마', '엄마' 등을 발음하기도 한다. 만일 입 주변 근육의 긴장도가 떨어지면

4~6개월 된 아기는 많은 시간 입을 벌린 모양을 취하게 된다. 특히 시각적인 자극이나 청각적인 자극에 집중할 때 입술 주변의 근육이 풀리면서 입이 벌어지게 되고 침을 흘린다. '맘마', '엄마' 같은 발음도 잘 나오지 않는다.

억지로 숟가락으로 먹이지 마세요

만약 아기 입술 주변의 작은 근육 운동발달이 늦어져서 숟가락으로 밥 먹기를 거부하면 절대로 억지로 먹여서는 안 된다. 억지로 이유식을 먹이면 이유식을 먹이는 사람에게 거부감을 갖게 되고 숟가락에 대한 거부감도 심해지므로 아기 먹이기에 큰 어려움을 겪게 되기 때문이다.

입술 주변의 작은 근육 운동발달은 시간이 지나면 나아지므로 아기가 거부하는 경우 2주 정도 시간을 주고 다시 시도해 보고 적극적으로 먹을 때까지 좀 더 기다리는 게 좋다.

집에서 하는 아기발달 검사

작은 근육 운동발달

검사명 **팔을 뻗어서 장난감 잡기**

검사시기 4개월 16일 ~ 5개월 15일

검사방법 아기가 눈앞에 있는 장난감에 시선을 맞추고 팔을 뻗어서 잡으려고 하는지 살펴본다. 아기가 앉아 있는 자세가 안정적이어야 팔을 앞으로 뻗을 수 있다.

아기의 눈높이에서 20센티미터 앞에 딸랑이를 놓고 아기가 쳐다볼 수 있도록 한다. 처음에는 딸랑이 소리가 나야 아기가 보겠지만, 쳐다본 후에는 딸랑이를 흔들지 않아도 시각적으로 고정하고 팔을 뻗기가 쉽다. 계속 딸랑이를 흔들면 아기가 팔을 뻗기 힘들다. 아기가 딸랑이에 팔을 뻗을 때 엄지뿐 아니라 다섯 손가락이 모두 펴지는지를 관찰한다.

집에서 하는 아기발달 검사

작은 근육 운동발달

검사명 **손바닥으로 콩 잡기**
검사시기 4개월 16일 ~ 5개월 15일

검사방법 검정콩 정도 크기의 물건이나 간식을 손바닥을 펴서 잡는지 살펴본다. 가능하면 아기가 입으로 넣었을 때 위험하지 않은 간식을 활용한다.
아빠가 아기를 무릎 위에 앉힌다. 아기의 가슴 높이 탁자에 작은 콩을 놓고, 콩을 움직이면서 아기가 쳐다보도록 유도한다. 아기가 상체를 탁자 쪽으로 숙이면서 팔을 벌리고 손바닥을 펴서 콩을 잡으려고 시도하는지 관찰한다.

아기의 언어발달
Your Baby's Language Development

옹알이를 못 해도 걱정하지 마세요

생후 2개월에는 아기가 기분이 좋을 때 "아유"와 같이 들리는 말을 하는 모습이 관찰된다. 아기 스스로 말을 만들어낼 수는 없지만 우연히 목에서 나오는 소리를 우리가 듣게 되는 것이다. 생후 4~5개월이 되면 말로 자신을 표현하고 싶을 때 목구멍에서 말을 만들어낼 수 있게 된다. 이 시기에 기분이 좋을 때 표현되는 말을 옹알이라고도 한다. 소리를 낼 수 있는 자기 목을 이리저리 움직여

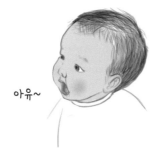

아유~

보면서 말하기 위해 준비를 하는 단계이다. 웅얼웅얼하기도 하고 괴음 같은 소리를 내기도 하고, 콧소리를 내기도 하고 "브르브르" 같은 발음도 내는 등 다양한 형태로 말놀이하는 모습을 보게 된다. 아기의 기질에 따라 전혀 옹알이를 하지 않는 아기들도 있다. 아기가 전혀 옹알이를 안 한다고 걱정할 필요는 없다. 자기표현을 미소로만 하는지 혹은 다양한 옹알이와 소리로 적극적으로 하는지 살펴보면 된다.

소리를 질러도 놀라지 마세요

생후 5개월이 되면 말을 만드는 운동 기능이 좋아져서 옹알이가 줄고 "어"나 "아" 등의 말을 마치 소리 지르듯이 내뱉

기도 한다. 그래서 초보 부모들은 부드럽게 옹알이하던 아기가 갑자기 소리를 지르거나 화를 낸다고 생각해 당황하는 경우도 있다. 아기의 타고난 기질에 따라서 소리 지르듯이 말을 하는 아기들도 있으므로 당황하지 않아도 된다.

또한 아기는 목에서 소리의 강도와 길이, 높이 등을 스스로 조절할 수 있지만 소리를 멈추어야 할 때 빨리 멈추지 못한다. '까르르 까르르' 소리를 내어 웃다가도 소리를 멈추지 못하면 숨이 넘어갈 때까지 웃거나 오랜 시간 소리를 지르는 모습을 보일 수도 있다.

'맘마' 소리를 내기도 합니다

생후 6개월이 지나면 입술을 움직이면서 하는 말이 조금씩 나오기도 한다. 그래서 "엄마", "맘마" 등의 발음을 하면 부모들은 아기가 '엄마'라고 했다고 좋아하기도 하지만 이는 입술의 움직임에 따라서 나오는 소리거나 양육자의 말을 모방하는 소리지 엄마의 호칭이 '엄마'인 것을 알고 의도적으로 하는 말은 아니다.

얼굴 표정과 목소리 톤으로 아기와 대화해주세요

생후 4개월에는 아직 아기가 우리의 말

▲ 엄마의 얼굴 표정에 반응하는 아기

을 듣고 이해하지 못한다. 하지만 아기와의 상호 작용을 위해서 아기가 말하고자 하는 의도를 파악하고 엄마, 아빠가 목소리 톤을 높여서 "응, 그랬어" 하면서 반응해 주는 것이 좋다. 친근한 목소리 톤으로 아기를 달래면 아기가 간단한 옹알이로 대응해 주기도 한다. 아기가 옹알이를 얼마나 많이 하는가는 타고난 기질의 영향도 크기 때문에 엄마가 말을 많이 해주는가에 따라서만 결정되는 것은 아니다.

생후 4개월이 되면 엄마의 얼굴을 또렷하게 볼 수 있고 표정도 읽을 수가 있다. 엄마가 아무 말도 하지 않고 가만히 화난 표정을 하고 있으면 아기는 긴장한

다. 반대로 웃는 얼굴을 보여주면 엄마가 자신에게 호의적이라는 것을 이해하고 미소를 띤다. 하지만 선천적으로 무뚝뚝하고 표정 변화가 많지 않은 아기는 엄마가 웃으며 달래도 잘 웃지 않을 수 있으므로 아기가 웃지 않는다고 걱정할 필요는 없다.

목소리만 들어도 인지할 수 있어요

생후 4개월이 된 아기는 엄마의 얼굴이나 몸이 보여야 엄마가 존재한다고 느낀다. 목소리를 들려줘도 보이지 않으면

기다리세요

엄마가 존재한다고 느끼지 못한다. 따라서 생후 4개월까지는 아기가 울면 일단 아기에게 달려가서 엄마 얼굴을 보여 주어야 한다. 하지만 생후 5~6개월이 되면 엄마의 목소리만 들려도 엄마가 근처에 있다는 사실을 인지할 수 있다. 이 시기에는 설거지할 때 아기가 운다면 "잠깐만 기다려. 금방 가요" 하고 이야기하면서 손을 마저 씻고 가도 좋다.

생후 100일까지는 아기가 새로운 환경에 적응하기 위해서 힘든 시기였다면, 생후 4개월 이 되면 시력이나 청력이 주변에서 일어나는 일들을 잘 살필 수 있을 만큼 발달하므로 주변 환경을 이해하고 적응해 나가는 시간이 시작된다. 엄마는 어떤 사람이고 아빠는 어떤 사람인지 그리고 집에 언니나 오빠가 있다면 어떤 행동을 보이는 사람인지 아기는 세밀하게 관찰하면서 나름대로 분석한다.

동을 할 때 싫은지 분명하게 보여주는 것이 좋다. 생후 6개월이 된 아기가 엄마를 때리거나 엄마 머리를 잡아당기면 "안 돼. 하지 마세요" 하고 이야기하고 굳은 얼굴 표정을 보일 필요가 있다. 만일 마냥 귀엽다고 웃는다면 아기는 엄마가 좋아하는 줄 알고 계속해서 엄마를 때리거나 머리카락을 잡아당길 수도 있다.

아기들의 큰 특징은 상대방의 마음을 이해하기 어렵다는 것이다. 아기는 자신이 엄마를 때릴 때, 엄마의 머리카락을 잡아당길 때 얼마나 아픈지 이해하지 못한다. 한 번 엄마가 단호한 표정을 보였다고 해서 아기의 행동이 중단되는 것도 아니다. 아기가 이런 행동을 계속할 경우 엄마는 부정적인 의미가 담긴 반응을 계속 보여주어야 한다.

하지만 반응의 정도가 지나쳐서 "너

아기의 행동에 대해 엄마의 마음을 정확하게 표현하세요

아기가 어떤 행동을 할 때 좋고 어떤 행

도 한 대 맞아 봐라. 얼마나 아픈지" 하면서 아기를 때릴 때는 아기가 스트레스를 받아서 자기도 모르게 엄마를 더 때리게 되므로 어떤 경우에도 아기를 때리는 행동은 하지 말아야 한다.

다양한 사람의 목소리를 들려주세요

사람 얼굴에 강한 관심을 보이는 시기이므로 아기들의 뇌 발달을 위해서는 매일 접하는 사람들이 필요하다. 이웃사촌의 방문이 절실히 필요한 시기이다.

아기가 가족의 얼굴과 목소리로 자신에게 호의적인 사람인지 아닌지 알아챌 수 있고, 아기 역시 얼굴 표정과 몸짓으로 반응을 보여줄 수 있어 아기와 가족 간의 활발한 의사소통이 가능해지는 시기이다. 가능하면 미소를 자주 보여주고 목소리 톤에 변화를 주면서 말을 많이 건네주는 것이 좋다. 아기가 적극적인 옹알이와 웃음으로 반응을 보여준다면 엄마의 힘든 하루도 바람에 날리듯 다 날아갈 것이다.

아기가 잘 웃지 않는 기질이면 초보 엄마는 육아가 더 힘들게 느껴질 것이다. 아기를 키울 때 가족이 많아야 하는 이유는 그만큼 아기를 보면서 웃어줄 사람이 많기 때문이기도 하다. 사람들이 계속해서 웃는 얼굴을 보여주면 아기는 무뚝뚝한 기질을 극복하고 잘 웃는 사람으로 성장할 수 있다.

집에서 하는 아기발달 검사

상호작용

검사명 **눈 맞춤하기**

검사시기 4개월 16일 ~ 6개월 15일

검사방법 엄마가 아기의 눈을 맞추고 말하면 아기가
엄마를 응시하는지 살펴본다.

아기의 감정조절력

Your Baby's Emotional Regulation

아기들은 심심해도 울어요

생후 4~6개월 된 아기들이 배도 고프지 않고 기저귀도 젖지 않았는데 우는 가장 큰 이유는 심심하기 때문이다. 4~6개월 무렵에는 아기의 시력과 청력이 좋아지면서 보다 다양한 사물을 보고 느끼고 싶어 한다. 아기 스스로도 주변의 새로운 정보를 흡수해서 자신의 뇌신경망을 더 많이 만들고 행복해지고 싶어 하기 때문이다. 따라서 생후 3개월 이전에 비해 깨어 있는 시간이 많은 아기들은 엄마하고 둘이 집에서만 지내면 뇌신경망을 활발하게 작동할 만한 충분한 자극을 받지 못한다.

더구나 아기의 뇌는 같은 자극이 의미 없이 지속되면 반응하지 않는다. 다시 말해 엄마가 하루 종일 아기의 이름을 부르거나 노래를 부르는 경우 아기는 엄마의 목소리에 흥미를 느끼기 어렵다는 뜻이다. 이럴 때는 아기를 빨리 밖으로 데리고 나가서 새로운 환경을 접하게 해야 한다. 춥더라도 아기를 꽁꽁 싸매서 밖으로 데리고 나가면 아기는 쉽게 울음을 그친다.

사례

태어나자마자 호흡기계 질병으로 많이 아팠던 아기가 있었다. 생후 6개월인 아기는 연구소를 방문했던 날에 태어나서 처음으로 집 밖에 나온 거라고 했다. 엄마는 그동안 아기가 감기에 걸릴까 봐 노심초사하면서 집에서만 지냈다고 한다. 아기는 심심해서 종일 칭얼댔고 결국 엄마는 연구소를 방문하기로 결심, 아기를 데리고 외출하게 된 것이다. 생애 처음으로 외출을 한 아기는 낯선 장소를 여기저기 둘러보며 뇌신경망을 만드느라 흥겨워했고 한 번도 울지 않았다.

미숙아들도 3개월 이상 인큐베이터에 있게 되면 심심해서 운다. 그래서 요즘은 병원 미숙아실에서도 아기를 인큐베이터 속에서 꺼내어 흔들침대에 앉히고 장난감도 보게 하며 소리도 들려준다.

생후 4~6개월의 아기는 아직 스스로 몸을 움직이지 못하므로 심심하면 더 울게 된다. 아기가 스스로 기어서라도 다닐 수 있어야 심심할 때 현관으로 기어가서 신발을 만지거나 싱크대를 뒤지

면서 자신의 심심함을 달랠 수 있게 되고 심심함으로 우는 경우가 줄어든다. 따라서 여기저기 아기가 마실 다닐 곳이 있어야 한다. 심심해서 우는 아기를 감기 걸린다고 걱정해서 자꾸 재우려고만 하면 아기의 뇌는 활발하게 발달하기 어렵다.

아기를 키우는 과정은 아기와 부모가 함께 성장해 가는 과정이다. 생후 4개월 이후부터 마실 다닐 이웃집이 필요하니 임신하는 순간부터 서로 마음 맞는 이웃을 조금씩 만들어놓는 지혜가 필요하다.

집에서 하는 아기발달 검사

감정조절력

검사명 **울음 원인 찾기**

검사시기 4개월 16일 ~ 6개월 15일

검사방법 우는 아기의 모습을 잘 살펴보면서 울음의 원인을 찾아낸다.

| 관심을 끌기 위한 울음 알아채는 법 |

① 처음에는 눈물이 조금 나다가 점차 눈물이 나지 않는지 관찰한다.

② 눈을 감고 우는 것이 아니라 눈을 동그랗게 뜨고 엄마의 얼굴을 살피며 우는지 살펴본다.

③ 흔들어주거나 말로 어르면 그 순간 더 우는지 관찰한다.

④ 괴롭다는 표정 없이 분을 못 이겨 우는 표정으로 악을 쓰며 우는 형태 인지 관찰한다.

+ 위와 같은 반응을 보이면 아기가 엄마의 관심을 끌기 위해 우는 것이다.

| 심심해서 우는 울음 알아채는 법 |

① 배도 고프지 않고 기저귀도 젖지 않았는데 우는지 살펴본다.

② 아기를 데리고 아파트 현관 앞이나 사람들이 많이 지나가는 곳에 앉아 있을 때 아기가 열심히 주변을 살펴보는지 관찰한다.

+ 밖에 데리고 나가면 울음을 멈추는 경우 심심해서 우는 울음일 가능성 이 크다.

머리둘레

Q 우리 아기 머리둘레가 조금 작아요

아들이 120일이 됐을 때 영유아검진을 했는데 전체적으로 작게 나왔어요. 특히 머리둘레가 39.7센티미터로 3%ile에 해당해요. 태어날 때는 32센티미터였습니다. 혹시 무슨 문제가 있지 않을지 걱정입니다.

A 태어날 때 머리둘레가 32센티미터였다면 남아의 경우 전체 100명 중 머리가 가장 작은 쪽에서 3번째에 해당하네요. 그리고 120일에 39.7센티미터라면 3~10번째에 해당합니다. 처음 머리둘레를 측정한 사람과 측정한 사람이 다르다면 약간의 오차가 있을 수 있다는 것을 참고했을 때 정상 성장률을 보인다고 판단됩니다. 3번째 미만이 아니므로 생후 6개월 전에 뇌 사진을 찍기보다는 한 달에 한 번씩 머리둘레를 측정해 성장곡선에 표시하면서 정상 범위에 속하는지 혹은 급속한 증가나 감소가 있는지 살펴보시기를 바랍니다.

만약 머리둘레가 3번째 미만이면 뇌 사진 촬영을 해볼 수도 있습니다. 하지만 3번째 혹은 3~10

번째가 유지된다면 특별히 필요하지 않습니다. 부모의 머리둘레를 측정해서 유전적인 원인으로 머리둘레가 정상 범위에서 작은 쪽에 해당하는지 확인해 보는 것도 필요합니다. 무조건 3번째라고 해서, 혹은 3~10번째라고 해서 뇌 사진을 찍지는 않습니다.

Q 아기 머리둘레가 너무 큰 것 같아 걱정이에요

영유아검진을 했는데 머리둘레가 95p로 나왔어요. 머리가 원래도 작은 건 아니었지만 4개월 검진 때는 68등이었거든요. 몸무게랑 키 등수는 오히려 낮아졌는데 머리둘레만 늘었어요. 의사 선생님이 한 달 뒤에 다시 확인해 보고 계속되면 뇌에 물이 찬 것일 수도 있으니 검사를 해보자고 하시네요.

A 생후 4개월 때 전체 100명 중에서 68번째였는데 현재 95번째가 됐다는 이야기 같습니다. 머리둘레의 성장 속도가 너무 빠르다면 2주마다 측정해서 성장곡선에 표시하고 살펴봐야 합니다. 증가율이 너무 빠르다면 뇌에 물이 차거나 종양이 있을 수도 있으므로 뇌 사진을 찍는 것이 꼭 필요합니다.

Q 5개월 아기, 머리둘레가 너무 작아 걱정이에요

머리가 가장 큰 부위의 둘레를 쟀는데 36센티미터 정도 나왔어요. 여자아이 5개월 15일이면 42센티미터는 되어야 정상이라고 합니다. 인터넷으로 소아과 상담을 받았는데 너무 작다고 소아과에 갈 때 물어보라고 하시네요. 너무 걱정스럽습니다.

A 머리둘레가 3번째에도 훨씬 미치지 못합니다. 태어났을 때의 머리둘레를 알아보세요. 출생 시 머리둘레도 3번째보다 작았다면 급하게 뇌 사진을 찍지 않아도 되지만 만일 출생 시 머리둘레가 3번째 이상이었는데 5개월에 3번째보다 작다면 빨리 뇌 사진을 찍어서 두개골이 닫히고 있는지 확인해 보고 수술 여부를 결정해야 합니다.

Q 머리둘레만 너무 작다면 문제가 될까요?

4개월 된 아기입니다. 신장과 체중은 75번째인데 머리둘레만 5~10번째입니다. 신장과 체중에 비해서 머리둘레가 너무 작아도 문제가 될까요?

A 신장과 체중은 머리둘레와 상관관계가 없습니다. 머리둘레가 계속 5~10번째를 유지한다면 정상 성장률을 보이는 것입니다.

신장

Q 아기 키가 안 커서 걱정돼요

딸아이가 5개월하고 3일 지났습니다. 태어날 때는 60p였는데, 지금은 몸무게가 30p, 키가 10p로 떨어져 좋은 발달 상황은 아니라고 해요. 머리둘레는 35센티미터가 나왔고 몸무게는 7킬로그램(3주 전엔 6.5킬로그램), 키는 63센티미터가 나왔어요. 완모 중이고 하루에 한 번 이유식을 하고 있어요. 키가 10p로 나오니까 너무 속상해요. 우리 아기처럼 키가 작았다가 크는 경우도 있을까요?

A 머리둘레 성장률이 감소했다면 2주마다 측정해서 계속 감소하는지 알아봐야 합니다. 체중 증가율이 감소되었다면 철분결핍성빈혈 검사 후에 분유로 보충식을 제공해 주어야 합니다. 키의 퍼센타일 차이는 정확하게 측정하지 않았기 때문입니다. 키 성장률이 몇 개월 사이에 급속히 감소하기는 어렵습니다. 생후 5개월이라면 머리둘레와 체중의 성장률을 잘 살펴야 하며, 키는 크게 중요하지 않습니다.

Q 5개월인데 아기 키가 너무 작아요

딸이 몸무게 7킬로그램, 키 61센티미터로 키가 많이 작은 것 같아요. 4시간에 한 번 먹이는데 간신히 120밀리리터 먹어요. 벌써 걱정이네요.

A 생후 5개월 때의 키로 성인이 되었을 때의 키를 예측하지는 않습니다. 현재 몸무게는 25번째, 키는 3~10번째쯤 되고 모두 정상 범위에 속합니다. 따라서 좀 더 여유를 갖고 편안한 마음으로 양육하시면 좋겠습니다.

체중

Q 저체중아로 태어난 우리 아기 정상 발달을 하고 있는지 궁금해요

우리 딸은 37주 3일 만에 2.2킬로그램 저체중아로 태어났습니다. 109일 되었고 몸무게는 5.4킬로그램입니다. 우유를 잘 먹지 않으려 해서 몸무게가 한 달 동안 제자리입니다. 선생님 말씀대로 낮에는 엎어 키워서 그런지 목도 잘 가누고 옹알이도 잘하는데, 문제는 아기가 엄지를 펴지 않으며 안아주면 잘 뻗댄다는 거예요. 손을 펴도 네 손가락만 펴 엄지는 거의 구부려져 있고 어떤 때는 두 손을 맞잡고 만지는 데 엄지는 펴지 않습니다. 그래서인지 딸랑이를 가슴에 놓으면 손을 뻗지만 잡지는 못합니다. 간혹 손을 좀 심하다 싶을 정도로 빠는데, 그때도 검지만 빨거나 네 손가락을 집어넣고 빱니다. 잠투정할 때는 우유를 주면 꽉 물어버리거나 안고 있으면 마구 뻗댑니다. 공갈젖꼭지를 물려야 잠이 들죠. 저체중아로 태어난 우리 아기 정상인가요?

A 목을 가누지만 아직 엄지가 빠지지 않았다면 아기의 손에 작은 공을 놓아 잡게 해주시기를 바랍니다. 작은 공이 손안에 들어가면 자연스럽게 엄지가 밖으로 빠져나오게 됩니다. 생후 6개월 무렵에 바닥의 콩을 잡는지도 잘 살펴보세요. 평상시에는 엄지가 손바닥 안으로 들어가 있어도 작

은 물건을 잡으려고 할 때 엄지가 빠져나온다면 걱정하지 않으셔도 좋습니다. 몸무게가 한 달 동안 제자리라면 철분결핍성빈혈 검사를 하시기를 바랍니다.

Q 우리 딸은 너무 심한 우량아예요

현재 5개월 다 채워가는데 9.6킬로그램이에요. 거의 10개월 아기 몸무게로 처음에 좀 통통하다 싶을 때는 그러려니 했는데 갈수록 걱정돼요.

A 현재 몸무게는 97%ile 이상입니다. 젖살이라면 이유식을 먹고 생후 12개월 이후가 되면서 자연스럽게 살이 빠집니다. 생후 6개월부터 신장 대비 체중이 어떤지 살펴보세요. 신장도 크면서 체중이 많이 나간다면 체구가 큰 아기라 많이 먹으려고 할 겁니다. 만약 키는 작은데 체중만 많이 나간다면 생후 6개월 이후에 식사량을 줄여주셔야 합니다. 단, 식사량을 줄이실 때는 정기적으로 철분결핍성빈혈 검사를 꼭 해주세요.

시각반응

Q 4개월 된 남자아기인데 눈을 맞추지 못해요

우리 아기는 사람과 전혀 눈을 맞추지 못하고 딸랑이, 엄마의 까꿍 소리 등 어떤 소리에도 반응을 보이지 않아요. 단지 문소리에만 깜짝 놀랍니다. 종일 몹시 보채는 편이고 엎어 놓았을 때 고개를 들고 있지 못하며 반사적으로 한쪽으로만 돌립니다. 소아자폐증에 해당하는 건 아닌지 너무 걱정됩니다.

A 시력 문제인지, 시력은 문제가 없는데 눈 맞춤에 반응하지 않는 것인지를 확인해야 합니다. 장난감을 아기의 눈앞 20센티미터 위치에 놓고 장난감을 응시하는지 살펴보세요. 만일 장난감도 응

시하지 않는다면 시력이 약하거나 보지 못할 수도 있고, 딸랑이 소리에 반응하지 않는다면 청력이 약할 수도 있습니다. 소아안과 진료와 이비인후과 진료가 필요합니다. 우선 종합병원에서 정밀검사를 받아보세요. 시력과 청력에 어려움이 있다면 조기자극 프로그램의 도움을 받으실 수 있습니다.

청각반응

Q 아기가 소리에 너무 민감해요

이제 막 6개월에 접어든 아기의 아빠입니다. 우리 아기는 옆에서 조금만 큰 소리가 나면 깜짝깜짝 놀라요. 재채기만 해도 놀라서 울어버립니다. 낮잠을 잘 때 밖에서 오토바이나 차 다니는 소리가 나면 깰 정도로 너무 예민해요. 깊이 자야 성장호르몬도 많이 나온다고 들었는데, 조언 부탁드립니다.

A 생후 6개월인데 계속 소리에 놀란다면 청각자극에 지나치게 예민한 것입니다. 시각 반응과 운동발달에 지연을 보이지 않으면서 소리에만 예민하다면 조용한 환경을 제공하면서 생후 24개월까지 지켜보시기를 바랍니다. 우선은 잠을 재워야 하므로 아기가 잘 때 조용한 환경을 만들어주세요.

전정기관반응

Q 자동 흔들침대, 아기 뇌에 괜찮을까요?

아기가 4개월 정도 되었는데 하도 예민하고 극성맞아 흔들침대 없이는 잠을 재우기 힘듭니다. 친척이 자동 흔들침대는 아기 뇌에 치명적이라고 사용하지 말라고 하는데 진짜 그런지 궁금하네요. 밤에 잠들기 전 1시간 정도 태우고 중간에 깨면 바닥에 재웁니다. 낮잠 잘 때도 태우고요.

🅐 아기를 두 손으로 잡고 샴페인 흔들듯이 흔들 때 아기의 뇌에 충격이 가해지는 것입니다. 흔들침대는 침대가 흔들려 아기에게 간접적인 자극을 주는 것이므로 아기의 뇌 발달에 문제를 일으키기는 어렵습니다.

🅠 밤마다 아기가 크게 우는데 괜찮을까요?

아기가 울면 남편이 잠을 자지 못해서 아기를 차에 태우고 밤에 동네를 돌곤 했습니다. 밤마다 아기가 크게 우는데 차에 태워야만 울음을 그치고 잠이 듭니다. 어떻게 해야 하나요?

🅐 차에서 흔들리는 자극은 아기 귓속 전정기관을 자극하므로 커다란 즐거움을 줍니다. 아기 때부터 밤에 차를 태우고 달래면 흔들리는 차에서 제공되는 자극이 주어져야 평안함을 느끼게 됩니다. 남편이 잠들기 힘들어하셔도 2주 정도는 아기를 흔들침대에 눕혀서 달랜 후 재우시기를 바랍니다. 아침에는 아기를 업고 산책을 나가셔서 햇볕을 쪼여주시고 낮에도 자주 햇볕을 쪼여주면서 수면 습관을 바꿔주는 게 좋습니다.

큰 근육 운동발달

🅠 4개월 8일째인데 뒤집기를 못하고 자꾸 서려고만 해요

눕혀서만 키우다가 선생님 말씀을 듣고 3개월이 지나면서 엎어놓기 시작했는데, 지금은 엎드려 잘 놀고 옆으로도 잘 구릅니다. 그런데 아직 뒤집기를 못하고 안아주면 자꾸 서려고 합니다.

A 아기가 등에서 배로 스스로 뒤집지 못해도 엎어놓은 자세에서 잘 논다면 굳이 뒤집기 연습을 시키지 않아도 됩니다. 옆으로 잘 굴러간다면 더더욱 뒤집기 연습이 필요 없습니다. 깨어 있는 시간에 엎어놓는 것은 뒤집기가 늦어지는 아기들의 운동발달 지연을 예방하기 위한 것입니다. 억지로 뒤집기 연습을 시키지 마세요. 아기가 머리를 위에 두고 싶어 하고 세웠을 때 즐거움을 느끼는 것 같은데 그러면 다리에 힘을 주게 됩니다. 다리에 힘을 주는 동작은 아기의 기기를 방해하므로 가능하면 세워놓지 마세요. 많이 엎어놓아서 아기가 기어갈 기회를 제공해야 합니다.

Q 발달단계를 다 거치지 않아도 되는 건가요?

아기가 5개월이 다 되었는데 엎어놓으면 많이 웁니다. 선생님 말씀대로 요즘 틈나는 대로 엎어놓거든요. 엎드리는 단계를 거치지 않고 바로 기거나 앉는 아기도 있다는데, 어떤 사람들은 그것이 안 좋다고 얘기하네요. 발달단계를 다 거쳐야 올바르게 성장하는 건지, 건너뛰어도 별 상관이 없는 건지 알고 싶습니다.

A 누워만 있다가 기게 될 수는 없습니다. 반면 엎어져서 놀면서 상체를 들다가 스스로 발을 움직여서 앉을 수는 있습니다. 기기 전에 스스로 몸을 움직여서 앉는 것은 정상 과정입니다. 스스로 앉아서 놀다가 가구를 잡고 일어나고, 옆으로 기다가 혼자 걷는 아기의 경우에는 기기 단계를 거치지 않기도 합니다.

Q 5개월 아기, 앉히면 머리가 오른쪽으로 기울어요

5개월이 된 아기 아빠입니다. 어느 정도 목도 가누어 아기의 등을 제 가슴에 닿도록 앉혀서 안을 수 있습니다. 그런데 녀석의 머리가 계속 오른쪽으로 기울어 걱정입니다. 눕혀놓으면 자유자재로 머리를 돌리는데 앉혀놓으면 그래요. 사경이 아닌지 염려가 됩니다.

A 5개월에 앉혀놓았을 때 머리가 한쪽으로 기우는 것은 운동 지연이거나 사경일 가능성이 높습니다. 소아물리치료의 도움을 받을 것인지 결정해야 합니다. 소아재활의학과 전문의의 진료를 권합니다.

Q 운동발달이 너무 빠른 것 같아 걱정입니다

우리 아기는 생후 5개월 8일입니다. 2개월 15일 만에 한쪽 뒤집기를 하더니, 4개월에는 양쪽 뒤집기, 5개월째부터는 기어다닙니다. 양쪽 겨드랑이에 손을 넣어 잡아주면 걷고 뛰기까지 합니다. 어른들께서 빨리 걸으면 다리뼈가 휜다고 하던데요. 운동발달이 다른 아기에 비해 빠른 것 같아 뿌듯하기도 하지만, 한편으론 괜찮은 것인지도 궁금합니다.

A 이미 기기를 시작했다면 많이 기어다니게 해주세요. 스스로 잡고 일어서서 걷는 경우에는 생후 7~8개월에 걸어도 아기의 관절에 무리를 주지 않습니다.

Q 아기가 기지는 않고 앉아만 있으려고 해요

만 6개월 보름 된 남자아기의 엄마입니다. 엎어놓으면 팔과 다리를 이용해 몸을 지탱하고 앞뒤로 몸을 흔들기에 기려나 보다 생각했는데, 혼자서 그냥 앉아버립니다. 엎어놓고 장난감으로 유도해 보지만 이내 앉아 장난감을 바라보며 웃을 뿐입니다. 기기 전에 앉는 아기는 계속 기지 않는다는데 기도록 하는 좋은 방법 없을까요?

A 만 6개월에 스스로 앉은 아기는 운동성에 문제가 없습니다. 장난감을 아기 옆에 두고 옆으로 몸을 돌리는 연습을 시켜주시기를 바랍니다. 스스로 앉은 후에 계속 앉아서만 놀다가 잡고 서고 잡고 걷다가 혼자서 걷는 것도 문제가 되지는 않습니다.

작은 근육 운동발달

Q 6개월인데 아직 엄지가 주먹 안에 들어가 있어요

아기 엄지가 아직도 주먹 안에 들어가 있어요. 뒤집기도 100일 정도 되어서 했고, 배를 바닥에 대고 두 팔과 다리로 기어다닌 지는 한 달 정도 되었습니다. 보통 2개월 정도 되면 한쪽 엄지가 나오고 4개월 정도 되면 다 나온다고 알고 있는데 아닌가요?

A 벌써 기어다닌다면 큰 근육 운동발달이 정상이므로 손을 쓰지 않는 시간에 엄지가 완전히 빠지지 않은 것을 걱정할 필요는 없습니다. 장난감을 잡으려고 할 때 엄지가 빠져나온다면 더더구나 걱정할 일이 아닙니다. 책상 위에 콩을 올려놓고 아기가 손을 벌려서 잡으려고 시도하는지 살펴봐 주세요. 잠을 자는 시간에 아기의 손에 작은 공을 쥐여주어서 엄지가 밖으로 나오게 도와주셔도 좋습니다.

Q 이유식을 숟가락으로 주면 거부해요

생후 6개월 된 아기인데 숟가락으로 주면 절대로 먹지 않습니다. 손으로 입을 벌리고 숟가락으로 약 먹이듯이 이유식을 먹이기도 했습니다. 이제는 숟가락을 보기만 해도 고개를 돌리고 절대로 입을 열지 않네요. 생후 6개월부터는 숟가락으로 먹여야 한다는데 어떻게 해야 할까요?

A 숟가락으로 이유식을 먹으려면 입술로 숟가락을 물어서 음식을 입안으로 넘기는 동작과 입안에서 혀를 움직여 음식을 목구멍 쪽으로 넘기는 동작이 가능해야 합니다. 동시에 침이 나올 때 침을 삼켜야 하고 콧구멍으로 숨을 쉬면서 산소를 공급해 주어야 하죠. 숟가락으로 이유식을 받아먹는 동작은 이렇게 여러 가지 동작이 잘 어우러져야 가능합니다. 아직 입술과 혀 움직임, 침 삼키기, 숨쉬기 등의 운동 동작을 한 번에 하기가 어렵다면 아기는 숟가락으로 이유식 먹기가 힘듭니다.

❶ 시각적인 자극이나 청각적인 자극에 집중할 때 입이 벌어지는지 살펴주세요. ❷ 이유식을 아주 조금씩 주세요. ❸ 억지로 입을 벌리고 숟가락으로 이유식을 주었다면 거부반응이 아주 심해질 것입니다. 영양분 공급을 위해서 젖병에 구멍을 좀 크게 만들어서 이유식을 주셔도 좋습니다. ❹ 아기의 운동성과 감각반응을 확인할 수 있는 전반적인 발달 검사, 그리고 부모 교육이 필요할 수도 있습니다.

언어발달

Q 아기가 옹알이를 안 해요

우리 아기는 이제 만 4개월 된 여자아기입니다. 목도 2개월부터 가누었고, 뒤집기는 자유자재로 합니다. 배밀이도 조금씩 하고요. 모든 게 정상으로 보여요. 그런데 옹알이를 전혀 하지 않아요. 가끔 비명에 가까운 소리를 지르고 작은 소리로 "아~" 하는 소리를 내긴 하지만 아주 가끔입니다. 어쩌다 울면서 "엄마~" 할 때도 있지만 엄마 마음이 그게 아닌지라 걱정이 되네요. 우리 아기가 늦되는 건지 혹시 언어장애는 아닌지 답변 부탁드립니다.

A 아기의 기질에 따라 옹알이의 형태는 다양합니다. "아~" 하고 소리를 지르는 것도 옹알이입니다. 생후 4개월에 소리를 지르고 엄마를 보고 잘 웃는다면 걱정할 일은 아닙니다. 그리고 생후 4개월에 언어장애를 진단할 수도 없습니다. 언어발달과 관련된 발달문제의 진단은 언어이해력으로 하는 것이므로 생후 18~24개월 무렵이 되어야 진단이 가능합니다.

Q 아기가 소리를 질러요

우리 아기는 6개월 된 남자아기로 3개월부터 옹알이를 시작했습니다. 처음 옹알이를 할 때는 말을 너무 오래 해서 수다쟁이라고도 했답니다. 그런데 요즘에는 통 말을 하지 않아요. 불만스러운 일이 있으면 소리를 질러대죠. 아주 큰 소리로요. 좋으면 웃고요. 옹알이를 할 때 말을 걸어주면 좋다고 해서 말을 거는데 묵묵부답이에요. 왜 옹알이를 안 할까요?

A 아기의 기질에 따라서 소리를 많이 지를 수 있습니다. 지금 소리를 많이 지른다고 해서 커서도 소리를 많이 지르는 사람이 되는 것은 아닙니다. 아기가 소리를 지르는 것은 상대방을 공격하고자 하는 의도가 아니므로 야단치지 않으셔도 좋습니다. 생후 6개월의 소리 지름도 아기가 우리에게 반응하는 행동이므로 아기의 반응에 "아, 그랬어요?" 하고 반응해 주시면 됩니다.

Q 엄마 이외의 사람하고는 눈을 맞추지 않아 걱정이에요

만 6개월 3일 된 남자아기를 둔 초보 엄마입니다. 저하고는 눈만 마주쳐도 웃는데, 아빠나 다른 가족이 어르면 멍하니 보기만 하거나 어떨 때는 눈조차 맞추지 않습니다. 운동발달도 약간 느려만 5개월 20일이 되어서 뒤집기를 했고, 장난감을 잡기 시작한 것은 만 6개월 되었을 때입니다. 임신했을 때 경제적으로 어려워 스트레스를 많이 받고 울기도 했는데 그 때문일까요? 혹시 자폐 증세는 아닐까요? 임신했을 때 아기를 필요하지 않은 존재라고 느끼면 생기기 쉽다고 들었거든요.

A 생후 6개월 된 아기가 주 양육자인 엄마 이외의 사람과 눈을 맞추지 않는다는 것은 엄마 이외의 사람에 대한 거부반응입니다. 아기 아빠가 더 적극적인 자세로 아기와 상호 작용을 시도하면서 지켜보시기를 바랍니다. 태교를 잘하지 못했다는 죄책감이 아기의 행동을 발달 지연 쪽으로 보게끔 하는 경향이 있습니다. 자폐증의 원인은 아직 밝혀지지 않았습니다. 임신 중에 거의 먹지 못하고 심한 우울증에 시달렸다고 해서 매번 아기에게 문제가 생기는 것은 아닙니다. 또 선천적으로 자폐 경향이 심한 경우에는 생후 4~6개월 무렵에 주 양육자하고도 눈 맞춤을 피하는 행동 특성을 보입니다. 엄마하고는 눈을 맞추고 웃어주므로 생후 24개월 무렵까지 기다려보셔도 좋습니다.

Q 고집이 센 아기, 어떻게 해야 할까요?

4개월 된 여자아기 엄마입니다. 아기가 굉장히 고집이 센 것 같아요. 또 고집이 세서 그런지 많이 울어요. 한동안 잠도 거의 못 자다가 요즘은 잘 자서 좀 나아지겠지 했는데 기질

탓인지 쉽게 바뀌지 않네요.

A 쉽게 스트레스를 받고 스트레스를 받으면 크게 우는 기질의 아기가 있고, 쉽게 스트레스를 받지 않아도 특정한 경우 심하게 우는 아기가 있습니다. 아기가 어떤 경우에 우는지 세밀히 관찰해보세요. 아기가 심하게 울면 아기의 관심을 다른 곳으로 돌리는 게 필요하고, 가능하면 밖으로 데리고 나가시는 것이 좋습니다.

Q 자지러지게 우는 아기, 수면 교육을 어떻게 해야 할까요?

이제 4개월 된 우리 아기는 한 번 울면 자지러지게 울어요. 얼굴은 빨개지고 목소리도 갈라지며 쉽게 진정을 못해요. 태어났을 때부터 그랬는데 완화시키는 방법은 없을까요? 또 요즘 수면 교육을 하려고 합니다. 안아주다가 졸려 하면 등 대고 눕히는데 이때도 자지러져요. 두 시간 정도 사투를 벌이다가 저도 아기도 힘들어 결국 젖을 물려 재우고 있어요. 예민한 우리 아기 수면 교육 성공할 수 있을까요?

A 아기가 울 때 공갈젖꼭지를 물려보세요. 너무 예민해서 온몸에 힘을 주고 우는 아기들은 안아준다고 해서 달래지지 않습니다. 낮에 밖에서 햇볕을 많이 쪼여주세요. 종일 집에서만 지내는 경우 생후 4개월 된 아기도 지루함을 느낍니다. 악을 쓰고 우는 아기의 경우 달래도 울기 때문에 안고 달래는 것은 잘 달래지지도 않고 양육 스트레스만 증가합니다. 잠을 잘 때는 차라리 업고 걸어 다니세요. 아기의 입장에서는 엄마의 등이 더 편하게 몸을 누일 수 있는 큰 근육이고 포대기로 아기의 몸을 감싸주면 감정조절에도 도움이 됩니다. 또 업고 걸어 다니면 귀 안의 전정기관에 자극을 주기 때문에 안정감을 줍니다.

보행기는
20분씩만 태우세요!

아기가 태어났을 때 필수품으로 여기는 아기용품 중 하나가 바로 보행기이다. 빨갛고 노란 바퀴가 달린 보행기는 아기를 가진 부모나 집을 방문하는 손님들이나 모두 즐겨 구입하는 아이템이다. 아기가 울면 태워서 흔들어줄 수도 있고, 엄마가 바쁠 때 혼자 놀게 할 수도 있으며, 또 태워놓으면 다리에 힘이 생겨 빨리 걸을 수 있다고 믿기 때문이다. 하지만 생후 4~5개월 무렵에 아기의 운동 발달이 늦다고 연구소를 찾아오는 엄마들에게 필자가 꼭 하는 말이 있다. "보행기 태우지 마세요!"

아기가 등을 대고 누운 자세에서 뒤집으려면 몸을 앞으로 굽혀야 한다. 그런데 뒤집지 못한다면 등 근육이 너무 강해서 몸이 앞으로 구부러지지 않는 경우이다. 마치 근육이 뻗치는 뇌성마비처럼 몸을 움직이려고 하면 등 쪽으로 휘어지고 구부러지지 않는다. 아기가 보행기를 타고 움직이려면 다리가 뒤로 뻗쳐져야 한다. 이 동작은 등 근육 긴장도가 약간 떨어지거나 몸이 뻣뻣한 아기들이 보행기를 타면 그 정도가 더 심해진다.

등 근육이 긴장되면 아기의 어깨에 힘이 들어가고 어깨에 힘이 들어가면 아기의 팔은 등 쪽으로 뻗쳐져서 앞으로 뻗을 수 없게 된다. 마치 삼류 모델이 힘껏 어깨를 뒤로 젖히고 걸어갈 때 어깨에 긴장이 와서 어깨가 올라가는 것과 같은 이치이다. 이런 아기는 가슴에서 20센티미터 떨어진 곳에 장난감을 놓아 두면 장난감을 잡고 싶어 팔을 뻗으려 하지만, 양팔이 마치 어깨에 달린 날개가 펄럭거리듯 펄럭거리기만 할 뿐 앞으로 뻗어지지 않는다.

이 외에도 아기가 보행기를 많이 탔는지 알고 싶다면 아기의 발달을 보면 된다. 아기는 보행기를 밀 때 발가락을 사용하기 때문에 많이 탈 경우 아기의 발가락 부분이 앞으로 쏠리게 된다. 발가락이 앞으로 쏠릴 경우 까치발이 되기 쉽고 발뒤꿈치의 아킬레스건은 짧아진다. 아킬레스건은 사람의 체중이 가장 많이 실리는 발목 근육으로 《동의보감》에는 '아킬레스건이 짧아지면 장수를 못한다'라고 적혀 있다. 다시 말해, 아킬레스건을 짧아지게 하는 보행기는 아기의 건강에도 도움이 되지 않는다는 말이다.

미국의 케이스웨스턴리저브대학교의 캐럴 시걸(실험심리학)과 뉴욕주립대학교의 로저 버튼(발달심리학)이 100여 명의 아기들을 대상으로 '보행기가 운동발달에 미치는 영향'을 조사해 발표했다. 아기들 절반은 보행기를 태우지 않고, 나머지 절반은 하루 평균 2시간 30분씩 보행기에 앉혀 3개월 단위로 발달 정도를 측정했다고 한다. 연구결과 보행기를 타지 않은 아기들의 경우 평균 5개월에 앉고 8개월에 기고 10개월에 걷기 시작한 반면, 보행기를 탄 아기들은 6개월에 앉고 9개월에 기고 12개월에 걷기 시작했다고 한다. 보행기가 아기의 신체발달에 도움을 주기는커녕 오히려 역효과를 낸 것이다.

보행기는 아기가 스스로 자신의 몸을 이동할 기회를 갖지 못하게 만든다. 그래서 운동발달이 뛰어난 아기는 보행기에 태워도 타려고 하지 않는 경우가 많다. 문제는 발달에 위험이 있는 아기들이다. 이런 아기들은 스스로 몸을 움직일 수 없어 보행기를 즐겨 타며 결국 보행기 때문에 더 큰 운동 지연을 보인다.

보행기를 구입했다면 아기가 허리를 가누는 5개월 이후 이유식을 먹일 때, 엄마가 화장실에 가거나 집안일할 때 20분 정도씩 아기를 앉히는 의자처럼 사용하는 것이 좋다. 이때 보행기 의자를 높이 올려서 아기의 발이 땅에 닿지 않게 해야 한다. 아기가 한번 보행기를 밀기 시작하면 계속 밀려고 하기 때문이다. 하지만 발이 땅에서 떨어진 상태로 오래 앉혀놓을 경우 중력에 의해서 발이 아래로 떨어져 아킬레스건이 짧아질 수 있으므로 장시간 앉혀놓는 것은 권하지 않는다. 이 시기에는 아기가 자기 힘으로 기어갈 수 있도록 엎어놓는 것이 아기의 발달을 돕는 최선의 육아 방법이다.

만일 아기가 잘 기어다닌다면 양육 부담을 줄이기 위해 아기가 보행기를 발로 밀고 다니게 해도 운동발달에 크게 지장을 주진 않으므로 사용해도 괜찮다.

까다로운 기질의
아기 돌보기

이스라엘에서 공부하면서 아르바이트로 아랫집 아기를 돌봐주던 때의 일이다. 아기는 이제 막 4개월째에 접어들고 있었다. 아침 7시에 가면 7시 30분쯤 아기가 일어나곤 했는데 정말 천사처럼 예뻤다. 그런데 천사의 얼굴은 잠시뿐 분유를 한 번 먹이는 데 40분이 넘게 걸렸다. 또 트림시키기가 얼마나 힘든지 분유를 먹은 후엔 소리를 지르면서 울었다. 아기를 안고 온 집 안을 왔다 갔다 하며 벽의 그림을 보여주고 거울도 보여주고 유모차에 태워서 흔들면서 온갖 노력을 다했다. 아무리 아기를 달래려고 해도 눈물도 흘리지 않고 내 얼굴을 뚫어지게 쳐다보며 한 시간가량을 울고는 지쳐서 잠이 들곤 했다. 하지만 이내 다시 깨서 울고 분유를 먹이면 분유를 먹인 후에 또 한 시간을 울었다.

하루는 실험을 해보려고 아기를 유모차에 앉힌 후, 소파 가까이 유모차를 끌어다 놓았다. 필자는 소파에 앉아서 다리를 뻗어 유모차를 앞뒤로 밀며 잡지를 읽기 시작했다. 아기는 소리를 질렀지만 나는 곁눈으로 잠시 쳐다보며 모르는 척 잡지에서 눈을 떼지 않았다. 아기의 목소리가 점점 높아지더니 한 30분이 넘게 지났을까, 아기가 갑자기 울음을 멈췄다.

잡지를 내려놓고 아기를 쳐다보자 아기는 의도적으로 나를 쳐다보지 않으려고 했다. 아기에게 다가가 이름을 부르며 얼굴을 가까이 대자 아기는 머리를 돌리며 피했다. 다시 이름을 부르며 달래도 얼굴을 돌리며 쳐다보지 않았다. 아기가 삐친 것이었다. 4개월 된 아기가 삐치다니! 영유아심리학 수업 시간에도 배우지 못한 아기의 행동이었다.

아기가 삐치는 모습을 본 이후로 필자는 아기를 안아서 달래지 않았다. 아기의 울음이 배가 고파서가 아니라 관심을 얻기 위한 것임을 알았기 때문이다. 아기를 달래는 행동이 아기를 더욱 울게 한 것이다. 대신 아기를 데리고 밖으로 나가서 아기의 관심을 주변 환경으로 돌리려고 노력했다.

비슷한 시기에 '밤에 잠을 자다가 우는 아기 중재'에 관한 세미나에 참석한 적이 있다. 소아정신과 분야를 담당하던 의사가 연구결과를 발표하는 자리였다. 발표 내용의 핵심은 관심을 끌기 위해 밤에 잠을 자다가 우는 아기의 경우, 엄마가 아기에게 다가가는 시간을 점차 늦춰 울음이 더 이상 관심을 끌 수 없다는 사실을 알게 해야 한다는 것이었다.

이스라엘에서는 아기와 방을 따로 쓰기 때문에 밤에 깨서 우는 아기를 달래기 위해 엄마가 아기방까지 달려가려면 보통 힘든 일이 아니다. 소아정신과 의사가 제시하는 방법은 다음과 같았다. 아기의 방으로 가는 시간을 첫날에는 울음이 시작된 지 5분 후로 하고, 매일 5분씩 한 시간까지 늘려가라는 것이다. 그런데 이 방법이 생각보다 쉽지 않은 이유는 아기가 1분만 울어도 대부분 엄마의 귀에는 한 시간을 운 것 같이 느껴져 아기의 울음을 5분씩 견디지 못하기 때문이라고 한다. 그래서 시계를 보며 아기의 방에 가는 시간을 늦추라고 덧붙였다.

최근에 영유아심리학은 생후 12개월 이전 아기들의 심리 상태를 연구할 수 있는 다양한 연구 방법들을 제시하고 있다. 이미 여러 연구를 통해서 생후 4개월이면 아기가 엄마의 심리 상태를 이해할 수 있다는 사실이 보고되었다. 선천적으로 자신에게 관심 주기를 바라는 욕구가 큰 아기의 경우, 달래면 달랠수록 더 많이 울 수 있다. 따라서 많이 우는 아기들에 대해 무조건 엄마가 잘 달래지 못해서 그런 것이라는 사회적 편견은 이제 그만 버려야 한다.

Chapter 3
생후 7~10개월
아기발달

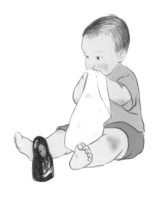

" 혼자서 앉고 기어갈 수 있어요! "

생후 7~10개월이 되면 아기는 스스로 몸을 움직여서 앉거나 기어갈 수 있다. 스스로 몸을 움직일 수 있다는 것은 주변 환경을 탐색할 수 있고 자율학습이 가능해진다는 점에서 매우 중요하다. 손놀림에서는 검지를 사용할 수 있게 되어 콩을 검지로 콕 찍을 수 있고, 안에 있는 물건을 손가락을 사용해서 꺼낼 수도 있다. 따라서 손 조작을 통해서 주변의 사물을 만져보며 탐구하기 시작한다.

떼가 시작됩니다

몸과 손을 잘 움직일 수 있게 되면서 간혹 아기의 떼가 갑자기 늘기도 한다. 까탈스러운 기질의 아기인 경우에는 자기 마음대로 돌아다닐 수 없거나 물건을 마음대로 만져 볼 수 없는 경우에는 징징거리기도 하고 자기 머리를 바닥에 박는 일도 발생한다. 좁은 집이 답답해서 나가자고 보챌 수도 있다. 아기가 성장하는 모습에 행복함을 느끼면서도 고집을 부리는 아기 돌보기의 고단함도 함께 시작된다.

집에서 청력검사를 해주세요

청력은 아주 작은 소리에도 소리가 나는 방향을 찾을 수 있을 만큼 향상된다. 가족들의 목소리를 듣고 누구인지도 알게 된다. 스스로 몸을 움직일 수 있고, 주변의 작은 소리도 분별이 가능하며, 손가락을 사용해서 물건을 집을 수 있게 되므로 손으로 만져보며 소리가 나는 물건에 관심을 보이게 되는 시기이다. 생후 7개월이 되면 아기는 안 된다는 말의 의미가 자신의 행동을 허락하지 않는 말이라는 것을 알게 된다. 따라서 주 양육자는 "안 돼"라고 말할 때 긴장감을 갖고 단호한 말투로 이야기해야 한다.

사물명을 꼭 알려주세요

생후 7~9개월은 사물의 이름을 인지하기 시작하는 시기이다. 따라서 아기가 좋아하는 사물의 이름을 꾸준히 알려주는 노력도 필요하다.

아기의 시각인지발달

Your Baby's Visual Cognition

사람이나 장난감이 없어지지 않는다는 사실을 알게 되어요

생후 4개월 무렵의 아기는 시야에서 엄마가 보이지 않으면 엄마가 사라졌다고 생각한다. 엄마의 목소리를 들려주어도 눈에 엄마가 보이지 않으면 엄마가 없어

졌다고 생각하므로 생후 4개월 이전의 아기가 울 때 가능하면 아기에게 다가가서 엄마의 얼굴을 보여주는 것이 좋다.

하지만 생후 6개월 무렵에는 엄마가 보이지 않아도 목소리를 들려주면 엄마 목소리인 것을 인지하고 덜 불안해한다. 하지만 물건을 보여준 후에 수건

으로 덮으면 아기는 물건이 없어졌다고 생각한다.

생후 8~9개월이 되면 눈앞에 있던 물건에 수건을 덮어도 수건 밑에 물건이 있다는 사실을 인지하고 손으로 수건을 들춰내 물건을 찾는다. 이 시기 아기의 시각인지발달에 맞춤 놀이가 바로 '까꿍 놀이'다. 엄마가 커튼 앞에서 얼굴을 보여준 후 커튼으로 얼굴을 가리는 경우, 아기는 엄마가 커튼 뒤에 있다는 사실을 알고 불안해하지 않는다. 엄마가 커튼 뒤에 얼굴을 숨겼다가 '까꿍' 하고 얼굴을 내밀어 보이면 아기는 상호작용 놀이로 인식하고 즐거워한다.

깊이를 인지할 수 있어요

생후 8개월 무렵의 아기는 시각적으로는 깊이를 인지할 수 있다. 아기를 높은 곳에 올려놓고 내려오게 하면 무서워하고 조심스러워하는 모습을 볼 수 있다. 아기가 소파나 책상 위에 올라갔을 때 위험하다고 무조건 안아주는 경우, 아기는 스스로 높은 곳에서 아래를 내려다보며 시각적으로 깊이를 인지하고 조심하면서 몸을 움직일 기회를 얻지 못한다. 아기가 아래로 시선을 두지 않고 자기 눈높이에 있는 부모만 바라보며 손을 내밀고 몸을 앞으로 던질 수도 있다.

아기가 높은 곳에 올라갔을 때 불안한 마음이 있어도 잠시 아기가 아래를 내려다보며 깊이를 인지하고 몸을 돌려서 내려올 기회를 주는 것이 좋다. 혹시라도 아기가 떨어질 것을 예방하기 위해서 반드시 바닥에 푹신한 매트를 깔아 두어야 한다.

집에서 하는 아기발달 검사

시각적 인지

검사명 **상자 안의 장난감 찾기**

검사시기 8개월 16일 ~ 10개월 15일

검사방법 빈 상자나 컵 안에 아기가 좋아하는 작은 장난감이나 간식을 넣은 후 아기가 간식을 찾기 위해 상자나 컵 안으로 손을 넣는지 살펴본다.

집에서 하는 아기발달 검사

시각적 인지

검사명 소파에서 아래를 바라보기

검사시기 8개월 16일 ~ 10개월 15일

검사방법 아기를 소파 위에 올려놓으면 아래를 내려다보고 무서워하면서 멈칫하는
지 살펴본다.

전날 있었던 일도 기억할 수 있어요

생후 9개월 정도의 어린 아기는 전날에 있었던 일을 기억할 수 있습니다. 때로는 한 달 전의 일도 아기에게 인상적이었던 상황이라면 기억할 수 있습니다. 따라서 아기가 매우 즐거웠던 일이나 아기를 긴장시키는 일 또는 물건인 경우 아기가 기억할 수 있다는 사실을 알아야 합니다. 어제 만났던 이웃이 아기에게 즐거움을 주었다면 다음날 그 이웃을 또 만났을 때 아기는 기억해서 미소를 지을 수 있습니다. 가능하면 아기의 기억이 즐겁고 행복한 경험들로 채워질 수 있도록 매일 산책하며 새로운 상황에 접하게 해줄 때 아기의 뇌가 활성화될 수 있습니다.

강아지와 컵은 분별할 수 있지만 강아지와 고양이는 분별이 어렵습니다

생후 7~10개월이 되면 아기는 움직이는 물체와 움직이지 못하는 물체를 나누어 생각하게 됩니다. 움직이는 강아지에게 간식을 주는 경험을 하면 움직이는 고양이에게도 간식을 주어야 한다고 생

강아지 멍! 멍!

각하게 됩니다. 강아지를 '강아지'라고 알려주면 강아지처럼 얼굴과 털 그리고 꼬리가 있는 물체는 모두 강아지라고 생각하게 됩니다. 시각적인 분별력이 높은 아기들의 경우에는 강아지의 생김새 및 움직임과 고양이의 생김새와 움직임의 차이를 분별하고 강아지와 고양이의 사물명에 따라서 구분해서 인지할 수도 있습니다. 강아지를 보았을 때 '멍,멍' 하며 강아지의 울음소리를 알려주고 고양이를 보았을 때 '야옹' 하며 고양이 울음소리를 알려준다면 아직 말은 하지 못하지만 강아지처럼 생긴 동물은 멍멍이고 고양이처럼 생긴 동물은 야옹이로 기억하고 후에 '멍멍', '야옹' 하고 말하게 될 것입니다.

아기의 청각인지발달

Your Baby's Auditory Cognition

아주 작은 소리도 들을 수 있어요

생후 7~10개월이면 주변에서 나는 아주 작은 소리를 구별할 수 있을 정도로 청력이 발달한다. 가족의 목소리를 듣고 누구인지 구별이 가능할 뿐 아니라 종이가 부스럭대는 작은 소리에도 반응을 나타낸다. 출생 직후나 생후 4개월 무렵이 심한 청각장애를 조기 발견할 수 있는 시기라면, 생후 7~10개월은 경한 청력 문제를 조기 발견해야 하는 시기이다.

소리와 말을 구별할 수 있어요

아기가 엄마의 목소리에 관심을 갖지 않으면 보통 애착장애나 자폐스펙트럼 장애를 의심하게 된다. 우리의 귀로 들어오는 자극에는 소리(auditory)자극과 말(verbal)자극이 있다. 이 시기의 아기가 소리에는 반응하는데 말에만 반응하지 않는지, 혹은 소리와 말에 다 반응하지 않는지, 혹은 소리 중에 높고 날카로운 소리에는 반응하는데 낮은 소리에는 반응하지 않는지 등을 세밀히 관찰해야 한다. 그래야 아기의 문제 원인이 경한 청력 문제 때문인지 혹은 자폐스펙트럼 장애인지를 판단할 수 있다.

1. 청력 문제만 의심되는 경우

소리와 말자극 모두에 반응을 하지 않는다. 호명반응을 보이지 않는다. 얼굴을 보면서 말을 하면 엄마의 얼굴 표정과 입술 움직임에 관심을 보이고 집중한다.

2. 자폐스펙트럼 장애가 의심되는 경우

부드러운 말소리에는 반응하지 않고 톤이 높은 소리에는 반응한다. 호명반응을 보이지 않는다. 아기의 얼굴을 쳐다보면서 미소를 지을 때에 아기가 시선을 다른 곳으로 돌린다. 아기가 소리나 말에 반응을 보이기도 하고 보이지 않기도 한다면, 우선 아기의 청력 상태를 점검해 보는 일이 매우 중요하다.

아기가 이름을 불러도 반응하지 않아요

사례

친하게 지내는 친구가 검사를 부탁해 왔다. 나이 어린 직장 상사의 아기인데 문제가 있는 것 같으니 상담을 해줄 수 있느냐는 것이다. 아기는 생후 8개월로 엄마의 말에 전혀 반응이 없다고 했다. 아기를 검사하러 가는 차 안에서 엄마가 설명한 아기의 상태를 상상해 보니 심한 지적장애이거나 자폐스펙트럼 장애일 가능성이 높았다. 집 안으로 들어가자 아기는 엎드린 자세에서 현관문 안으로 들어오는 낯선 사람을 빤히 쳐다보며 관심을 보이고 있었다. 낯선 사람에게 큰 관심을 보인다는 것은 자폐스펙트럼 장애가 아닐 가능성이 높다. 근육의 긴장도가 떨어져서 네발로 기지는 못하지만 배를 땅에 대고 천천히 기어다니고 있었다. 생후 8개월에 배밀이를 한다는 것은 지적장애가 아닐 가능성도 높아진다.

아기의 청각자극에 대한 반응을 알아보기 위해서 준비해 간 종을 꺼내서 소리를 아기에게 들려주자 아기는 소리 나는 쪽으로 고개를 돌리지 못하고 필자의 얼굴만 바라보며 이쁘게 미소를 지었다. 아기를 눈웃음으로 유혹해서 필자를 쳐다보게 하고 아기의 귀 가까이에서 두 손으로 크게 손뼉을 쳐도 아기는 여전히 귀여운 미소만 지을 뿐 박수 소리가 나는 쪽으로 고개를 돌리지 못했다.

생후 8개월에 종소리와 박수 소리에 고개를 돌리지 못하면 청력에 문제가 있는 것이다. 아기 부모에게 이비인후과를 방문해서 정밀청력검사를 받아야 한다고 이야기해 주었다. 이후 아기의 부모는 대학병원을 방문했고 다행히 청력이 조금 남아 있어서 조기 치료에 들어갔다는 소식을 들을 수 있었다.

집에서 하는 아기발달 검사

청각반응

검사명 **작은 소리 방향 인지하기**
검사시기 6개월 16일 ~ 9개월 15일

가랑아,
까까 먹을까?

검사방법 매우 조용한 방에서 아기가 벽을 보게 앉힌다. 아기 귀에서 20센티미터 떨어진 곳에서 아주 작은 소리를 들려준다. 아기가 소리 나는 방향으로 고개를 돌리는지 살펴본다.

아기의 큰 근육 운동발달

Your Baby's Gross Motor Development

생후 7~10개월은 아기가 혼자서 기기 시작하고 스스로 앉기도 하며 소파를 잡고 몸을 일으켜 세우는 시기이다. 운동 기능의 발달로 스스로 몸을 움직여서 이동시킬 수 있는 시기이다.

배밀이

배밀이는 배를 땅에 대고 앞으로 움직이는 자세이다. 아기는 팔에 힘을 줄 수 있어야 하고 다리로 몸을 앞으로 밀 수 있

어야 몸이 앞으로 나가게 된다. 한쪽 발만 힘을 주어서 배밀이를 하는 경우가 있고 양발을 교대로 움직여서 하는 배밀이가 있다. 한 팔에만 힘을 주는 배밀이가 있고 양팔을 교대로 움직여서 하는 배밀이도 있다. 어떤 형태로건 아기가 앞으로 자기 몸을 움직여서 나간다면 걱정할 일이 아니다.

네발 기기

▲ 배밀이

▲ 네발 기기

배밀이로 기다가 네발 기기로 기어가는 경우도 있고 배밀이 없이 처음부터 네발 기기로 기기도 한다. 배밀이에서 네발 기기로 넘어가지 못하고, 잡고 서고 걷기를 하기 전까지 배밀이로만 몸을 움직일 수도 있으므로 배밀이를 잘 한다면 네발 기기를 하지 않는다고 걱정할 필요는 없다.

엉덩이로 기기

간혹 아직 배밀이나 네발 기기를 하기 전에 바닥에 앉혀 놓는 경우에 스스로 엎드려서 기어가지 못하고 엉덩이로 기는 경우가 있다. 아기발달 관점에서는 썩 바람직하지 않은 몸 움직임 형태이다. 만일 엉덩이로 기어가고 스스로 걷

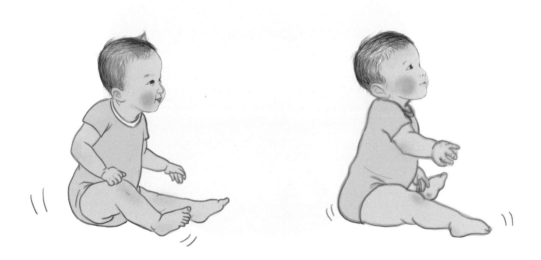

▲ 앉아서 엉덩이를 밀고 나가는 모습

기를 생후 15개월 이후에 하는 경우에는 언어이해력이 늦될 가능성이 있으므로 생후 24~32개월 무렵에 아기의 인지 발달 수준을 알아볼 필요가 있다.

엉덩이 쳐들고 네발로 기기

배밀이나 네발 기기로 걷다가 갑자기 엉덩이를 쳐들고 네발로 기는 경우가 종종 있다. 아직 몸을 세워서 두 발로 걷기는 힘든데 자기 몸을 세우고 싶을 때 나오는 동작이므로 교정시켜 줄 필요가 없으므로 걱정할 일은 아니다. 낮은 소파를 잡고 옆으로 걸을 기회를 만들어주는 것이 좋다.

배밀이도 네발 기기도 하지 않고 소파를 잡고 일어서는 경우

엎드린 자세에서 우선 스스로 앉은 다음에 기지 않고 계속 앉아서 놀다가 낮은 소파를 잡고 일어서서 걷기로 넘어가는 경우도 있다. 생후 16개월까지 혼자서 걷는다면 정상 발달의 형태로 보기 때문에 발달치료가 필요하지 않다.

▲ 엉덩이 쳐들고 네발로 기기

스스로 앉기

스스로 앉는 동작은 허리와 엉덩이를 돌려서 상체와 하체를 분리해야 하는 동작이므로 아기들에게 쉬운 동작은 아니다. 보통 아래의 그림과 같이 연속적으로 움직임을 나타내며 앉는다. 깨어 있는 시간에 엎드려 놓는 경우 배밀이를 하기 전에 생후 5~6개월에 스스로 앉기도 한다. 엎드려 놓은 자세에서 먼저 스스로 앉아도 좋고 배밀이나 네발 기기를 하다가 스스로 앉아도 모두 정상 형태의 운동발달이다.

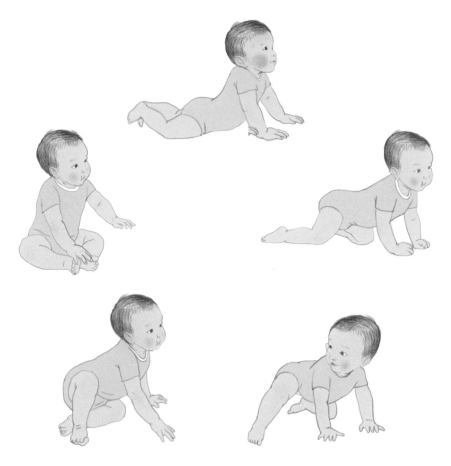

▲ 앉기 동작의 연속적인 형태

앉은 자세에서 기기로 전환하기

앉은 자세에서 기기 자세로 바꾸는 자세 중에 가장 바람직한 자세는 상체를 옆으로 돌려서 배밀이 혹은 네발 기기 자세로 가는 것이다.

하지만 많은 경우에 아기들이 앉아 있는 자세에서 그대로 몸을 앞으로 굽히고 다리를 뒤로 빼서 기기 자세로 전환하기도 한다.

▲ 앉은 자세에서 상체를 돌려서 기기 자세로 바꾸는 모습

151

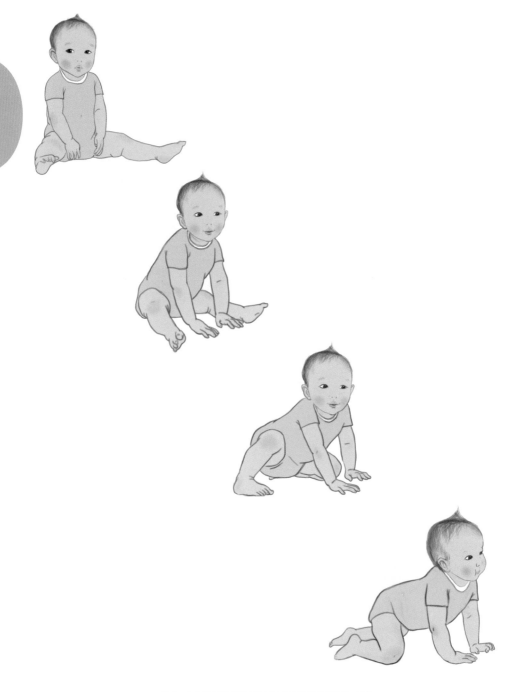

▲ 앉은 자세에서 앞으로 엎드려 기기 자세로 바꾸는 모습

소파 잡고 일어서기

엎드려 있다가 하체를 움직여서 스스로 앉은 다음, 기지 않고 소파를 잡고 일어서는 것을 즐기는 아기들이 있다. 이런 아기들에게는 굳이 네발 기기를 하도록 강요할 필요는 없다. 물론 기다가 소파를 잡고 일어서는 동작을 하는 것이 바람직하지만 앉은 자세에서 놀다가 소파를 잡고 일어선다고 해서 굳이 일어서는 동작을 막을 필요는 없다. 이런 아기들의 경우 기기 동작을 하지 않고 스스로 앉기, 잡고 일어서기, 소파 잡고 옆으로 걷기, 손잡고 걷기, 혼자서 걷기의 과정을 밟기도 한다.

▲ 소파를 잡고 스스로 일어서는 아기

153

집에서 하는 아기발달 검사

큰 근육 운동발달

검사명 **허리 세우고 앉기**

검사시기 6개월 16일 ~ 10개월 15일

▲ 허리를 곧게 펴고 앉은 아기

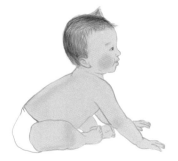

▲ 허리를 곧게 펴지 못하는 아기

검사방법 바닥에 아기를 앉혀 놓는다. 만일 생후 10개월에도 허리를 펴고 앉지 못하면 전반적으로 배밀이나 네발 기기 등 큰 근육 운동발달이 느려질 수 있다. 허리를 꼿꼿이 세우지 못한다면 바닥에 앉혀 놓지 말아야 한다.

깨어 있는 시간에는 무조건 엎어놓아야 큰 근육 운동발달에 도움이 된다. 만일 10개월 15일에 배밀이나 네발 기기가 가능하지 않고 앉혀놓았을 때 허리를 세우지 못한다면 소아재활의학과 전문의의 진료가 필요하다

아기의 작은 근육 운동발달

Your Baby's Fine Motor Development

생후 7개월은 검지를 쓸 수 있는 시기이다. 검지의 사용이 가능하므로 물건을 잡을 때도 검지를 먼저 물건에 가져가서 손에 쥐게 된다. 생후 10개월이 되면 작은 구멍에 시선을 고정하고 검지를 넣을 수도 있다. 생후 10개월 무렵이 되면 양손에 장난감을 쥐고 짝짜꿍하듯이 서로 부딪치며 소리를 낼 수도 있다. 입술 주변의 작은 근육과 혀의 움직임에도 큰 변화가 나타난다. 숟가락으로 음식을 받

아먹을 수 있고 약간 단단한 음식도 혀를 굴려서 물렁거리게 만들어 넘길 수 있다. 다양한 형태의 이유식을 먹을 수 있는 시기이다.

손을 쓸 기회를 주세요

사례

병원에 입원해서 5일 동안 정맥주사를

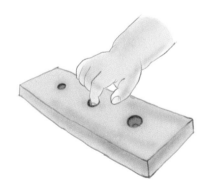

맞은 8개월 된 아기가 검사를 받으러 왔다. 오른팔에 정맥주사를 놓아서인지 무언가를 집으려고 할 때 오른손은 쓰지 못하고 왼손만 사용하고 있었다. 왼손을 붙잡고 오른손으로 콩을 잡게 해보았다. 5일 동안 정맥주사를 꽂고 움직이지 못했던 오른손으로는 콩을 잡지 못했다. 오른손에 장난감을 쥐어주면 아기는 다시 왼손으로 장난감을 옮겨 쥐었다.

생후 8개월은 손 조작이 매우 빠른 속도로 발달하는 시기이므로 5일 동안 손을 쓰지 못했다는 것은 손 사용에 퇴행을 가져오기 충분한 시간이었던 것 같다. 물론 다시 지속적으로 오른손을 쓸 기회를 주면 오른손 조작 능력은 정상으로 돌아온다.

엄지가 손바닥에서 나와야 해요

사례

생후 9개월 된 아기의 엄지가 빠지지 않았다고 아기를 데리고 지방에서 올라온 엄마가 있었다. 아기의 운동발달과 행동발달도 다소 느리게 느껴졌지만 엄지가 빠져나오지 않은 것이 더 마음에 걸려 검사를 받으러 왔다고 했다. 생후 8개월이면 태어날 때 손바닥 안으로 들어가 있던 엄지는 완전히 밖으로 빠져나와야 한다. 간혹 손을 쓰지 않을 때 엄지가 약간 손바닥 안으로 들어가 있는 아기가 있는데, 무언가를 잡으려고 할 때는 엄지가 빨리 밖으로 나와야 한다.

이 아기의 엄지는 생후 2개월 당시 모양 그대로 손바닥을 향해서 완전히 접혀 있었다. 발달 검사 결과 인지발달과 운동발달 모두 평균 5개월 반 정도로 발

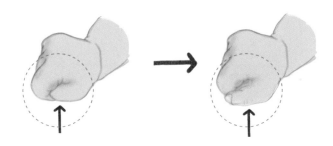

달 지연을 나타내고 있었다. 인지발달, 운동발달이 모두 지연을 보이고 엄지가 손바닥 안으로 들어가 있다면 선천적인 원인으로 인한 전반적인 발달 지연으로 진단해야 한다. 즉, 엄마 배 속에서 중추 신경계가 잘 발달하지 않은 채 세상 밖으로 나온 것이다. 다행히도 아기 엄마의 관찰력이 뛰어났기 때문에 아기의 발달 지연은 조기에 발견되었고 소아물리치료와 소아작업치료를 일찍 시작할 수 있었다.

'솥뚜껑 손'은 유전일 경우가 많습니다

엄지가 빠져나왔어도 장난감을 잘 잡지 못하는 아기들이 있다. 생후 7개월 이후면 작은 콩도 검지로 누를 수 있고 작은 크기의 장난감과 과자 정도는 쥘 수 있어야 하는데 생후 7개월 이후에 작은 물건을 잡으려고 시도는 하지만 잘 잡지 못하는 아기 중에는 손이 두툼하고 손가락의 길이가 짧은 경우가 있다. 주로 이런 아기들은 부모의 손 생김새가 두툼한

경우가 많다. 이런 손을 '솥뚜껑 손'이라고 설명하기도 하는데 솥뚜껑처럼 두툼한 손은 손가락 움직임이 원활하지 못해서 엄지가 빠져나오고 검지 사용이 가능해도 물건을 잘 쥐지 못한다. 하지만 이런 경우에도 보통 생후 24개월 이전에 손 조작 문제가 모두 자연스럽게 해결되므로 걱정하지 않아도 된다.

체구가 아주 작은 아기들은 손 조작이 잘 안 될 수 있습니다

체중이 적게 나가고 신장도 작고 얼굴과 손도 아주 작은 아기들이 있다. 주로 가족력으로 작은 체구를 가진 아기들이다. 지능은 정상 범위에 속하므로 이런 아기들은 성장 지연으로 진단하지 않고 체구가 작은 아기(small baby)로 이야기하기도 한다. 이렇게 체구가 작은 아기들은 손의 크기도 너무 작아서 생후 7개월이 됐을 때 물건을 잘 잡지 못할 수 있다. 인지발달이 정상 범위에 속하므로 생후 24개월 무렵이면 손 조작능력이 정상범위에 속하게 되므로 걱정하지 않는다.

스스로 손을 움직이고 입술과 혀를 움직일 기회를 주세요

생후 6개월부터 아기는 숟가락으로 이유식을 먹기 시작한다. 생후 7~10개월 무렵이 되면 어른이 먹는 음식 중에 단단하지 않은 음식 정도는 잘 먹을 수 있다.

사례

이스라엘 히브리대학에서 영유아 발달 심리학을 같이 공부하던 친구가 아기를 낳았을 때의 일이다. 필자가 살던 기숙사에 아기를 데리고 놀러 왔던 친구는 생후 7개월 된 아기를 잔디밭에 앉혀놓고 혼자서 포도를 먹게 하고 있었다. 아기는 포도를 입에 넣고 씨와 포도 껍질을 오물오물 발라내면서 먹고 있었다.

너무 놀란 나머지 어떻게 아기에게 씨가 들어 있는 포도를 먹일 수 있느냐고 물었다. 친구는 포도를 먹여봤더니 아기가 오물오물하다가 씨와 껍질을 발라내기에 계속 혼자서 포도를 먹게 한다는 것이었다. 설령 씨를 삼킨다 해도 변으로 나올 것이므로 걱정하지 않는다고 했다. 아기는 포도의 씨를 발라내느라

포도즙이 흘러서 입가, 손, 옷 할 것 없이 온통 엉망이었다. 친구는 아기가 혼자서 포도를 먹도록 지켜보기만 할 뿐 입을 닦아 주거나 손을 닦아주지 않았다. 이스라엘에서 유태인들이 아기를 키우는 모습을 지켜보면서 한두 번 놀란 것이 아니다. 아기가 아무리 어려도 할 수 있는 일은 스스로 하게 한다는 것이 이스라엘 유태인의 육아 철학인 것 같다. 아기가 스트레스를 받지 않는 범위 내에서 아기가 스스로 손을 움직이고 입술과 혀를 움직일 기회를 많이 주어야 하는 시기이다.

(※위의 내용은 아기가 많은 능력을 갖추고 있다는 것을 알려주기 위한 것으로, 기도가 막힐 위험이 있으므로 집에서는 아기에게 절대로 포도알을 먹이지 말아야 한다.)

입이 벌어져 있는 아기들은 딱딱한 음식을 씹기 힘들어요

생후 7개월 이후에는 작은 근육이 발달하여 입술의 움직임과 손가락의 움직임이 한 단계 향상된다. 음식을 주면 오물오물하면서 씹을 수 있고 손가락도 과자

를 쥐고 먹을 수 있을 만큼 능력이 생긴다. 하지만 노는 시간 동안 입이 벌어지고, 침을 많이 흘리는 아기들이 있는데 이는 입술의 움직임이 정교하지 못해서이다. 따라서 입술 주변의 작은 근육 운동발달과 혀의 운동성이 빠르지 않은 아기들에게 포도를 먹이면 그냥 삼킬 가능성이 높다. 포도의 씨와 껍질을 발라서 먹는지 시험해 보기 위해서 아기에게 일부러 포도를 먹일 필요는 없다. 포도의 씨와 껍질을 발라먹는 것은 입술 주변과 혀의 운동성이 매우 좋은 아기일 때 가능한 일이다. 입술 주변의 작은 근육이 잘 발달하지 않아서 입이 벌어져 있거나 침을 많이 흘리는 경우에는 가능하면 좀 더 쉽게 목구멍으로 넘길 수 있는 음식을 주는 것이 좋다. 작은 근육의 운동성이 떨어지는 아기들에게 턱관절을 발달시킨다고 고형식을 주는 경우 아기는 심한 스트레스를 받고 자꾸 음식을 뱉거나 음식을 거부할 수도 있다. 턱관절발달을 위한 씹기 연습을 시키고 싶다면 치아가 나는 시기이므로 치아 발육기를 주어서 우물우물 씹는 연습을 시키는 것이 좋다.

집에서 하는 아기발달 검사

작은 근육 운동발달

검사명 **장난감 양손 쥐기**

검사시기 6개월 16일 ~ 10개월 15일

검사방법 한 손에 장난감을 쥐게 한 후 다른 손에 장난감을 주었을 때 양손으로 장난감을 잡고 있을 수 있는지 살펴본다.

생후 10개월 15일에 앉혀놓았을 때 허리를 세우지 못하고 양손으로 장난감을 쥐고 있지 못하다면 소아재활의학과 전문의의 진료가 필요하다.

집에서 하는 아기발달 검사

작은 근육 운동발달

검사명 **손가락으로 작은 과자 집기**

검사시기 6개월 16일 ~ 10개월 15일

검사방법 작은 간식을 주면 손바닥이 아닌 손가락을 활용해서 집어 먹는지 살펴본다. 아기가 스스로 작은 간식을 집어 먹는 검사는 아기의 손 조작 발달을 위한 발달 놀이로 활용해도 좋다.

아기의 언어발달

Your Baby's Language Development

사물의 이름을 알려주세요

생후 7개월부터는 사물의 이름을 이야기해 주면 아기가 주의 깊게 듣기 시작한다. 그리고 생후 8~10개월이 되면 사물에 이름이 있다는 사실을 이해하기 시작한다. 따라서 주변 사물의 이름을 아기에게 알려주는 것만으로도 인지발달 증진을 위한 좋은 발달 놀이가 된다. 특히 생후 8개월부터는 아기와 상호작용을 할 때 '기저귀', '물', '엄마', '아빠' 등의 말을 해주는 것이 이해력을 높이는 데 도움이 된다. 생후 9개월부터는 사물의 이름을 이해하므로 아기와 관련된 물

건의 이름을 적극적으로 알려주는 것이 좋다.

어느 시기에 아기의 지능을 확인하면 성인이 되었을 때의 지능을 예측할 수 있을지 수많은 학자들이 관심을 가지고 연구를 한다. 지금까지의 연구결과로는 생후 9개월이 성장 후 지능 수준을 예측할 수 있는 가장 어린 나이로 보고 있다. 시각적 청각적으로 인지되는 사물의 특징과 말로 받아들이는 사물 이름의 상관관계를 이해할 수 있는 생후 9개월이 언어발달에 있어서 중요한 시기인 것이다.

생후 9개월은 사물의 이름뿐만이 아니라 엄마, 아빠, 할머니 등 호칭에 대해서 이해가 시작되는 시기이기도 하다. 가족이 많으면 많을수록 매일 반복적으로 듣게 되는 가족의 호칭이 많아지므로 이를 익힐 좋은 기회가 된다. 어린이집을 일찍 보낸다면 어린이집 선생님이 반복적으로 호칭하게 되는 친구들의 이름도 이해하게 되므로 집에서 그림책을 읽어주는 것보다 효율적인 말 자극을 경험할 수 있다.

첫 말하기 시기는 입 주변의 운동성에 따라서 차이가 납니다

아기가 생후 7개월이 넘어가면 파, 마, 다 등의 말을 하기 시작한다. 양육자가 "엄마, 엄마" 혹은 "아빠, 아빠"라고 말할 때 그 말을 따라 하려고 시도하다가 "빠빠빠", "맘맘마" 등의 발음을 낼 수 있다. 이렇게 아기가 양육자의 말을 모방하려고 할 때는 "우와" 하고 칭찬하는 반응을 보여주는 것이 아기의 말하기를 자극한다.

생후 10개월이 지나면 입술 주변의 움직임이 가능해져 가끔 성인의 발음과 같은 발음이 나오기도 한다. 첫 말하기 시기는 아기의 입 주변의 운동발달과 친밀도에 따라 큰 차이를 보이게 된다. 생후 10~12개월 사이에 엄마나 아빠라고 말할 수도 있고, 생후 24개월이 지나서 엄마, 아빠라고 말할 수도 있으므로 주변에 말이 빨리 트인 아기들과 비교하며 스트레스를 받지 않기를 바란다.

말하기보다는 말을 이해하는 능력이 중요합니다

이 시기의 언어발달에서는 말하기보다는 말을 이해하는 능력이 더 중요하므로 아기가 얼마나 말을 잘하는가에 주목하지 말고, 말을 얼마나 잘 이해하는가를 살펴야 한다. 생후 7~10개월 무렵 아기의 말하기는 아기의 인지발달을 예측할 수 있는 주요 요인이 아니므로 말을 한마디도 하지 못한다고 해서 걱정할 일은 아니다.

특히 입이 벌어져 있고 침을 많이 흘리는 아기들의 경우 말이 늦게 트이지만 간단한 사물명이나 가족의 호칭을 알고 있다면 인지발달이 떨어지는지 걱정하지 않는다.

 언어이해력 평가 시 유의할 점

1965년 촘스키는 인간이 뇌에 이미 문장을 이해할 수 있는 프로그램을 가지고 태어난다고 주장했다 (Chomsky N., A review of skinner's verbal behavior, Language, 35, 1959, pp. 26-58). 이로써 아기의 뇌가 백지상태이기 때문에 환경에서 언어자극을 많이 주면 줄수록 언어발달이 좋아진다는 이론은 영향력을 상실하게 되었다. 아기는 보편적인 문법구조를 가지고 태어나므로 환경에서 제공되는 말자극에 따라 더 많이 접하는 말을 이해하는 힘이 강화되는 것이다. 하지만 기본적으로 문법 프로그램을 강하게 타고났느냐, 약하게 타고났느냐에 따라서 환경적으로 똑같은 언어자극이 주어져도 언어이해력 수준에 차이를 보이게 된다. 따라서 아기의 언어이해력과 언어표현력을 평가할 때는 단순히 환경적인 영향을 원인으로 진단 내리는 실수를 조심해야 한다. 엄마가 그림책을 많이 읽어주고 말을 많이 해주어도 선천적으로 문법 이해도가 낮거나 입 주변의 운동기능이 늦되는 경우에는 언어발달이 늦어지게 된다.

집에서 하는 아기발달 검사

언어발달

검사명 **사물명 기억하기**

검사시기 6개월 16일 ~ 10개월 15일

멍멍이

검사방법

빠르면 생후 7개월부터 아기가 가장 좋아하는 장난감의 이름을 기억할 수 있다. 생후 10개월 무렵에는 장난감 한 개 정도의 이름을 기억하거나 '물', '까까' 등 아기가 관심을 가지는 사물의 이름을 기억할 수 있다.

강아지를 보여주면서 '멍멍이'라고 말해준 후에 강아지가 없을 때 '멍멍이'라고 말했을 때 강아지 쪽을 쳐다보는지 확인한다.

집에서 하는 아기발달 검사

언어발달

검사명 **'안 돼' 이해하기**

검사시기 6개월 16일 ~ 10개월 15일

검사방법 아기가 위험한 물건을 만지려고 할 때 아빠가 목소리 톤을 높여서 "안 돼" 하고 말했을 때 아기가 하던 행동을 멈추는지 관찰한다. 생후 7~10개월 사이에는 '안 돼'라는 말의 의미를 이해한다. 단 '안 돼'라는 말을 할 때 목소리가 부드러우면 그 의미를 이해하기 어렵기 때문에 얼굴 표정과 목소리에서 단호함이 느껴져야 한다.

아기의 사물에 대한 흥미도

Your Baby's Interests

특히 좋아하는 장난감이나 물건이 있어요

아기 때부터 그림책을 많이 보여준다고 모든 아기들이 그림책을 보면서 놀게 되는 것은 아니다. 생후 7~10개월에 가만히 앉아서 특정 그림책이나 인형에 흥미를 보이는 아기들이 있고, 여기저기 돌아다니면서 새로운 물건들에 관심을 갖는 아기들도 있다.

한 가지 장난감을 좋아하는 경우에 자폐스펙트럼 장애를 의심하고 걱정하는 부모들도 있다. 자폐스펙트럼 장애는 한 가지 장난감을 가지고 논다는 이유로 진단 내릴 수 없다. 사람에게 관심을 보이지 않고 한 가지 장난감만 가지고 노는 경우에는 아기가 노는 장난감을 접하지 못하게 하지만 정상 발달을 보이면서 특정 장난감을 좋아한다면 굳이 특정 장난감을 치울 필요는 없다.

아기가 종일 그림책만 본다면, 하루에 한두 시간은 그림책을 치우고 새로운 장난감을 놓아두어 관심을 가지게 하는 것이 좋다. 만약 아기가 여기저기 돌아다니면서 장난감과 물건만 만진다면, 장난감과 새로운 물건을 치운 다음에 그림책만 바닥에 놓아두는 노력도 해볼 수 있다. 집이 좁고 새로운 자극을 접하기 어려운 환경이라면 어린이집을 일찍 보내서 움직이는 친구들을 관찰할 기회를 주는 것도 좋은 방법이다.

아기의 사람에 대한 친밀도

Your Baby's Intimacy

아기가 다른 사람에게 얼마나 관심을 갖는가와 자신이 관심 있다는 사실을 얼굴 표정과 몸짓을 통해 잘 나타내는가가 바로 아기의 친밀도이다.

아기가 잘 안 웃는다고 친밀도가 낮은 것은 아니에요

생후 7개월은 주 양육자와 매우 긴밀한 애착이 형성되는 시기이다. 아기가 주 양육자에 대해서 '아, 이 사람은 언제나 날 이해하고 보호해 주는 사람이구나. 어려운 상황에서 도움을 청하면 언제나 날 도와줄 사람이구나' 하는 마음이 단단하게 생기기까지는 출생 후 6개월의 시간이 필요하다. 따라서 생후 6개월까지 주 양육자가 아기에게 신뢰감을 주었

다면, 생후 7개월부터는 아기는 힘든 상황에서 언제든지 주 양육자가 도와주기를 기대하게 된다.

하지만 주 양육자와 신뢰가 강하게 형성되었다고 해서 아기가 항상 주 양육자를 보고 웃는 것은 아니다. 주 양육자와의 상호작용에서 얼마나 많이 웃는지는 아기의 타고난 기질이 결정한다. 따라서 아기가 주 양육자를 보고 잘 웃지 않는다고 해서 주 양육자와의 신뢰도 혹은 애착 관계에 문제가 있다고 판단하고 불안해할 필요는 없다.

잘 웃는 아기를 키우는 주 양육자는 육아 피로도가 덜하다. 반면 잘 웃지 않는 아기의 경우에는 육아를 하면서 쉽게 지칠 수 있으므로, 왜 육아가 힘든지 잘 분석하고 필요하다면 주변에 도움을 구해보자.

낯선 사람을 관찰하고
긴장을 풀 시간을 주세요

생후 7~10개월에 주 양육자가 있을 때 아기가 낯선 사람에 대해서 어떤 반응을 보이는 가로 아기의 친밀도를 평가하기도 한다. 이때 주의 사항은 낯선 사람이 아기에게 다가갈 때 일정한 거리를 두고 다가가야 한다는 사실이다. 예를 들어, 명절에 오랜만에 방문한 할머니가 아기를 안았는데 운다고 해서 생후 7~10개월 된 아기의 친밀도가 낮다고 평가해서는 안 된다. 낯선 사람과 함께 있는 상황이라면 아기를 주 양육자의 품에 안아서 주변을 둘러보게 하고, 낯선 사람이 거리를 두고 웃어주거나 장난감을 주는 등의 행동을 했을 때 아기의 반응을 잘 살펴야 한다. 아기의 타고난 기질에 따라서 낯선 사람에게 친밀감을 보이게 되는 시간에는 큰 차이를 보이지만 최소 15~20분 정도는 아기가 낯선 사람을 관찰하고 긴장을 풀 시간을 주어야 한다.

스트레스 상황에서
아기의 감정조절능력을 살펴보세요

아기는 타고난 기질에 따라 다음과 같은 스트레스 반응을 나타낸다.

- 쉽게 스트레스를 받고 스트레스를 받은 경우 아주 크게 우는 아기
- 쉽게 스트레스를 받지 않고 스트레스를 받아도 칭얼칭얼 울다가 쉽게 그치는 아기
- 쉽게 스트레스를 받지 않지만 한번 스트레스를 받으면 세상이 떠나가도록 울고 고집을 부리는 아기

생후 7~10개월에 나타내는 스트레스 반응은 양육 태도에 의한 결과라기보다는 아기의 타고난 기질에 의해 좌우된다. 따라서 아기가 쉽게 스트레스를 받고 크게 운다고 해서 울 때마다 아기를 달래거나 과잉보호할 필요는 없다. 오히려 스트레스를 잘 받지 않는 순한 아기들에게 더 관심을 갖고 울지 않더라도 아기에게 큰 불편함이 없는지 살펴주는 노력이 필요하다.

침묵과 거리 두기로
<아기훈육>을 해주세요

이 시기의 아기는 몸도 자유롭게 움직일 수 있고 팔과 손도 자유롭게 움직일 수 있게 되면서 자기 마음에 들지 않을 때 크게 우는 것 이외에도 엄마를 때리거나 자기 머리를 바닥에 박는 등의 행동을 보일 수 있다. 매우 당황스럽겠지만 크게 야단치기보다는 얼굴 표정과 목소리로 안 된다는 표시를 확실하게 보여주고, 아기에게서 멀어져서 관심을 두지 않는 거리 두기 <아기훈육>이나 새로운 장난감으로 아기가 관심을 다른 곳으로 두게 하는 <아기훈육>이 필요한 시기이다.

는 가장 큰 이유 중 하나가 바로 심심하기 때문이다. 이미 집 안 구석구석을 기어다니면서 탐구한 아기에게 더 이상 집은 재미있는 놀이터가 될 수 없다. 초보 부모에게 생후 7~10개월의 아기는 매우 어린 아기로만 여겨질 테지만 아기의 인지적인 능력이나 운동능력은 새롭게 탐구할 좀 더 넓은 세상이 필요하기 때문이다. 힘들지만 자주 새로운 장소에 데리고 다니는 수고가 필요하다. 아기가 태어나면 주변에 덕을 베풀라는 우리 선조의 이야기는 아기를 한정된 집과 부모의 노력만으로는 키워가기 어렵기 때문에 생긴 이야기이다. 아기의 호기심을 충족시킬 다양한 이웃사촌을 만들 수 있는 부모의 사회성이 필요하다.

심심하면 칭얼대고
떼를 부리게 됩니다

생후 7~10개월 무렵의 아기가 칭얼대

집에서 하는 아기발달 검사

낯선 사람에 대한 친밀도 검사

낯선 사람이 있는 환경에서 20분 동안 아기가 보이는 반응을 관찰한 후 아래 내용에 따라서 기록해보자.

	정말 그렇다		전혀 그렇지 않다	
	3	2	1	0
① 아기가 낯선 사람을 관찰하는가?				
② 낯선 사람이 미소를 짓고 다정한 모습을 보이는 경우, 아기가 자주 미소를 보이는가?				
③ 낯선 사람이 장난감을 주었을 때 아기가 흥미를 보이는가?				
④ 낯선 사람이 다른 사람과 이야기할 때도 아기가 낯선 사람을 쳐다보며 계속 관심을 보이는가?				
⑤ 낯선 사람이 칭찬하며 머리를 만지는 경우 아기가 거부하지 않는가?				

+ 항목의 점수가 높을수록 낯선 사람에 대한 아기의 친밀도가 높다고 할 수 있다. 생후 12개월 이전의 친밀도는 보통 아기의 타고난 기질에 따라서 결정된다.

+ 모든 항목에서 0점을 받은 경우 아기와 함께 목욕하기, 아기를 껴안고 뒹굴기 등 아기와 강한 스킨십을 할 수 있는 놀이를 많이 해야 한다.

집에서 하는 아기발달 검사

스트레스 상황에서의 감정조절력 검사

아기의 까다로운 기질 체크리스트
부모의 입장에서 아기를 아래의 항목들로 점검해보자.

	정말 그렇다		전혀 그렇지 않다	
	3	2	1	0
① 우리 아기는 잠에서 깨면 크게 운다				
② 우리 아기는 잠을 재우기가 힘들다				
③ 우리 아기는 먹이기가 힘들다				
④ 우리 아기는 목욕을 시키기가 힘들다				
⑤ 우리 아기는 옷을 벗기고 입히기가 힘들다				
⑥ 우리 아기는 낯선 사람을 보면 크게 운다				
⑦ 우리 아기는 달래기가 힘들다				
⑧ 우리 아기는 자기 마음에 들지 않으면 크게 운다				
⑨ 우리 아기는 낯선 환경에 적응하기가 힘들다				
⑩ 우리 아기는 혼자서 놀지 않으려고 한다				

+ 만약 엄마와 아빠의 응답이 크게 차이 나는 경우, 육아에 더 많이 피곤을 느끼는 사람이 아기가 더 자주 울고 크게 운다고 생각하는 것으로 볼 수 있다.

Q&A
생후 7~10개월

큰 근육 운동발달

Q 7개월인데 앉지 않고 일어섭니다. 정상 발달인가요?

우리 아기는 5개월 반부터 기기 시작했는데 앉혀놓으면 잘 앉아 있지만 혼자 앉지는 못합니다. 그런데 얼마 전부터 의자를 잡고 일어서기 시작했습니다. 혼자 앉는 걸 건너뛰어도 괜찮을까요?

A 기다가 잡고 서서 걷는 것도 정상 발달 과정입니다. 기다가 스스로 앉을 기회를 줄 수 있으면 좋겠지만 집 안에 소파나 책상, 의자 같은 가구들이 있으므로 어려울 겁니다. 스스로 잡고 일어나서 옆으로 걷는다면 그냥 두셔도 좋습니다.

Q 아기가 배밀이를 안 해요

6개월 20일 된 아기를 둔 엄마입니다. 100일이 지나 뒤집기를 했는데 아직 배밀이를 하지 않아요. 제자리에서 뱅글뱅글 돌기도 하고 뒤로는 갑니다. 며칠 전부터 배와 엉덩이를 들어올리며 팔과 무릎으로 지탱해 기어가는 자세를 잠깐잠깐 합니다. 배밀이를 하지 않고 길 것 같은데 그런 아기들도 있나요?

A 네발로 서기를 하므로 조금 있다가 기는 동작을 시작할 것 같습니다. 배밀이를 하지 않고 처음부터 네발로 기는 아기도 있으므로 조금만 더 기다려주세요. 늦어도 생후 10개월까지 스스로 기어가면 됩니다. 배밀이, 네발로 기기 등 어떤 형태로든 기어간다면 다 괜찮습니다.

Q 아기의 자세가 꼿꼿하지 않아요

우리 아기는 생후 9개월이 되었습니다. 그런데 안았을 때 꼿꼿한 느낌이 없이 축 처지고 흐느적거립니다. 앉혔을 때도 허리를 꼿꼿이 세우지 못하고 팔로 지탱해야만 합니다. 잘 앉으려 하지도 않고요. 목은 5개월 정도에 가눴는데 완벽하게는 아니고요. 다른 아기들보다 키가 큰데 그것과 관계가 있을까요? 배밀이 한 지는 일주일 됐고 그동안은 굴러다녔습니다. 아기의 문제인지 저의 육아 습관이 문제인지 잘 모르겠어요.

A 9개월에 안았을 때 축 처지고 앉혀놓았을 때 허리를 꼿꼿하게 세우지 못하며, 배밀이로 기어간다면 근육의 긴장도가 많이 떨어지는 경우입니다. 많이 기어다닐 수 있도록 기회를 주시기를 바랍니다. 아기의 근력 문제는 어머니의 양육 태도로 인한 것이 아니므로 죄책감을 가질 필요는 없습니다. 또 큰 키와 큰 근육 운동발달은 상관관계가 없습니다.

Q 우리 아기 머리가 성할 날이 없어요

우리 아기는 이제 9개월에 접어들었는데요. 요즘 한창 일어서기를 한답니다. 그런데 아직 균형을 잘 못 잡아 넘어져요. 아주 많이요. 너무 꽝 하고 아프게 넘어져서 혹시 머리에 문제가 생기지는 않을까 걱정이에요. 바닥에 매트 같은 것을 깔아줘야 하나요?

A 일어섰을 때의 즐거움이 크기 때문에 아직 균형 감각이 좋지 않은데도 불구하고 자꾸 일어서려고 하는 것입니다. 가능하면 소파를 잡고 일어설 수 있도록 유도해 주세요. 매트를 구입해서 방 전체에 깔아주시면 좋겠습니다. 너무 푹신하면 오히려 균형 감각에 방해가 되므로 탄탄한 매트를 구입하시기 바랍니다.

Q 등을 약간 굽히고 앉아요

만 10개월이 된 남자아기 엄마입니다. 잘 앉고 잡고 서는데, 앉아 있을 때 허리를 똑바로 하지 않는 것 같아요. 물론 똑바로 앉아 있을 때도 있는데 어떨 때는 등을 약간 굽히고 앉아 있을 때가 있거든요. 자기 발가락을 잡고 빨며 장난을 치려고 앉은 상태에서 엎드릴 때도 있고요. 혹시 앉는 버릇을 이렇게 들이면 척추가 휘지나 않을까 불안합니다. 참, 우리 아기는 발가락을 빨고 누워서 발바닥을 서로 부딪치며 노는데 이유가 있는 행동인가요?

A 10개월에 앉혀놓았을 때 등이 구부러진다는 것은 근력이 떨어지거나 전반적으로 운동발달에 지연을 보이는 것일 가능성이 높습니다. 가능하면 앉혀놓지 마시고 많이 기어다니게 해주세요. 누워서 발바닥을 부딪치고 노는 것은 자기 몸을 장난감 삼아 만지면서 노는 자연스러운 모습입니다. 몸의 어떤 부분을 만졌을 때 어떤 느낌이 오는지를 익히게 됩니다. 다만 큰 근육 운동발달이 많이 늦어진다고 생각되므로 소아재활의학과 전문의의 진료를 권합니다.

Q 아기가 침을 너무 많이 흘려요

7개월에 접어든 우리 아기는 침을 너무 많이 흘려요. 이제 막 기어다니며 놀기 시작했는데 침을 많이 흘려 턱에 좁쌀 같은 것이 끊일 날이 없습니다. 턱받이를 대주어도 금방 축축해져 소용이 없고요. 왜 그럴까요?

A 입 주위 근육의 긴장도가 조금 떨어져서 침을 많이 흘리는 아기들이 있습니다. 하지만 아기가 커가면서 자연 성숙에 의해 입술 주변의 운동성이 향상되면 침을 덜 흘리게 됩니다. 생후 7개월에 침 흘리는 것을 중단시킬 방법은 없습니다. 인지발달과 큰 근육 운동발달에 지연을 보이지 않는다면 걱정하지 마세요. 생후 24개월 무렵이면 자연적인 성숙에 의해서 침 흘림이 조절됩니다. 심한 경우 생후 24개월 이후까지 침을 흘릴 수도 있지만 인지발달이 정상 범위에 속한다면 인내심을 가지고 기다려주어야 합니다.

언어발달

Q 우리 아기는 소리를 크게 질러요

만 10개월 된 남자아기를 둔 엄마입니다. 정확하지는 않지만 우리 아기는 8개월부터 "엄마", "맘마"를 했고, 요즘은 꽤 정확하게 발음을 한답니다. 물론 저를 찾는 소리는 아닌 것 같고 배가 고프거나 자고 싶을 때 더 자주 해요. 그런데 요즘 들어 옹알이보다는 "아", "어" 하고 소리를 크게 지르곤 합니다. 고음으로도 지르고 낮은 소리로도 지르고요. 가끔 소리를 지르다가 토하기도 하는데, 아기가 소리를 지를 때 배를 만져보니까 힘을 주면서 소리를 지르더라고요. 이것도 언어표현에 속하나요?

A 10개월 된 아기가 배에 힘을 주고 소리를 지르는 것은 자신을 표현하는 방법입니다. 아기 목소리의 톤을 통해서 화가 났는지, 흥분했는지를 이해하실 수 있다면 아기의 감정에 따라서 반응을 해 주시면 됩니다. 만약 아기가 소리 질렀을 때 아기의 감정을 이해하기 어렵다면 "아. 그랬구나" 하고 반응해 주시면 됩니다.

Q 아기의 언어능력이 떨어지는 것 같아요

우리 아기는 이제 막 10개월에 접어들었어요. 이름을 부르면 쳐다보는데 알아듣고 쳐다보는 건지 모르겠어요. 아직 "엄마", "아빠"도 못하고 아무리 "이리 오세요!" 하고 불러도 오지 않아요.

A 생후 10개월에는 엄마의 목소리가 관심을 끄는 톤이면 반응을 더 잘 보이고 부드러운 말투에는 반응을 크게 나타내지 않을 수 있습니다. 같은 말이라도 목소리에 악센트를 넣거나 재미있는 톤으로 이야기해 보세요. 10개월에 "엄마", "아빠" 소리를 못 하는 것은 발달 평가상 중요한 요인이 아닙니다. "안 돼요" 하고 목소리에 힘을 주어서 이야기할 때 아기가 긴장하는지 살펴보세요.

Q 뒤늦게 말이 트인 아기들도 많나요?

우리 아기는 10개월로 이 시기이면 "맘마", "빠빠" 정도는 해야 한다는데 눈치는 빠르지만 말이 늦어서 걱정이에요. 가끔 울면서 "음마"나 "에쿠" 정도는 해요. 하지만 두 단어를 반복적으로 할 수 있어야 한다는데 뒤늦게 말문이 트인 아기들도 있을까요? 걱정이 되네요.

A 생후 10개월이면 아기의 인지능력을 평가할 때 말을 얼마나 하는가가 아직 중요한 요인은 아닙니다. "음마", "에쿠" 정도면 언어표현력이 정상 범위에 속합니다. 엄마의 목소리 톤을 들려주고 엄마가 기쁜지, 화가 났는지, 슬프지는 않은지 아기가 눈치채는가 살펴보세요.

Q 10개월 아기의 언어발달이 느리대요

만 10개월 된 딸을 둔 엄마입니다. 영유아 건강검진을 했는데 K-ASQ에서 의사소통과 문제해결, 개인 사회성이 낮게 나왔다고 심각하다면서 언어 노출이 너무 안 되어 있는 것 같다고 합니다. 대소 근육발달에 비해 나머지가 좀 낮게 나온 것 같아요. 하지만 아직 10개월이 넘지도 않았고 계속 발달 중인 것 같은데 지금 당장 못 한다고 문제가 되진 않겠죠? 우리 아기는 짝짜꿍을 별로 안 좋아하고 도리도리 도 기분이 나쁠 때만 해요. 만세는 행동으로 보여주면 바로 잘 따라 해요. 옹알이는 많이 하지만 단어로 말하는 것은 "엄마", "아빠" 두 개인 것 같습니다.

A K-ASQ 검사는 간단한 항목으로 심한 발달 지연을 조기에 발견하기 위한 검사 도구로 엄마들이 아기를 관찰해서 답변한 결과를 가지고 진단을 내립니다. 검사 항목 중에서 운동발달에 큰 지연을 보이는 경우에는 검사 결과를 의미 있게 받아들이셔야 합니다. 만일 운동발달에는 지연이 없고 의사소통과 문제해결, 개인 사회성 항목에서만 약간의 지연이 나왔다면 크게 걱정하지 마시고 생후 24개월 무렵에 다시 한번 평가해 보세요.

사물에 대한 흥미도

Q 아기가 호기심이 별로 없는 것 같아요

우리 아기는 이제 만 9개월인데 그다지 호기심이 없는 것 같아요. 좋아하는 무선 전화기나 장난감을 보여주고 기어 오길 유도해도 기어오 다가 멈춰서 방바닥을 긁어요. 장난감 상자에서 장난감을 찾는 행동도 전혀 안 합니다. 조카들을 보면 장난감 상자에서 거의 살다시피 했고 이맘때 부산하게 서랍이란 서랍도 다 열어보던 데, 우리 딸은 아침에 일어나도 그냥 누워 있어요. 울지도 않고요. 그러다가 제가 웃으면서 인사하면 따라 웃고 안기죠. 문제가 있는 건 아닐까요?

Ⓐ 아기가 스스로 길 수 있는데도 몸을 움직이면서 노는 것을 즐기지 않는다면 시각적인 변화가 있는 자극을 좋아하는 아기일 가능성이 높습니다. 그림책이나 가족사진을 보여주거나 다양한 모양의 인형을 보여주면서 이름을 알려주는 놀이를 해보세요. 가능하면 손님이 집에 와서 아기하고 눈을 맞추고 놀게 해주시고 가족의 움직임을 관찰하게 하셔도 좋습니다. 집 앞에 나가서 한 시간 동안 지나가는 사람들을 구경시켜 주셔도 좋고요. 놀이터에 가서 놀고 있는 아기들을 관찰할 기회를 주면 아기의 심심함을 달랠 수 있고 뇌 발달에도 도움이 됩니다.

Ⓠ 8개월 아기인데 손을 보고 놀아요

며칠 전부터 아기가 손을 보면서 노네요. 엄지를 다른 쪽 손 위에 놓고 쥐었다 폈다 하면서 한참을 들여다봐요. 주로 지체아들이 손을 보고 논다는데 우리 아기는 혼자 서고 "엄마", "아빠" 소리도 곧잘 하며 손으로 무언가를 집는 것도 능숙합니다. 근데 갑자기 손을 보며 노는 걸 보니 불안하네요.

Ⓐ 아기가 잡고 선다면 운동발달에 큰 지연을 보이지는 않는 것 같습니다. 아기가 손을 보고 만지작거리는 놀이는 생후 4~5개월 이전에 하는 놀이입니다. 따라서 현재 나이보다 낮은 수준의 놀이를 하는 것입니다. 아기가 손을 보고 노는 경우, 소리가 나면서 움직이는 장난감을 보여주거나 밖으로 데리고 나가서 다른 환경에 관심을 가질 수 있게 도와주세요.

사람에 대한 친밀도

Ⓠ 우리 아기는 왜 사람만 좋아할까요?

만 7개월 된 우리 아기는 장난감보다 저와 얼굴을 맞대고 몸을 부비면서 노는 걸 더 좋아해요. 잘 울지 않고 사람을 만나면 웃으며 좋아합니다. 반면 새로운 물건은 섣불리 만지지 않고, 한참을 관찰하고 익숙해져야 가지고 놀며, 익숙하지 않은 것은 입에 넣지도 않는답니다. 먹을 걸 쥐어줘도 제 얼굴만 쳐다보니 어떨 때는 답답합니다. 언젠가 이런 아기들은 반응이 늦어 친구들 사이에서 따돌림을 당하기 쉽다는 글을 본 적이 있는데 걱정이 됩니다. 혹은 소심하고 내성적인 아이가 될까 봐 걱정이에요. 잠시도 가만히 있지 않고 몸을 움직이는 친구 아이가 부럽기만 하네요.

A 생후 7개월 된 아기가 장난감이나 새로운 물건보다 사람에게 더 관심이 많다면 가족이 많은 환경이 좋은데, 핵가족이 대부분인 현실이라 어려우실 것 같습니다. 매일 동네 작은 가게들을 방문하시고 가게 주인과 아기가 놀 수 있게 해보세요. 아기의 성격이 내성적이라 따돌림을 받을지 모른다는 두려움을 갖는 것은 어머니의 성격이 내성적이어서 힘든 상황이 많았기 때문일 가능성이 높습니다. 아기의 기질을 바꾸려고 노력하기보다 어머니의 사회성을 향상시키는 쪽으로 문제를 해결해 나가시는 게 좋습니다.

Q 아기가 웃지를 않아요

우리 아기는 6개월 22일 된 여자아기입니다. 지금쯤 엄마가 얼러주면 까르르 웃을 시기인데요. 우리 아기는 잘 웃질 않아요. 소리 내서 웃는 건 하루에 두 번 정도입니다. 운 좋게 웃겨도 조금 웃었다가 금세 시큰둥해집니다. 다른 발달은 정상인 것 같은데 이러다가 커서 성격에 문제가 생기는 건 아닌지 걱정입니다.

A 기질적으로 잘 웃지 않는 아기들이 있습니다. 아기를 많이 키워본 사람들은 아기가 잘 웃지 않아도 스트레스를 받지 않습니다. 하지만 초보 엄마는 아기가 잘 웃어주지 않으면 마음이 상하고 불안해집니다. 생후 7개월에 잘 웃지 않는다고 해서 성인이 되어서 성격에 문제가 생기지는 않습니다. 아기가 좋아하는 놀이를 많이 해주세요. 아기가 잘 웃지 않는 기질을 타고났더라도 크게 웃는 사람들 속에서 10년, 20년 지내다 보면 웃는 행동을 더 많이 하게 됩니다. 부모가 계속 억지로 웃기는 힘드니 잘 웃는 분들이 자주 집에 오도록 해보세요.

Q 자기 자신을 때리는 시늉을 해요

10개월 된 우리 아기는 항상 조용히 행동하고 크게 보채는 일이 없어 순하다는 소릴 많이 들었어요. 다만 또래 아기들에 비해 옹알이가 너무 적어 걱정이 되곤 했습니다. 요즘은 어쩌다 한 번씩 "엄마", "빠빠바", "어부바", "아빠" 정도의 소리는 내고, 큰 소리를 버럭 지르기도 합니다. 방실방실 잘 웃지는 않지만 그래도 크게 공격 적이거나 폭력적이진 않다고 생각했죠. 그런데 일주일쯤 전부턴 맘에 들지 않거나 원하는 게 해결이 안 되면 자기 머리를 잡아당기거나 양손으로 얼굴을 때리는 시늉을 합니다. 처음에는 어쩌다 한 번이더니 낯선 사람이 와 있으면 심해져요. 이런 버릇을 고칠 수 있는 좋은 방법은 없을까요?

A 자기의 머리를 잡아당기거나 양손으로 자신의 얼굴을 때리는 행위는 기어다니기 시작한 후 스트레스 상황에서 스트레스를 나타내는 반응입니다. 부모의 입장에서는 이 행동을 고쳐주고 싶지만 아기의 반응은 자기도 모르게 나오는 것이므로 쉽게 교정되지 않습니다. 물론 생후 10개월에 스트레스 상황에서 보이는 행동을 초등학생이나 성인이 되어서 하지도 않습니다. 우선 아기의 행동을 볼 때 불편한 마음을 가라앉히시기를 바랍니다. 아기의 행동에 크게 야단을 치는 경우 아기의 행동은 더 심해집니다.

❶ 언제 아기가 이런 행동을 하는지 잘 관찰하시고 아기가 스트레스받을 상황을 가능한 한 피해주세요. 손님이 왔을 때 심해진다면 손님이 가급적 빨리 가주는 게 좋습니다.

❷ 아기의 반응을 심하게 야단치지 마세요. 오히려 아기의 행동을 보지 못한 척하시면서 관심을 주지 않는 것이 아기의 행동을 줄입니다. 계속 야단을 치는 경우, 야단도 아기에게는 부모가 관심을 보이는 것이므로 부모의 관심을 얻고 싶을 때 이러한 행동은 더 강화될 수 있습니다.

❸ 스트레스 상황을 잊고 다른 환경에 관심을 쏟도록 잠시 다른 장소로 데리고 가는 것도 좋은 방법입니다.

Q 아기가 악을 쓰면서 울어요

8개월 된 남자아기의 엄마입니다. 얼마 전부터 아기가 갑자기 혼자서 잘 놀지 않고 계속 안아달라고만 해요. 안아주지 않으면 죽을힘을 다해 악을 쓰고 몇 시간이고 울면서 제가 가는 곳마다 기어와 발목을 붙들고 계속 울어요. 악을 얼마나 쓰는지 아기가 숨을 잘 고르지 못해 힘들어합니다. 갑자기 왜 이런 현상이 생겼는지 모르겠어요. 떼쓰는 것과는 다른 건가요?

A 8개월부터는 인지발달이 빠른 속도로 이루어지기 때문에 아기가 심심할 때 심하게 울기도 합니다. 아기가 울고 엄마에게 매달리면 우선 하던 일을 중단하시고 아기를 데리고 밖으로 나가보세요. 밖에 나갔을 때 울지 않고 주변을 살핀다면 아기는 심심해서 운 것입니다.

Q 아기가 울지 않아요

우리 아기는 8개월째 접어드는 여자아기입니다. 저와 짝짜꿍 놀이를 하다가 제가 방문을 닫고 나가도 아기가 울지를 않아요. 낯가림도 하지 않고요. 걱정이 되어 문의드립니다.

A 매우 순한 기질의 아기인 것 같습니다. 순한 기질의 아기는 스트레스를 받아도 스트레스를 받았다는 표현을 크게 나타내지 않습니다. 아기가 울지 않는다고 해서 스트레스를 받지 않았다고 오해하시면 안 됩니다. 아기의 반응을 관찰하기 위해 일부러 짝짜꿍 놀이를 하다가 방문을 닫고 나가는 행동은 더 이상 하지 마세요. 방을 나가셔야 할 때는 "미안. 엄마가 잠깐만 나갔다 올게" 라고 이야기해 주시고 방문을 열어놓고 나가시기를 바랍니다. 다시 돌아왔을 때는 "기다려줘서 고마워"라고 이야기해 주세요. 아기는 엄마가 말할 때의 분위기로 엄마가 하려는 말의 의미를 이해할 수 있습니다. 순한 아기는 낯가림도 심하게 하지 않습니다. 너무 순한 아기인 경우 기회가 되면 전반적인 발달 검사를 받아보는 것도 아기를 이해하는 데 도움이 될 것입니다.

Chapter 4
생후 11~16개월 아기발달

혼자서
걸을 수 있어요!

생후 11~16개월은 아기들이 기어다니다가 잡고 서서 옆으로 걷고, 잡고 걷다가 혼자서 걷기까지의 몸 움직임 과정이 활발하게 이루어지는 시기이다. 아기는 스스로 자기 몸을 움직이면서 독립심을 갖게 된다. 아기에 따라 걷기 시작하면서 잘 걷는 아기들도 있지만 다리 근력이 약하거나 균형 감각에 약간의 어려움이 있는 아기는 첫걸음을 뗀 후에도 혼자서 잘 걷기까지 시간이 오래 걸리기도 한다. 생후 15~16개월까지는 혼자서 걸을 수 있게 시간을 주어도 된다. 하지만 생후 16개월이 넘어서도 혼자서 걷지 못하는 경우에는 전문가의 진단이 필요할 수도 있다

생후 5개월 무렵에는 손바닥을 사용해서 장난감을 잡던 것이 생후 12개월 무렵이 되면 엄지와 검지만 이용해서 콩과 같이 작은 물건도 정교하게 잡을 수 있게 된다. 혼자서 걷고 엄지와 검지를 사용해서 콩을 잡을 수 있다는 것은 아기의 뇌에 스스로 문제를 해결할 수 있는 기본 신경망이 생겼다는 의미이기도 하다. 따라서 이 시기에는 아기의 몸놀림과 손놀림을 잘 관찰해야 한다.

아기가 먹는 이유식은 점차 된 밥으로 바꾸게 된다. 하지만 아직 입술 주변의 움직임이 쉽지 않은 아기들은 된밥을 씹는 데 어려움을 보일 수 있다. 아직까지 체중

성장곡선에 표기를 하면서 아기의 체중증가율을 검토해야 한다. 밥을 너무 많이 먹거나·간식을 많이 먹게 되면 과체중이 될 수 있고 소아비만으로 연결되므로 아기의 키와 체중이 균형을 이루도록 체중과 신장의 성장곡선을 잘 살펴보아야 한다.

아기는 잘 기어다니게 되고 머리를 위로 올리고 걷기 시작하면 떼가 심해진다. 일상에서 쉽게 쓰는 간단한 말을 알아듣기 시작하지만 자기 마음대로 하려는 성향이 강해지므로 아직 엄마가 육아에 있어서 휴식을 취하기에는 어려운 시기이다.

아기의 철분결핍성빈혈 검사

Iron - deficiency Anemia

아기가 잘 먹지 않는다면 우선 철분결핍성빈혈 검사를 해주세요

사례

일전에 방송에 나온 이야기이다. 요구르트 맛에 빠진 12개월 된 아기가 하루 종일 요구르트를 입에 달고 지냈다고 한다. 아기의 떼가 너무 심해서 할머니는 할 수 없이 하루에 10개 이상의 요구르트를 먹이고 있었다. 요구르트로 배를 채운 아기는 다른 음식은 먹지 않으려고 했다. 종일 단 음료수만 먹으면 상당한 열량이 공급되므로 밥을 먹지 않아도 아기는 살이 오르게 된다. 하지만 뇌에 필요한 영양분 공급에는 차질이 생긴다. 영유아기에 철분 공급이 부족하면 아기의 뇌 발달을 저하시켜서 아기가 산만해지거나 발달 지연의 원인이 되기도 한

다. 종일 요구르트만 먹는 경우가 아니더라도, 엄마들이 이유식을 정성스럽게 만들어도 잘 먹지 않는 아기들이 꽤 많다. 이때 억지로 많이 먹이려고 하다 보면 엄마와 아기 사이의 애착 관계 형성에 어려움을 가져올 수 있다.

이유식을 잘 먹지 않는다면 주기적으로 철분결핍성빈혈 검사를 해볼 것을 권한다. 만약 철분이 결핍되었다면 아기에게 스트레스를 주면서 철분이 많이 든 음식을 먹이기보다는 우선 철분제제를 먹이는 것이 효과적인 방법이다. 먹는 행위에 대한 스트레스를 줄여주면 아기는 서서히 더 많은 양을 먹을 수 있게 된다. 먹는 것에 대한 스트레스를 강하게 주면 아기는 더욱 반항하게 되고 오랜 기간 식사 시간이 즐겁지 않은 경험이 되므로 평생 식습관에 영향을 미칠 수도 있다.

이스라엘에서는 생후 12개월에 모든 아기의 철분결핍성빈혈 검사를 해요

이스라엘에서는 세계 여러 국가에서 온 유태인들이 각각 자기가 태어난 나라의 육아 방식대로 아기들을 먹이고 양육한다. 다양한 언어를 가진 민족들이 모여 살기 때문에 히브리어를 잘 이해하지 못해 전문가가 부모 교육을 할 때 어려움이 많다. 그래서 생후 12개월에 모자보건센터에서 모든 아기의 철분결핍성 빈혈 여부를 알아보는 혈액검사를 실시하고 있다. 초보 엄마들은 육아에 경험이 없기 때문에 올바른 이유식 방법을 선택하지 못할 수도 있기 때문이다. 우리나라도 육아에 대한 책임을 부모에게만 맡기지 말고 국가가 전문가를 동원해서 육아를 책임져 주는 시스템이 빨리 만들어져야 한다.

 생후 11~16개월 아기에게 밥 먹이기

❶ 태어날 때 아기의 신장이 100명 중 5~10번째, 체중도 100명 중 5~10번째인 아기가 이유식을 먹으면서도 작은 체구(small baby)를 유지한다면 억지로 많이 먹이려고 하지 말아야 한다. (뇌 발달에는 문제가 없는 단순히 체구만 작은 아기이면 크게 걱정하지 않아도 된다.)

❷ 아기가 고형식을 숟가락으로 받아먹기 힘들어하는 경우 많이 씹지 않고 넘길 수 있는 형태로 음식을 만들어 먹이는 게 좋다. 턱관절의 발달을 위해서 씹기도 중요하지만 일단 아기의 몸에 필요한 영양분이 공급되어야 하므로 아기가 잘 먹을 수 있는 묽은 밥 형태로 만들어서 먹여야 한다.

❸ 잘 먹지 않는 아기들의 경우, 억지로 먹이기 전에 반드시 철분결핍성빈혈 검사를 하고 필요한 경우 철분제제를 먹이도록 한다.

❹ 아기가 많은 양을 먹지 못해서 기운이 없는 경우 이유식에 올리브유를 한두 방울 첨가해서 열량을 높여주면 좋다.

아기의 큰 근육 운동발달

Your Baby's Gross Motor Development

소파를 잡고 옆으로 걷기는 가능해야 합니다

생후 11~16개월에는 대부분의 아기가 혼자서 걷게 된다. 우리나라에서는 돌잔치가 친인척들이 모이는 큰 잔치이기 때문에 생후 12개월에 아기가 혼자서 걷기를 기대하는 경우가 많다. 아기의 큰 근육 운동발달이 빠른 경우에는 생후 10개월 무렵에도 혼자서 걸을 수 있다. 생후 16개월 무렵에는 손을 잡아주면 계단을 오르기도 한다. 그리고 혼자 걷기가 좀 늦는 경우에는 생후 15~16개월 무렵에 혼자서 걷기도 한다. 선천적으로 약간 몸치인 아기들은 균형 감각을 잘 잡지 못하기 때문에 한 발을 뗄 때 한쪽 다리로만은 몸의 균형을 잡지 못해서 앉아버리는 경우도 있다. 만일 15~16개월에도 혼자서 걷지 못한다면 아기의 운동발달 평가와 인지발달 평가를 하게 된다. 혹시 선천적으로 뇌의 운동프로그램이 너무 약해서 소아물리치료의 도움이 필요한지를 알아보아야 한다. IQ를 포함해서 전반적인 뇌의 프로그램이 약한 것이 원인일 수도 있기 때문이다.

생후 11개월 무렵의 큰 근육 운동발달의 정도로 보아서 15~16개월 무렵에 혼자서 걸을 수 있을지를 확인해 보는

방법은 생후 11개월 무렵에 최소한 소파를 잡고 일어나서 옆으로 걸을 수 있는지를 살펴보는 일이다.

만일 생후 12개월에 기어다니기만 하고 소파를 잡고 서지 못한다면 생후 15~16개월이 되어도 혼자서 걷기는 어렵다. 만약 혼자서 걸을 수 없을 것 같다고 판단되면 빨리 운동발달 평가와 인지발달 평가를 수행한 후, 소아물리치료가 필요한지 결정해야 한다. 큰 근육 운동발달 지연은 기다리지 말고 가능한 한 빨리 진단을 받는 것이 좋다.

 혼자 걷기가 늦는 아기들

❶ **선천적으로 뇌의 인지영역과 운동영역 발달 모두 늦어서 못 걷는 경우**
발달 평가 결과 인지발달과 운동발달에 모두 심한 지연을 보인다. 아기의 운동발달, 인지발달 수준에 맞추어서 놀이환경을 만들어주어야 한다. 어린이집에 보내서 다른 아기들 속에서 인지 자극을 많이 받게 해주는 것도 필요하다. 생후 15~16개월부터 생후 24개월 무렵에 혼자서 걷게 되는 경우가 많다.

❷ **선천적인 운동장애인 경우**
뇌의 운동영역의 프로그램이 선천적으로 매우 약해서 기다려주어도 혼자서 걷기 힘든 경우이다. 이런 경우 아기의 목 가누기, 혼자서 앉기, 기기 등 전반적인 큰 근육 운동발달이 늦게 된다. 언어이해력의 경우 정상 범위에 속할 수 있다. 빨리 소아물리치료의 도움을 받아야 하며 인지발달 수준도 꼭 확인해서 아기의 인지발달 수준의 놀이를 해주어야 한다.

❸ **균형 감각이 떨어져서 혼자서 걷지 않으려는 아기의 경우**
엄마의 손을 잡고는 잘 걷지만 손을 잡아주지 않는 상태에서는 발을 떼지 못하고 그 자리에 앉아버리게 된다. 아기에게 혼자서 걸으라고 격려는 하지만 평상시에는 계속 손을 잡고 걷기 연습을 시키면서 아기 다리의 근력과 균형 감각이 향상되기를 기다려주어야 한다. 아기 다리의 근력이 향상되고 균형 감각을 잘 잡을 수 있으면 아기 스스로 자신감을 갖게 되고 혼자서 걷기 시작한다. 대부분 생후 16개월 이전에 혼자서 걷기 시작한다.

집에서 하는 아기발달 검사

큰 근육 운동발달

검사명 한 손으로 소파 잡고 걷기

검사시기 10개월 16일 ~ 12개월 15일

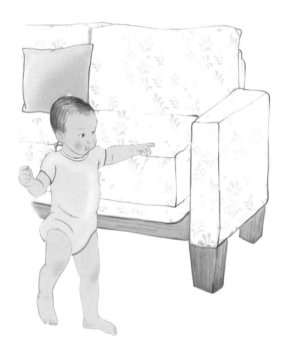

검사방법 한 손으로만 소파를 의지하고 앞으로 걸을 수 있는지 살펴본다.

집에서 하는 아기발달 검사

큰 근육 운동발달

검사명 **혼자서 걷기**

검사시기 14개월 16일 ~ 16개월 15일

검사방법 아기를 세워두면 아기가 혼자서 걸음마를 떼는지 살펴본다. 16개월까지 혼자서 걸으면 된다. 길게는 18개월까지도 혼자 걷기의 정상 범위에 넣기도 한다. 소아물리치료의 도움이 없이 혼자서 걸을 수 있는 기회는 16~18개월까지로 보고 있다.

아기의 시각적 인지발달 /
작은 근육 운동발달

Your Baby's Visual Cognition / Your Baby's Fine Motor Development

손과 눈의 협응이 시작됩니다

생후 12개월 무렵이 되면 바닥의 작은 콩을 발견하면 엄지와 검지로 정확하게 집을 수 있다. 바닥에 있는 작은 먼지들까지 엄지와 검지로 집을 수 있을 정도로 손가락 사용이 완성되므로 바닥은 항상 깨끗하게 청소가 되어 있어야 한다. 생후 15개월 이후에는 잡은 물건을 빈 통 안에 넣을 수도 있다. 발달이 빠른 아기들의 경우 구멍이 큰 돼지 저금통에 동전을 넣기도 한다. 아기가 물건을 잡아서 통 안에 넣거나 저금통에 동전을 넣는 것은 손에 물건을 잡은 채로 구멍에 시선을 고정하고 눈과 손의 협응이 가능해야 수행할 수 있는 동작들이다. 아기가 장난감을 집어서 통 안에 넣는 등의 놀이의 경험이 필요하다.

아기가 입술을 움직여서
말을 하기 시작합니다

이 시기가 되면 입술 주변의 작은 근육들도 발달하여, 숟가락으로 밥을 받아먹는 일이 이제 그리 힘든 일이 아니다. 입술을 움직여서 '맘마', '엄마' 소리를 모방할 수도 있다. 만일 발음이 잘 나오지 않는다면 입술 주변의 작은 근육 운동

발달이 아직 성숙하지 못한 것으로 크게 걱정할 필요는 없다. 말이 늦게 트여도 간단한 사물명을 이해할 수 있으므로 일상생활에서 짧게 말을 많이 해주어 언어

이해력을 높여주는 일은 필요하다. 만일 놀이시간에 집중할 때 입이 벌어지고 침을 흘린다면 "예쁜 입!" 하면서 입을 다물 수 있게 도와줄 필요가 있다.

 월령별 손 조작 발달

생후 2개월	• 엄지가 손바닥 안으로 들어간 채로 가볍게 주먹이 쥐어져 있다.
생후 3개월	• 아기의 손이 펴지기 시작한다.
생후 4개월	• 아기의 가슴에 딸랑이를 놓으면 두 손이 가슴으로 모아지며 딸랑이를 잡으려 한다. • 물건을 잡으려고 할 때 엄지가 완전히 빠져나온다.
생후 5개월	• 책상 위의 콩을 보고 손가락 전체를 사용하여 잡으려고 한다. • 주사위를 덥석 잡는다.
생후 7개월	• 검지를 사용하여 책상 위의 콩알을 콕 찍는다. • 주사위를 능숙하게 잡는다.
생후 9~10개월	• 엄지와 검지, 중지로 콩을 집을 수 있다. • 엄지와 검지, 중지로 주사위도 집는다.
생후 11~12개월	• 엄지와 검지로 콩을 집을 수 있다. • 엄지와 검지로 주사위도 집을 수 있다.

집에서 하는 아기발달 검사

작은 근육 운동발달

검사명 **엄지 검지로 콩 집기**

검사시기 11개월 16일 ~ 13개월 15일

검사방법
검정콩 크기의 간식을 엄지와 검지로만 잡는지 살펴본다. 생후 12개월이면
엄지와 검지만으로 작은 물건을 잡을 수 있다.

생후 13개월 15일에 엄지와 검지로 콩을 집지 못하면서 배밀이나 네발 기
기도 가능하지 않디면 운동발달 지연을 의심할 수 있다. 소아재활의학과
전문의의 진료가 필요하다.

아기의 언어이해력

Your Baby's Receptive Language Development

앉아, 일어나, 사랑해요, 빠이빠이 등의 말을 이해할 수 있습니다

생후 11개월이 되면 자신이 좋아하는 장난감의 이름이나 가족의 호칭을 이해하기 시작한다. 생후 14~16개월 무렵이 되면 일상에서 많이 사용하는 말들인 '안 돼', '나가자', '앉아' 등의 동작어를 이해할 수 있다. 간혹 "기저귀 가져오세요", "우유병 가져오세요"와 같은 말을 이해하기도 한다. 언어이해력은 생후 14개월 무렵부터 매우 빠른 속도로 증가하므로 아기가 간단한 말을 이해하는지 잘 살펴야 하는 시기이다.

첫 말하기 시기는 차이가 큽니다

생후 12개월이 되면 입술과 입술을 마주치면서 내는 발음이 가능하다. 따라서 "맘맘마, 파파파파"라고 말을 할 수 있다. 하지만 말을 많이 하고 안 하고는 입술 주변의 작은 근육 운동 상태뿐만이 아니라 아기의 기질적인 특성하고도 큰 상관관계가 있다. 아기의 말하기는 아기의 인지발달 평가에 크게 영향을 미치지 않는다. 따라서 이 시기에 아기가 몇 마디 말을 하는지 특별히 신경 쓰지 않아도 된다. 대신 아기가 간단한 사물의 이름인 호칭, 간단한 명령어를 이해하는지에 초점을 맞추고 관찰해야 한다.

우리 사회는 여전히 '말을 빨리하면 머리가 좋을 것이다'라고 생각하는 경향이 강하다. 아기의 인지능력은 말하기가 아니라 언어이해력에 따라서 결정된다는 것을 기억하자.

집에서 하는 아기발달 검사

언어발달

검사명 **사물명, 동작어 인지하기**

검사시기 13개월 16일 ~ 16개월 15일

자동차~

① 아기가 좋아하는 사물의 이름, 예를 들어 "자동차"라고 말했을 때 아기가 자동차를 찾는 시늉을 하는지 관찰한다.

② 아기가 '앉아, 일어나'와 같이 일상에서 자주 사용하는 동작어를 이해하는지 관찰한다.

③ "기저귀 가져오세요"라고 이야기했을 때 그 의미를 이해하고 기저귀를 찾으러 가는지 관찰한다.

아기의 감정조절력

Your Baby's Emotional Regulation

아기의 기질적 특성을 존중해 주세요

생후 11~16개월에는 설령 운동발달이 조금 느린 아기라 해도 기어다니거나 걸어 다닌다. 그래서 엄마들이 집 안에서 노는 것을 답답해하는 아기들을 데리고 여기저기 놀이 프로그램에 적극적으로 참여하기 시작하는 시기이다. 어떤 아기들은 낯선 장소에 데리고 갔을 때 호기심을 보이며 잘 적응한다. 반면 어떤 아기들은 들어가면서부터 울기 시작해서 엄마를 힘들게 하기도 한다.

아기들이 낯선 환경에 잘 적응하지 못하면 엄마들은 자신이 육아를 잘못해서 아기의 사회성에 문제가 있는 것으로 생각하는 경향이 있다. 아기의 사회성이 애착 관계에서 비롯된다고 생각해 아기

와의 애착 관계를 돌아보기도 한다.

하지만 생후 11~16개월에 아기가 보이는 낯선 환경에의 반응은 대부분 아기의 타고난 기질에 의해서 결정된다. 이 시기의 아기들이 낯선 환경에 보이는 반응을 통해서 아기의 타고난 기질을 크게 '사고형'과 '다람쥐형'으로 구분할 수 있다.

사고형 아기는 억지로 놀게 해서는 안 돼요

사고형 아기는 새로운 장난감 자체에도 관심을 갖지만, 새로운 환경 속에 있는 사람들의 움직임을 관찰하려고 한다. 그래서 새로운 장난감에 바로 다가가지 않고 주변 움직임이 모두 파악되어야 움

직이기 시작한다. 간혹 실내 놀이터처럼 많은 사람들이 움직이는 곳에 가면 겁을 먹고 엄마에게 달라붙는 '엄마 껌딱지' 증상을 보이기도 한다.

새로운 환경에 대한 흥미는 있지만 다가가기에는 조심스럽기 때문에 새로운 장난감에 쉽게 손을 대지 않고 엄마가 옆에서 만져도 괜찮다고 격려해야 손을 댄다. 몸놀림이 빠르지는 않지만 운동발달이 크게 떨어지지는 않는다. 이런 아기들은 항상 사람의 기분과 의도를 파악하려고 하며 눈짓과 몸짓, 손짓으로 의사소통이 가능하다.

사고형의 아기들은 다람쥐형 아기들보다 앉아서 그림책 보기를 좋아한다. 덕분에 다람쥐형 아기들보다 언어이해력이 더 빠르다고 느껴질 수 있다. 사고형 아기는 놀이 프로그램에 적극적으로 참여하게 하기보다는 놀이터에서 노는 아기들을 관찰하도록 하는 것이 뇌 발달을 더 촉진할 수 있다. 주변 상황이 파악되지 않았는데 아기를 놀이 환경 속에 억지로 집어넣는 경우 심한 거부감을 표현하고 스트레스를 경험하게 된다.

다람쥐형 아기는
놀이방에 일찍 보내세요

다람쥐형 아기는 사람보다는 장난감이나 주위에서 일어나는 일에 관심이 더 많다. 새로운 사람을 의식하고 긴장하기는 하지만 사람보다는 주변 놀이 기구에 더 관심을 보인다. 낯선 환경에 들어서면 다람쥐가 도토리만 보며 달려가듯이 새로운 놀이기구나 장난감을 향해서 무조건 달려가는 아기들이다.

다람쥐형 아기들은 놀이 선생님이 하는 놀이 지시에 귀를 잘 기울이려고 하지 않으므로 단체 놀이에서 협조를 기대하기 어렵다. 놀이선생님이 뭐라 하든 자기가 하고 싶은 대로 하므로 단체에서 이탈하게 되고, 결국 단체 놀이환경에서 소외되기 때문에 엄마가 속상해하는 일이 종종 있다.

다람쥐형 아기는 주변을 넓게 살펴보는 순발력과 몸을 빠르게 움직이는 운동성이 좋다. 야단을 맞아도 별로 개의치 않으며, 때리거나 못하게 막아도 그 순간에만 멈출 뿐 곧 다시 시도한다. 어떤 환경에서든 적극적으로 놀고 싶은 욕구를 충족하려고 노력한다. 항상 부산하므로 집중력이 없어 보이거나 산만해 보이지만, 순간적인 판단력이 빠르고 자기가 만지고 싶은 장난감을 향해 갈 때는 아무 소리도 들리지 않는다.

다람쥐형 아기들은 눈과 몸의 움직임으로 주변을 탐색하느라고 바빠서 상대방의 말을 이해하기가 어렵다. 그래서 자칫 언어어해력과 언어표현력이 지연되는 것처럼 보이기도 한다. 집이 좁을 경우 아기는 집에 있기보다 밖에 나가는 것을 좋아하며, 밖에 나가는 경우 집에 들어오려고 하지 않는 경향이 강하다. 하루에도 몇 번씩 아기를 데리고 밖에 나갔다가 들어와야 하는 일이 생겨 엄마들은 벅차고 양육 스트레스가 증가할 수 있다.

집에서 그림책을 읽어주어도 아기가 잘 듣지 않으므로 자극이 많은 환경에 자주 데리고 나가되 다치지 않도록 잘 보살펴주면 스스로 탐구하고 모방하면서 성장하게 된다. 단, 상대방의 입장을 알려주어야 할 경우 아기훈육이 필요하다

의자에 가만히 앉아서 하는 놀이나 책 등에는 관심을 덜 보여 집에서 카드놀이를 하거나 책을 보게 하면 양육자와 아기가 서로 스트레스를 받기 쉽다. 그래서 이런 유형의 아기들은 걷기 시작하면 놀이방에 일찍 보내는 것도 좋은 방법이다. 보통 자기보다 어린 아기들에게는 관심을 덜 보이고, 배울 것이 있는 형들을 좋아하므로 두세 살 정도 나이가 많은 아이들과 같이 지내도 별 무리가 없다.

간혹 언어이해력, 큰 근육 운동발달, 작은 근육 운동발달이 모두 느리면서 다람쥐형 행동 특성을 보이는 아기가 있다. 이런 경우 인지발달 지연으로 인한 다람쥐형 증상일 수 있다. 따라서 다람쥐형 행동 특성을 보이면 인지발달과 운동발달에 심한 지연이 없는지 꼭 확인해 보아야 한다.

TIP 영유아 발달선별검사는 무엇인가요?

K-DST 한국 영유아 발달선별검사

15분 이내에 검사를 완료할 수 있도록 간단한 항목으로 구성된 검사이다. 주로 아기에 대해서 가장 잘 알고 있는 양육자가 평상시에 아기가 잘하는 행동과 잘 하지 못하는 행동을 이야기한 후 평가한다. 물론 검사자가 직접 아기를 보지 않고 양육자의 의견을 참고로 해서 진단을 하는 것에 의문을 표하는 사람들도 많다. 하지만 영유아의 경우 아기가 컨디션에 따라서, 또는 낯선 환경에서 협조하기 어려운 경우가 많으므로 발달 선별검사나 발달 스크리닝 검사는 주 양육자의 보고로 이루어지는 것이 일반적이다. 이때 중요한 것은 답변하는 사람이 아기의 수준을 객관적인 눈으로 볼 수 있어야 한다. 양육자가 우울한 경우 지나치게 못한다고 체크하기도 하고 검사에 대한 불안감에 아기가 잘 한다고 체크하게 되는 경향을 보이게 된다. 따라서 부모가 답변을 하는 경우에는 결과로 아기의 발달 수준을 확진하면 안 된다. 선별검사 / 스크리닝 검사는 전문가에 의해서 수행되는 전문검사 여부를 결정하는 검사도구이지 확진을 위한 검사도구는 아니다.

　간혹 양육자가 주어진 설문지에 적절히 답변하기 어려운 경우에는 검사자가 양육자에게 질문을 해서 확인하고 체크하기도 한다.

Q&A

생후 11~16개월

철분결핍성빈혈 검사

Q 아기가 먹는 것에 스트레스를 받는 것 같아요

우리 아기는 지금 11개월 보름 정도 되었습니다. 그런데 너무 안 먹어요. 어떨 때는 뱉어
내기도 하고요. 그냥 알아서 먹으라고 하면 밥을 한 숟가락도 먹지 않습니다. 그래서 입을
벌려 억지로 먹입니다. 성장곡선을 그려보면 10%도 안 됩니다. 한번은 막 뱉어내기에 따
귀까지 때렸습니다. 점점 먹는 것에 스트레스를 받는 것 같은데 이렇게 억지로 먹여도 괜
찮은가요? 빈혈검사를 받았는데 치료할 정도는 아니고 초기 빈혈수치가 나왔습니다. 그
리고 아직 젖을 떼지 못했습니다. 분유나 우유를 안 먹어서요.

A 생후 11개월에 먹지 않는다는 것은 생후 6개월부터 시작된 이유식 먹이기가 성공적으로 진행되
지 못해서일 가능성이 큽니다. 아기가 밥을 씹는 것이 힘들다면 갈아서 먹이시기를 바랍니다. 체
중이 10번째이고 초기 빈혈수치가 나왔다면 위가 작은 아기일 가능성이 큽니다. 체중 10번째는

정상 범위에 속하므로 억지로 먹이실 필요가 없습니다. 체구가 작은 아기들은 많이 먹지 않고 씹어서 먹는 음식을 싫어하는 경향이 강합니다. 아기가 넘기기 쉬운 형태로 음식을 만들어주세요. 그리고 의사 선생님과 상의하셔서 철분제제를 먹이시기를 바랍니다.

큰 근육 운동발달

Q 아기가 걸음마를 하자마자 주저앉아요

이제 만 14개월 되는 남자아기 엄마입니다. 만 9개월째에 잡고 서고 그 후 며칠 지나 무릎을 세우고 기기 시작했어요. 무릎으로 기는 것이 늦어서인지 걸음마도 늦네요. 걸음마 연습을 자꾸 시켜야 하나요? 더 이상 늦으면 안 될 것 같아 손을 잡고 연습을 시키려 해도 조금 걷다가 주저앉아요. 다리에 힘이 없어서인지, 아니면 두려워서인지 걸음마 연습을 하자고 하면 아예 일어서질 않으려 해요. 어떻게 해야 하나요?

A 다리에 힘이 없는 것이 아니라 몸의 중심을 잡는 과정이 오래 걸리는 아기들이 있습니다. 9개월부터 네발 기기로 기었다면 14개월에 혼자서 걷지 못해도 크게 걱정하지 않아도 됩니다. 억지로 세워서 걷게 하면 걷기에 대한 심한 거부감이 생깁니다. 다만, 16개월이 되어도 혼자서 걷지 못한다면 운동발달과 인지발달에 대한 발달 평가를 권합니다.

Q 16개월인데 아기가 아직 걷질 못해요

우리 아기는 16개월하고 10일이 지났습니다. 지난 1월부터 잡고 서고 걸어 다녔는데, 아직 혼자 서려고는 하질 않습니다. 그리고 며칠 전에 학습지 홍보용으로 유아발달 테스트를 받았는데 아기가 언어능력 면에서 뒤떨어진다고 합니다. 혹시 늦게 걷는 게 뇌 발달과 관계가 있을까요? 정말 걱정입니다.

A 16개월에 아직 혼자 걷지 못한다면 발달 검사를 권합니다. 전반적으로 발달 지연을 보이는 것인지 아니면 큰 근육 운동발달만 늦는 것인지, 소아물리치료의 도움을 받아야 하는지 등을 결정해야 합니다. 운동발달이 늦으면 말이 늦게 트이는 경향이 높습니다. 하지만 말이 늦게 트인다고 해서 아기의 인지발달이 지연된다고 말할 수는 없습니다. 큰 근육 운동발달, 작은 근육 운동발달, 언어이해력에 대한 발달 수준을 평가해 본 후에 걱정해야 할 일인지 아닌지를 결정지을 수 있습니다.

Q 16개월, 아기 머리가 크고 못 걸어요

딸아이가 아직 혼자 일어서거나 걷지를 못해요. 제 손을 붙잡거나 다른 물건을 잡고 일어서기, 걷기는 가능합니다. 대학병원 소아과에서 성장발달 검사를 했고 머리 크기가 커서 뇌 단층 촬영을 했어요. 그 결과 운동발달 능력이 10개월 수준으로 나왔고 나머지는 정상으로 나왔습니다. 담당 선생님은 집에서 열심히 운동을 시키면 될 거라고 말씀하셨는데, 단순히 걸음마만 시키면 될까요? 다른 검사도 받아보아야 하나요? 너무 걱정됩니다.

A 운동발달 지연의 원인은 머리가 너무 큰 경우에도 해당이 됩니다. 병원에서 뇌 단층촬영을 했다면 아기의 머리둘레가 97번째 이상일 가능성이 큽니다. 머리가 너무 커도 전반적인 발달 지연을 보입니다. 이런 경우에는 집에서 열심히 운동을 시키기보다는 소아재활의학과 전문의의 발달 평가 후 소아물리치료 혹은 소아운동치료를 받으시는 것이 좋습니다. 담당 선생님이 집에서 열심히 운동을 시키라고 했다면 소아재활의학과 전문의가 아닌 소아청소년과 전문의가 담당 선생님일 가능성이 큽니다. 꼭 소아재활의학과 전문의의 진료를 받아보세요. 머리가 너무 큰 경우 생후 24개월과 생후 60개월에 인지발달 수준을 알아보는 발달 평가가 꼭 필요합니다.

Q 아기가 왼손만 사용해요

우리 아기는 현재 13개월이 되었습니다. 그런데 아기가 왼손만 사용하려고 해서 걱정입니다. 과자를 오른손에 쥐여주어도 왼손으로 다시 쥐고 먹을 정도입니다. 조카도 왼손을 많이 사용한다는데 이게 유전일까요? 어떻게 해야 할지 고민입니다.

A 누구나 왼손이나 오른손 중 한 손의 운동성이 더 우월합니다. 선천적으로 뇌의 오른쪽 영역의 운동성이 우월하면 왼손잡이가 됩니다. 뇌의 왼쪽 영역이 우월하면 오른손잡이가 되고요. 아기의 뇌 운동성이 어느 쪽이 더 우월한지는 이미 결정되어서 태어납니다. 강제로 덜 우월한 쪽의 손을 쓰도록 강요할 필요는 없습니다. 오래전 둥그런 밥상에서 가족들이 옹기종기 모여 앉아 밥을 먹었던 시절에는 왼손으로 숟가락질을 하면 옆에 있는 사람에게 피해를 주었고, 작은 책상에서 짝꿍과 앉았을 때 왼손으로 필기를 하면 짝꿍에게 불편함을 주었습니다. 하지만 이제는 왼손을 쓰는 사람들을 위한 제품들이 나올 정도로 왼손잡이에 대한 배려가 많이 이뤄지고 있는 세상입니다. 아기가 왼손을 사용하게 허락해 주세요. 왼손 사용은 유전적인 성향이 큽니다.

Q 젖병 사용과 언어발달의 관계가 궁금해요

우리 아기는 16개월 된 남자아이인데 절대로 컵이나 빨대로 우유를 먹지 않아 아직 젖병에 주고 있습니다. 밥을 좋아하는 아기인데 그냥 영양을 고려해 우유를 젖병에 담아주고 있습니다. 그런데 젖병으로 마시면 말이 느려진다는 말이 있더라고요. 근거가 있는 말인가요?

A 밥을 잘 씹어 먹는다면 우유만 젖병에 주는 것은 괜찮습니다. 다만 젖병을 24개월 이후까지 쓰는 경우 입술 주변의 작은 근육발달이 느려져서 발음 지연이 생길 수 있으니 너무 오랜 시간 젖병을 물고 있게 하지는 마시기를 바랍니다.

Q 아직 숟가락질이 서툴러요

이제 13개월이 된 남자아기를 둔 엄마입니다. 아직 숟가락질이나 손을 움직이는 동작이 서툴러 걱정입니다. 어떻게 가르치는 게 좋을까요?

A 돌이 갓 지난 아기가 숟가락질을 하는 것은 아직 어려운 일입니다. 손 조작을 향상시키려면 작은 장난감을 투명한 통 속에 넣는 연습을 많이 시키세요. 밀가루 반죽을 손으로 만지는 놀이도 도움이 됩니다.

Q 우리 아들 발달이 늦어 걱정이에요

아기가 이제 막 15개월이 되었습니다. 12개월부터 영유아검사를 해보면 작은 근육 운동과 언어 쪽이 다소 늦다고 했는데 펜 잡고 그리기, 블록 쌓기 등도 잘 못하고 아직 걷지도 않아요. 특히 먹을 때 손을 사용하지 않아요. 받아만 먹고 안 주면 울고, 숟가락을 잡고 먹게 하면 뒤로 넘어가고, 다 던져버립니다. 최근에 문화센터에 갔더니 다른 아기들은 다 손동작들을 잘 수행하는데 우리 아기는 수업 내내 기어만 다닙니다. 제가 9개월쯤 모유를 떼고 몸이 아파서 제대로 가르치지 못했는데 그래서인 건 아닌지 걱정이 됩니다.

A 15개월에 아직 걷지 못한다면 큰 근육과 작은 근육 운동발달이 늦을 가능성이 큽니다. 운동발달이 늦다고 꼭 인지발달이 함께 늦는 것은 아닙니다. 전문적인 발달 평가를 통해서 큰 근육 운동발달영역, 작은 근육 운동발달영역, 비언어 인지발달영역, 언어이해력이 몇 개월 수준인지 알아보세요. 엄마가 안 가르쳐서 느리다는 의견에는 동의하지 않습니다. 생후 15개월의 발달 지연은 아기가 느린 발달을 보이는 것이 원인이지, 환경적인 요인으로 걸음마가 늦어지고 손 조작이 늦어지지는 않습니다. 아기의 발달 나이 수준에 맞는 놀이를 제공해 주어야 하므로 겁내지 마시고 발달 평가를 받으시길 바랍니다.

Q 16개월 남자아이, 도형 맞추기를 잘 못해요

16개월 남자아기를 둔 아빠인데 아기의 모든 발달 사항이 느려요. 말도 말이지만 작은 근육 운동이 잘 안돼요. 공간지각력 문제인 듯하고 실 꿰기나 도형 맞추기가 잘 안 되네요. 도형은 동그라미 정도를 맞추고 차분히 앉아서 별이나 세모, 네모 이런 것도 가르쳐주면 맞췄는데 요즘은 집어던지고 안 하려고 해요. 공간지각력이 좋아야 할 텐데 장난감이나 교육법 좀 추천해 주세요.

A 16개월에는 동그라미나 네모 같은 간단한 도형 한 개 정도만 넣을 수 있습니다. 도형놀이에 재미를 붙이려면 돼지 저금통에 동전 넣기, 구멍에 막대기 꽂기, 작은 컵에 콩 넣기 등 단순한 놀이부터 시작하세요. 잘 넣는다면 빠르게 넣기 연습을 시켜 줄 수 있습니다.

Q 발달이 느린 아기 장난감 좀 추천해 주세요

우리 아기는 16개월이지만 발달이 돌 전 수준이에요. 최근까지 물리치료, 작업치료 등을 받다가 제가 요즘 몸이 안 좋아서 그냥 집에 있는 상황이에요. 집에서 놀아주는 것도 힘들고, 장난감 좋은 것이 없을까요? 아직 걷지는 못하지만 벽이나 의자 잡고 옆으로 가는 건 하며 손가락 사용은 잘 못해요.

A 작업치료를 받으셨다면 아기의 손 조작 능력이 몇 개월 수준인지 물어보시고 아기의 손 조작 수준에 맞는 장난감을 주셔야 합니다. 12개월 이전의 수준이라면 콩이나 작은 물건을 잡는 연습, 작은 구멍에 손가락을 넣는 놀이부터 할 수 있도록 해주세요.

Q 작은 근육을 발달시키기 위한 놀이 좀 알려주세요

16개월 아들을 둔 엄마입니다. 2.8킬로그램으로 조금은 작게 낳았고 키, 몸무게 등이 평균 이하였지만 큰 걱정 없이 키웠어요. 이유식이나 밥도 잘 먹었고요. 그런데 아직도 9.2 킬로그램에 키는 74.5센티미터로 작고 모든 발달 과정이 느려요. 목은 뒤집고 나서야 제 대로 가누고 뒤집기도 130일이 넘어서야 성공했으며 배밀이는 굼벵이처럼 하더니 늦게 야 성공하고 기는 것이나 잡고 일어서는 것도 또래보단 조금 늦었습니다. 가장 큰 문제는 아직도 손을 떼고 서지 못한다는 것입니다. 작은 근육발달도 느려서 손가락으로 잡는 것 도 어설프고 빵이나 과일을 작게 잘라주면 하나씩 잡지 못해서 손으로 한 움큼 쥐려고 하 고 그것이 잘 안되면 그릇을 엎어버리고 음식을 던집니다. 그래서 하나씩 직접 입에 넣어 줘야 하고, 숟가락 사용은 상상도 못 할 일이며, 물컵도 갖다주면 질질 흘리면서 조금 마 시고 얼마 전에 젖병을 끊었는데 끊는 순간까지 스스로 잡고 먹지 못했어요. 단추나 버튼 을 누르는 건 며칠 전에 어설프게 시작했어요. 작은 근육발달에 좋은 방법이 없을까요?

A 16개월에 아직 걷지 못한다면 작은 근육 운동발달 놀이보다는 전반적인 발달 평가를 받아서 각 발달 영역별로 몇 개월 수준인지 알아내야 합니다. 아직 손을 떼고 걷지 못한다면 손을 잡고 걷는 연습부터 시작하셔야 합니다. 언어이해력이 몇 개월 수준인지 파악하셔서 그에 맞는 발달 수준 으로 놀아주어야 합니다.

Q 작은 근육발달이 늦는데 말도 느릴까요?

15개월 남아예요. 한 달 전부터 걷기 시작해서 요즘은 잘 걸어요. 집에서도 기지 않고 거 의 걸어만 다닙니다. 할 수 있는 말은 "엄마", "아빠", "어부바", "물", "없다", "이거" 정도 이고 "빠이빠이"랑 "뽀뽀", "절하세요"와 같은 말을 하면 엎드려 절하면서 안마하는 흉내 를 내고요. 심부름은 사물 이름 대면서 가지고 오라고 하면 곧잘 가지고 오는데, "안 돼" 나 "지지"라는 말에는 반항하는 행동을 해요. 제가 걱정되는 건 작은 근육발달인데요. 엄 지와 검지로 집는 게 서툴러요. 간식을 집어 먹다가 곧잘 떨어뜨리고 짜증 내며, 숟가락은 떠줘야 입으로 들어가고, 포크도 서툴러서 찍어줘야 입으로 가져가요. 작은 근육발달이 늦으면 말도 늦을 수 있다고 해서 걱정입니다. 혼자서 장난감 가지고 잘 놀지 않고 얼마

전까지는 책을 읽어주면 잘 듣고 재밌어했는데 요즘은 책도 잘 안 보려 해요.

A 인지발달에는 지연을 보이지 않고 큰 근육 운동과 작은 근육 운동발달에만 좀 어려움을 보이고 있는 것 같습니다. 엄지와 검지로 물건을 잡는 동작이 느려도 언어이해력에 지연이 없으면 자연스럽게 키우시면 됩니다. 일부러 손 조작 놀이를 시키지 않으셔도 좋습니다.

Q 손동작이 서툰 아기에게 찰흙 놀이가 도움이 될까요?

우리 아들은 14개월로 아직 손동작이 능숙하지 않아서 손에 물건을 오래 쥐고 있지 못합니다. 찰흙이나 점토 놀이를 하도록 해주면 손 움직임에 도움이 될까요?

A 찰흙 놀이는 손바닥과 손가락 전체를 조정하는 기회를 제공하므로 도움이 되는 놀이입니다. 하지만 마치 열이 있을 때 해열제를 먹이면 열이 떨어지듯 빠른 시간 내에 손 조작 능력이 향상되지는 않습니다. 빠른 치료 효과를 기대하기보다는 즐거운 놀이 경험으로 생각하고 해주세요.

Q 작은 근육발달이 더딘 아기에게 좋은 운동을 추천해 주세요

만 12개월인 우리 아들은 발달이 많이 늦어요. 10개월에 배밀이를 하고 12개월에 기기 시작했죠. 영유아검사를 했는데 못 하는 게 대부분이었고, 특히 작은 근육발달이 많이 느리다고 합니다. 심지어 짝짜꿍도 못해요. 소아과에서 2주 동안 작은 근육 운동을 시켜보아도 크게 차도가 없다고 대학병원에 가보라고 합니다.

A 생후 12개월에 기기 시작했다면 큰 근육발달, 작은 근육발달 모두 느립니다. 따라서 작은 근육 운동을 할 것이 아니라 걷기를 위한 큰 근육 운동발달 놀이가 필요합니다. 전문적인 발달 평가 후에 아기의 운동발달을 위해 소아물리치료사의 도움이 필요한지 알아보세요.

Q 15개월인데 아기가 말을 거의 하지 않아요

둘째 아이가 15개월이 되었습니다. 큰애가 말이 또래 아이보다 좀 늦은 편이었어요. 그런데 둘째 아이는 아직도 '엄마', '아빠'라는 말조차 거의 하질 않아요. 11개월에 걸어 다녔고 큰 블록을 제법 잘 끼웁니다. 아기를 안고서 "어디 갈까?" 하고 물으면 검지로 자신이 가고 싶은 곳을 가리키고요. "어", "나", "아"가 아기가 하는 말의 전부입니다. 그저 늦되는 걸로 생각해도 될까요?

A 정확한 단어를 말하지 못해도 간단한 말귀를 알아듣고 손짓으로 자기의 의사를 표현한다면 15개월의 언어이해력은 정상 범위에 속한다고 생각됩니다. 아기가 전혀 말을 하지 않아도 손짓으로 자신의 의사를 표현하고 있으므로 크게 문제 되지 않습니다.

Q 검사 결과 언어인지가 늦다고 해요

우리 아기는 이제 11개월인데 영유아검진 결과 언어인지가 많이 늦다고 합니다. 엄마가 "짝짜꿍!"이라고 말을 해도 아기가 짝짜꿍을 하지 않아요. 또 "빠이 빠이!"라고 했을 때 손을 흔들지도 않고요. 11개월이 되면 모든 아기들이 할 줄 아나요?

A 11개월에 언어발달과 인지발달 수준은 말을 얼마나 하는가가 아닌 말을 얼마나 이해하는가로 평가합니다. 그리고 11개월에 "짝짜꿍"이라는 말을 하기는 어렵습니다. 다만 "빠이빠이!"라고 말했을 때 행동으로 하지 않는 것은 인지발달보다는 운동발달 문제가 원인일 수도 있습니다. '맘마', '우유' 등 아기가 좋아하는 물건의 이름을 댔을 때 아는지 언어이해력을 확인해 보세요. 엄마가 하는 말을 알아듣고 눈이 동그래진다거나 두리번거리는지 확인하면 됩니다.

Q 좋은 언어 교육 방법을 추천해 주세요

오늘 영유아검진표 작성을 했습니다. 큰 근육, 작은 근육 문제해결은 모두 'O'인데 언어 발달만 'X'로 나왔습니다. 그런데 "공 가져와요" 하고 말하면 공을 쳐다보느냐 하는 질문이 있었는데 아기와 공놀이를 하면서도 그게 공이라고 알려준 적이 없거든요. 현재 "엄맘마"와 같이 큰 의미가 없는 말이나 비명, 괴성을 지르는 정도입니다. 혹시 제가 너무 아기에게 말을 안 해주는 것인지 궁금합니다. 문화센터에 가면 구연동화 하듯 말하는 엄마들도 있던데 언어 교육을 처음 시킬 때 어떻게 시작하는 게 좋을까요?

A 우선 아기가 좋아하는 물건의 이름을 반복적으로 알려주세요. 예를 들어 공을 좋아하면 "공" 하고 말해주는 식으로요. 또 그림책을 읽어주기보다는 '사자', '호랑이', '풍선'처럼 그림책 속에 나오는 사물의 이름을 또박또박 알려주시면 좋습니다. 생후 12개월 전후에는 사물의 이름을 알려주는 것만으로도 언어 교육은 충분합니다.

감정조절력

Q 우리 아기, 겁이 많은 아기일까요?

우리 아기는 12개월 된 남자아기로 새로운 물건을 접할 때 손가락으로 건드려 본 후에야 비로소 손을 대고 어떨 때는 보기만 합니다. 시어머님이 조심성이 많은 거라고 말씀하시지만 호기심이 부족한 게 아닐까 걱정됩니다. 겁이 많아서일까요?

A 겁이 많은 것이 아니라 새로운 사물을 탐구할 때 매우 조심스러워하는 아기입니다. 의심이 많거나 꼭 확신을 해야만 신뢰하는 기질을 가진 아기일 가능성도 있습니다. 아기가 심리적으로 준비가 되어 있지 않은 상태에서 엄마가 적극적으로 탐구하도록 강요하지 말고 아기의 행동을 잘 관찰하세요. 스스로 주변을 탐구할 시간을 충분히 주면 됩니다. 어린이집에서도 적응 시간이 빠른

아기들과 늦는 아기들이 있듯이 새로운 환경에 적응하는 데에도 아기들의 타고난 기질에 따라서 시간적인 차이가 있습니다.

Q 친구를 쫓아다니면서 자꾸 만져요

곧 돌이 되는 남자아기의 엄마입니다. 우리 아기는 동네 친구들과 자주 만나는데 친구들의 머리카락을 잡아당기거나 몸에 기대고, 뒤에서 친구의 옷을 잡아당기는 행동을 자주 합니다. 장난감보다는 친구들을 쫓아다니면서 자꾸 만집니다. 이럴 때 엄마가 어떤 식으로 대응해 주어야 하는지 모르겠어요.

A 새로운 장난감보다는 사람에게 관심이 많은 아기입니다. 친구에게 호기심이 많은데 어떻게 상호 작용을 해야 하는지 모르기 때문에 장난감을 만지듯이 친구를 자꾸 만지는 것입니다. 다정하게 머리카락은 잡아당기면 안 된다는 표현을 해주세요. 친구가 크게 다치지 않을 범위 내에서 친구를 관찰할 기회를 주시면 좋겠습니다.

Q 손가락을 자꾸 씹어요

우리 아기는 돌이 지난 지 20일 정도 되었는데, 양쪽 검지를 자꾸 씹어요. 꽤 오래됐는데, 빠는 게 아니라 말 그대로 이로 질겅질겅 씹습니다. 그래서 검지 지문 있는 곳 색깔이 늘 주황색을 띱니다. 심심할 때 그러는 것 같은데 잘 고쳐지지 않아요. 손가락에 이상이 생기지 않을지 걱정입니다. 또 잠이 올 때는 머리를 심하게 긁어요. 머리에 피가 날 정도로 긁습니다. 손톱을 자주 잘라줘도 늘 머리에 딱지가 앉아 있어요. 밤에 자주 자다가 깨는데 그때도 마구 긁어댑니다. 그냥 두어도 괜찮을까요?

A 아기가 손가락을 빤다면 스트레스를 받고 있다는 뜻입니다. 심심함도 스트레스이고, 잠에 들기

전 바이오리듬이 변해도 스트레스입니다. 낮에라도 덜 심심할 수 있게 해주셔야 손가락 빠는 시간을 줄일 수 있습니다. 잠자는 시간에 손가락 빠는 것은 일부러 빼지 않으셨으면 좋겠습니다. 아기의 팔이 아래로 내려가도록 아기띠를 이용해서 등에 업고 재우셔도 좋습니다.

Q 아기가 고집이 너무 세요

15개월 된 여자아이 엄마입니다. 11개월 때부터 걸었고 운동량도 많아 낮잠 자는 1~2시간을 빼곤 종일 바쁘게 보냅니다. 말을 잘 따라 하지는 않고 뭐라고 중얼거리기는 잘합니다. 3개월 전부터 또래 아기들과 기구 놀이도 하고 엄마와 함께 공작 놀이도 하는 곳에 다니고 있는데, 다른 아기들에 비해 너무 산만해서 걱정입니다. 또래 아기들을 보면 반가워하고 새로운 장난감이나 놀이기구에 관심을 많이 보이는데, 다른 아기들과 함께 앉아서 선생님과 놀이를 하거나 미술 놀이를 하는 시간이 되면 잠시도 못 앉아 있고 벌써 다른 장난감으로 관심이 가 있습니다. 이때 다시 데리고 오려 하면 오지 않겠다고 고집을 피우죠. 모두 모이라고 해도 오지 않으려고 하고 놀이를 하다가도 계속 뜻대로 안 될 때는 심하게 투정을 부립니다. 떼쓰고 자기 고집대로만 하려고 하는데 어떻게 해야 하나요?

A 다른 사람의 행동에 거의 신경을 쓰지 않는 기질의 아기인 것 같습니다. 이런 아기들은 항상 자기가 하고 싶은 대로만 하고 상대방의 반응에 별로 민감하지 않습니다. 그래서 아기들에게는 어린이집이라는 환경이 필요합니다. 적극적인 놀이 활동은 없지만 먹는 시간에 모두 먹는 모습을 보고, 잠자는 시간에 모두 자는 모습을 보면서 주변을 의식하고 모방 학습을 할 기회를 얻을 수 있기 때문입니다. 백화점 놀이 프로그램은 일주일에 한 시간만 진행되고 참석한 아기와 엄마들까지 합치면 너무나 많은 사람이 함께하기 때문에 아기 입장에서는 어떤 행동을 모방해야 할지 모르므로 전혀 주변에 신경을 쓰지 않게 됩니다. 어린이집에서 매일 3~4시간 이상 같이 생활하는 친구들이 있을 때 모방 학습 효과는 크게 나타납니다.

Q 아기가 책을 찢어요

16개월에 들어서는 여자아이 엄마입니다. 7~8개월 무렵부터 그림책을 보여주고 읽어주기도 했습니다. 요즘에는 책을 자주 읽어달라고 하는 편인데, 책을 자꾸 찢어서 혼을 내게 됩니다. 어떤 방법으로 지도하는 것이 좋은지 조언 부탁드립니다.

A 책을 찢는다면 야단을 치기보다는 책을 보여주지 않는 것이 좋습니다. 책은 가지고 놀거나 찢는 것이 아닌, 보거나 읽는 것입니다. 아기는 아직 엄마가 그림책을 보여주면서 하는 말을 이해하지 못하는 것 같습니다. 그림책보다는 아기가 만지고 놀 수 있는 장난감을 주세요.

Q 손을 잡는 것을 싫어해요

우리 아기는 12개월 하고 열흘이 지난 남자아기입니다. 첫발을 뗀 지는 며칠 안 되었습니다. 그런데 손을 잡길 싫어해요. 악수도 11개월쯤 되어서 겨우 했습니다. 악수를 하자고 하면 손을 잘 주기는 합니다. 그러나 손을 잡고 두어 번 흔들고는 잽싸게 뺍니다. 블록 쌓기나 볼펜을 쥐고 동그라미 그리는 것을 가르치려면, 엄마가 아기 손을 쥐고 같이 해야 하는데, 손을 같이 쥐고 무엇을 하려고 하면 얼른 손을 뺍니다. 그래서 무얼 가르치고 싶어도 할 수가 없어요.

A 아기들에 따라서 스킨십을 매우 싫어하는 아기들이 있습니다. 엄마의 손을 뿌리치는 것은 엄마를 뿌리치는 것이 아니라 엄마가 제공하는 피부자극에 대한 거부반응입니다. 피부자극에 예민한 아기들은 아기의 입장을 존중해서 손을 잡지 않는 것이 좋습니다. 아기는 심리적으로 엄마를 거부하는 것이 아니라 단순히 피부자극에 대한 거부반응인데, 이를 존중하지 않고 자꾸 손을 만지면 엄마에 대한 거부감이 생길 수 있습니다. 엄마가 아기 앞에서 블록을 쌓는 놀이를 하거나 연필을 쥐고 낙서하는 모습만 보여주어도 아기는 머릿속으로 엄마의 행동을 입력시킬 수 있습니다.

Q 아기가 겁이 너무 많고 고집이 세요

우리 아기는 14개월 15일 된 남자아이인데 겁이 너무 많아요. 길을 가다가 맞은 편에서 누가 걸어오면 제 바지를 잡고 뒤로 숨습니다. 사람을 안 만나는 것도 아닌데 왜 그러는지 모르겠어요. 다른 사람이 과자나 과일을 주어도 안 받거나 억지로 받게 하면 던져버립니다. 고집은 센 편이에요. 손잡고 가는 걸 싫어하고 혼자만 걸으려고 하며 엄마가 따라가지 않아도 혼자서 무조건 어디든지 갑니다. 못하게 막으면 주저앉거나 길에 누워버립니다. 아기를 어떻게 보살펴야 할까요?

A 사람에 대한 의심이 많은 기질의 아기일 수 있습니다. 기질적으로 사람에 대해서 무조건 거부하는 아기들이라도 생후 24개월이 지나면 경험에 의해서 자신에게 유쾌한 경험을 준 사람에게는 다가가고 그렇지 않은 사람에 대해서만 거부감을 보이게 됩니다. 손을 잡지 않으려는 것도 사람에 대한 거부가 아니라 스킨십이나 자신을 구속하려는 의도에 대한 거부입니다. 혼자 걷게 하다가 차가 오는 경우 강하게 아기의 손을 잡고 조심하라고 하면 아기는 엄마의 스킨십이 자신을 보호하기 위한 것이라는 것을 알게 됩니다. 아기가 길거리에 누웠을 때는 안 되는 것은 안 된다고 강하게 표시하고 아기를 안고 집으로 오세요. 그리고 생후 24개월 무렵에 아기의 언어이해력이 정상 범위에 속하면서 떼가 심한 것인지, 언어이해력에 지연이 나타나면서 떼가 심한 것인지 살펴보시기를 바랍니다.

Q 아기가 또래를 무서워해요

우리 아기는 만 13개월이 되어가는 여자아기입니다. 태어날 때부터 순한 아기였는데, 지난 1월에 사납고 드세기로 소문난 두 살 위 사촌 언니랑 일주일 정도 매일 만나면서 맞고 떠밀려서 많이 울었습니다. 그전에는 동네 친구들이나 다른 언니, 오빠와도 가끔 놀았는데, 이때 이후로 자기 또래나 한 살 정도 많은 아기들이 다가오기만 해도 질겁하면서 엄마한테 찰싹 매달립니다. 대신 대여섯 살 정도 많은 아이들은 보기만 해도 너무 좋아서 다가가려고 하고 관심을 끌려고 애를 씁니다. 1월이면 벌써 한참 전 일인데, 어린 나이에도 그 기억이 남아서 그러는 것일까요? 아니면 사회성에 문제가 있는 걸까요?

A 만일 두 살 위의 사촌 언니에게 많이 맞았다면, 큰 상처가 되어 또래 친구들을 만나면 심하게 긴장하는 것입니다. 반면 더 나이가 많은 사람들은 자신을 때리지 않고 보호해 줄 것이라는 믿음이 있기 때문에 잘 노는 것이고요. 아기를 때리는 사촌 언니하고는 만나지 않게 하는 것이 좋습니다. 자기보다 힘이 더 센 형제에게서 지속적으로 구타를 당하는 경우 심리적인 위축감이 심해지므로 가족이 중재를 해주어야 합니다.

Q 아기가 옆집 아기에게 매일 맞아요

"우유 주세요" 등과 같은 간단한 의사표현이 가능합니다. 요즘 친하게 지내는 옆집 아이가 30개월 정도 됐는데, 우리 아기를 늘 밀고 때리고 눌러 숨을 못 쉬게 해요. 그래도 우리 아기는 "언니~" 하며 보이지 않을 때는 같이 놀고 싶어 해요. 제가 궁금한 건 폭력적인 아이와 놀면 혹시 우리 아기도 폭력적인 사람이 되지 않을까 하는 건데요. 옆집 아이와 어울리게 하지 말아야 할까요? 늘 맞는 것이 마음이 아픕니다.

A 보이지 않을 때는 같이 놀고 싶어 한다면 자신을 때리는 언니 이외에 같이 놀 또래 친구들이 없기 때문일 수도 있습니다. 아기를 때리는 친구하고는 가능하면 자주 만나지 않게 하셔야 합니다. 덜 공격적인 아기들과 어울리게 도와주세요.

겨울에 태어난 아기가
발달이 더 늦을까?

생후 12개월 된 아기를 데리고 검사를 받기 위해 한 젊은 엄마가 연구소로 찾아왔다. 아기가 이상하게 걷는다고 했다. 아기는 걸을 때 양다리를 넓게 벌리고 팔을 옆구리에 붙이지 못했으며 움직임도 느리고 둔했다. 엄마의 설명에 의하면 직장 일로 중국에 간 남편을 따라 중국에 가서 살았으며, 아기도 생후 6개월까지 중국에서 자랐다고 한다. 그런데 중국의 집은 춥고 온돌이 아니어서 아기에게 잔뜩 옷을 껴입히고 키워야 했다. 그래서인지 아기가 몸을 마음대로 움직이지 못하고 스트레스를 받는 것 같아 어쩔 수 없이 먼저 귀국을 했단다. 한국에 돌아와서 온돌방에서 생활하기 시작하자 아기가 서서히 기기 시작해 생후 12개월 무렵부터는 걷기 시작했다고 한다.

일반적으로 몸을 뒤집는 생후 4개월 무렵 혹은 기기 시작하는 생후 7~8개월 무렵이나 걷기 시작하는 생후 10~12개월 무렵에 겨울을 맞는 아기들은 운동발달이 약간 지연되는 경향이 있다. 아무래도 두꺼운 옷이 아기의 몸놀림을 자유롭게 하지 않기 때문이다. 하지만 대부분 이것이 아기발달에 큰 영향은 미치지 않으므로 걱정할 일은 아니다. 우리나라에선 돌잔칫날 아기가 서서 걷는 모습을 보여줄 수 있어야 부모와 조부모 모두 자존심을 세울 수 있다고 생각하

216

는 경향이 있다. 돌이 됐는데도 못 걷는 아기는 왠지 머리도 나쁠 것 같고 잘 걷는 아기는 똑똑할 것 같다는 인상을 주기 때문이다. 운동발달은 꼭 IQ와 상관관계가 있는 것은 아니지만 아기에게 자신감을 제공한다. 아기의 자신감은 아기의 정서지수인 EQ를 높이고, EQ가 높은 아기는 문제해결을 적극적으로 하기 때문에 결국 인생의 어려운 일들을 헤쳐나갈 수 있는 힘이 커진다. 이유야 어떻든 부모 입장에서는 돌 때 아기가 걸어야 기분이 좋다. 그래서 돌이 다 되어가는 아기가 걷지 못하면 아기의 부모들은 조급해지는 마음을 감추지 못한다.

가끔씩 아기가 엉덩이를 뒤로 빼고 걷는다거나 팔을 치켜들고 걷는다거나 발과 발 사이를 넓게 벌리고 마치 팔자걸음처럼 걷는다며 찾아오는 엄마들이 있다. 하지만 엎드려서 기던 아기가 어느 날 갑자기 머리를 위에 둔 채 두 발로 서서 걷기 시작하면 몸의 중심을 잡기가 어렵다. 쉽게 말해서 얼음판을 걸을 때의 모습을 상상하면 된다. 한 걸음 뗄 때마다 미끄러질 것 같아 팔은 양옆으로 펴지고 다리는 엉거주춤 구부러지지 않는가. 자연스럽게 엉덩이도 뒤로 빠진다. 몸의 균형이 잡히지 않을 때 나타나는 둔한 걸음걸이는 서서히 몸의 균형이 잡히면서 안정된 자세로 바뀌므로 크게 걱정하지 않아도 좋다. 아기에게 걸음마를 시킬 때 엄마들은 대부분 아기의 손을 잡아준다. 기어다니던 아기가 걷기 시작할 무렵 자꾸 넘어지는 이유는 아기가 힘이 없어서가 아니라 골반이 균형을 이루지 못하기 때문이다. 엉덩이 부위에 있는 골반에서 양다리가 나가므로 골반과 다리가 시작되는 부위의 관절이 균형을 잡지 못하면 아기는 앞으로 넘어지거나 주저앉게 된다. 따라서 아기의 골반을 잡아주면 아기는 몸의 균형을 잡기가 훨씬 쉬워진다.

돌잔칫날 엎드려 기는 아기의 손을 아무리 잡아당겨 올려도 아기는 계속 넘어지기만 할 것이다. 이럴 때 아기의 골반을 잡아 몸을 고정시켜주자. 그럼 아기가 몸의 균형을 잡으며 엄마 손을 잡고서 손님들이 지켜보는 가운데 몇 발짝을 떼어 보일 수도 있다. 처음으로 엄마의 손을 잡고 아기가 걷는 모습을 상상해 보라. 부모라는 존재는 자식의 작은 발전에도 크게 기뻐할 수 있는 축복받은 존재다.

못 걷는 아기,
안 걷는 아기

한 엄마가 생후 14개월 된 아기를 데리고 검사를 받으러 찾아왔다. 아기가 생후 10개월부터 잡고 서기 시작했는데 아직 혼자서 걷지 않는다고 걱정을 털어놓았다. 인지발달 검사를 할 때 아기는 집중력이 강했는데 통 속에 콩알 넣기나 퍼즐 놀이 등 뜻대로 되지 않는 놀이를 할 때는 장난감을 흐트러뜨리며 성질을 부렸다. 강한 집중력에 비해 끈기가 부족했던 것이다. 인지발달 검사 결과는 정상 범위에서 높은 수준이었다. 운동발달 검사 시에 아기는 빠른 속도로 검사실을 기어다녔는데, 아기를 돌봐주시던 할머니의 말에 의하면 평소 식탁 위에도 기어 올라간다고 했다. 또 혼자 일어서서 음악에 맞춰 춤까지 추지만 걷지는 않는다고 한다. 걸으려고 시도하면 너무 급하게 발을 떼는 바람에 넘어졌다.

아기 엄마의 표현대로 이 아기는 못 걷는 아기가 아니라 안 걷는 아기이다. 안 걷는 아기의 특징은 인지발달이 정상 범위에 속하고, 기는 속도가 빠르며, 성격이 급하다. 성격이 급하다 보니 천천히 걸어서 목적지에 도달하기보다는 기어가는 것이 빠르기 때문에 쉽게 걸으려고 하지 않는다. 검사 결과를 들려주자 아기가 머리가 나빠서 걷지 못하는 것으로 생각했던 아기 엄마는 마음을 놓는 것 같았다. 이렇게 성격이 급해서 걸을 수 있는 능력을 갖추고 있지만 걷지 않는 아기들이라도 생후 16개월 무렵이 되면 근력도 생기고 균형 감각도 생기므로 스스로 걷기 시작한다. 재미있는 일은 아기를 돌보는 할머니의 성격 역시도 매우 급했다는 것이다. 인지발달 검사 중 투명 플라스틱 상자에서 토끼 인형을 꺼내도록 하는 항목이 있다. 보통 생후 14개월 된 아기라면 금방 잘 꺼내지 못하고, 상자 속 인형을 20초쯤 쳐다보고 생각을 하다가 구멍을 발견하고는 손을 넣는다. 하지만 아기의 반응을 지켜보던 할머니는 아기가 스스로 생각하고 행동으로 옮기기까지의 짧은 시간을 기다려주지 못하고 직접 큰 손을 넣어서 인형을 꺼내려고 했다.

아기가 성격이 급해서 걷지 않는 경우, 어떻게 해야 걷게 되느냐고 물어오는 엄마들이 있다. 걷지 않고 기는 아기들에게는 집에서도 딱딱한 운동화를 신겨 기는 것을 불편하게 느끼도록 만들어줄 수도 있다. 하지만 조금 늦게 걷는다고 해서 큰 일이 일어나는 것은 아니므로 충분히 기어다니게 하는 것이 더 좋다. 엄마나 할머니의 기쁨이나 욕심을 위해서 두 달 먼저 걷게 만들 필요는 없다.

건강한 눈치가
EQ를 높인다.

신세대 엄마가 12개월 된 여자아기를 데리고 발달 검사를 받으러 왔다. 검사는 항상 아기가 수행하기 쉬운 항목부터 시작한다. 우선 구멍에 막대기를 끼우는 장난감을 꺼내 주었다. 아기가 6개의 구멍에 막대기를 끼워 넣을 때마다 엄마는 손뼉을 치며 아기를 칭찬했다. 그런데 아기는 엄마의 칭찬에 전혀 반응을 보이지 않으면서 구멍에 막대기를 집어넣고 있었다. 보통 아기들은 너무 쉬운 과제를 수행했을 때 칭찬을 받으면 그 칭찬을 무시하게 된다. 그다음은 동그라미와 네모를 맞추어 집어넣는 퍼즐이었다. 엄마는 또다시 큰 소리로 손뼉을 쳤다. 아기는 손뼉을 치는 엄마를 쳐다보지도 않고 장난감을 제시하는 검사자의 얼굴도 의식하지 않은 채 주어진 과제를 척척 해냈다.

검사 중에 아기의 행동을 제지하는 행동을 하면 어떤 반응을 보이는지 점검하는 항목이 있다. 아기가 장난감을 만지려고 할 때 일부러 아기에게 "안 돼!" 하고 단호하게 말해보았다. 하지만 아기는 검사자의 말에 전혀 긴장감을 보이지 않았다. 안 된다는 이야기를 반복해서 말을 해도 아기는 외면하고 자신이 하고 싶은 대로 장난감에 손을 내밀었다. 이번에는 아기의 어깨를 눌러서 잡고 얼굴을 바라보며 다시 한번 "안 돼!" 하고 이야기해 보았다. 아기는 그제야 몸부림을 치다가 주춤했다. 엄마는 아기의 몸을 구속하면서까지 아기를 저지하는 검사자의 행동에 놀란 표정을 지었다. 반면 큰 체격에 표정이 별로 없던 아빠는 아무 표정 변화 없이 그저 지켜보았다.

알고 보니 아기는 안 된다는 소리를 거의 듣지 못하고 자랐다. 아빠가 간혹 야단을 쳤지만 야단을 치는 것은 아기의 기를 죽이는 일이라는 엄마의 육아 철학 때문에 야단치지 말라는 부탁을 받은 상태라고 했다. 한참 부모와 상담을 하고 있는데 혼자 놀기가 심심해졌는지 아기가 검사실의 서랍을 뒤지기 시작했다. 다시 단호하게 "안 돼!" 하고 말을 하자 이번에는 아기가 필자의 얼굴을 쳐다보며 눈치를 살피기 시작했다. 더 굳은 표정으로 아기의 눈을 똑바로 쳐다보자 아기는 슬그머니 서랍에서 손을 떼고 물러났다. 아기의 모습을 지켜보던 엄마는 무척 놀라는 눈빛이었다. 12개월 된 아기가 어른의 말을 알아듣는다는 사실을 직접 눈으로 확인한 것이다.

만 3세 이전에 안정적인 애착 형성이 매우 중요하다는 이야기 때문에 많은 엄마들이 아기에게 절대로 안 된다는 말을 하면 안 된다고 생각하게 되었다. 또 아기의 자존감이 화두가 되면서 아기가 원하는 것은 무엇이든 다 할 수 있게 해주어야 자존감이 높아진다는 생각도 하게 되었다. 덕분에 요즘 엄마들은 아기가 하는 크고 작은 행동에 지나치다 싶을 정도로 칭찬을 해준다. 물론 아기들에게 칭찬은 필요하다. 하지만 아기가 정말 어려운 과제를 수행했을 때 칭찬이 주어져야만 상대를 의식하게 되고 상대방의 반응을 통해서 건강한 자존감을 만들어 나갈 수 있다. 부모가 원치 않는 행동을 했을 때는 목소리의 톤이나 얼굴 표정으로 부모가 원하는 행동이 아니라는 사실을 분명하게 알게 해야 한다. 물론 이때 아기를 때리는 행동으로 의사를 표현하는 것은 바람직하지 않다.

최근에 아기의 자존감 향상을 위해서 무조건 칭찬만 하는 육아 태도가 오히려 아기의 자존감을 낮게 만든다는 연구결과들이 나오고 있다. 자신감을 키워주기 위해 과장된 칭찬을 반복하면 아기는 잘잘못을 구별하는 능력을 갖추지 못하게 될 뿐 아니라 다른 사람의 정당한 비판도 받아들이지 못해 쉽게 기가 죽는, 나약한 사람이 될 가능성이 높다는 것이다. 아기가 뚜렷하게 잘못한 일이 없는데 크게 야단을 치거나 열심히 노력했는데 꾸짖으면 아기는 기가 죽는다. 예를 들어 엄마 얼굴을 열심히 그린 아기에게 "야! 엄마가 돼지야?" 하고 소리를 치면 아기는 기가 죽는다. 그러나 부모가 원치 않는 행동을 했다는 것을 알려주기 위해서 단호한 태도를 보이면 아기는 자신의 행동에 대한 부모의 의견에 건강한 긴장감을 갖게 된다. 이러한 건강한 긴장감은 모든 인간관계에 필요한 것이다.

흔히 EQ가 높은 아기는 눈치가 빠르다고 한다. EQ의 특성 중 하나가 상대방의 마음을 읽는 능력이기 때문이다. 인간이 서로 함께 살아가기 위해서는 상대방의 눈치를 보아야 한다. 다른 말로 표현하면 상대방에 대한 고려이며 배려이다. 아기의 운동성이 좋아지는 생후 7~8개월 이후부터는 아기의 행동에 대한 부모의 의견을 분명하게 표현해 주어야 한다. 어려운 일을 해냈을 때는 칭찬해 주고, 바람직하지 않은 행동을 했을 때는 안 된다는 표시를 분명하게 전달하자. 그래야 사회성도 좋아지고 자존감도 높은 아이로 성장할 수 있다.

Chapter 5

생후 17~24개월 아기발달

> ## 질적 운동성이 좋아지면서
> ## 떼가 늘게 됩니다!

생후 17개월이 되면 대부분의 아기가 혼자서 잘 걷는다. 물론 안정된 자세로 뛰는 아기들이 있는가 하면, 문턱을 만나면 걸려서 잘 넘어지는 아기들도 있다. 혹은 바닥에서 잘 뛰어다니고 계단은 잘 오르지만, 계단을 내려가는 일에는 겁을 많이 내는 아기들도 있다. 아기의 움직임이 얼마나 안정적인지, 순발력이 있는지, 속도를 낼 수 있는지 등을 평가할 때 아기의 질적 운동성(Movement Quality)을 평가한다고 이야기한다. 이 시기는 큰 근육 운동과 함께 작은 근육 운동(아기의 발음 포함)이 좀 더 빠르고 정확하게 움직여지는 시기이다.

질적 운동성은 율동 놀이, 신체 놀이, 종이접기, 그림 그리기, 구슬 끼우기 등과 같이 어린이집에서 많이 하게 되는 놀이에 필요하게 된다. 질적 운동성이 떨어지는 경우, 낯선 환경에서의 적응이 어려울 수 있고, 말이 늦게 트이기도 하며, 대소변 훈련이 늦어지기도 한다. 그렇지만 아기가 혼자서 걸을 수 있다면 질적 운동성이 떨어진다고 해서 너무 걱정할 필요는 없다. 아기의 운동성은 성장하면서 천천히 좋아지기 때문에 바로 발달치료를 받기보다는 시간을 두고 기다려주어야 한다.

아기가 잘 걷기 시작하면서 엄마는 점점 더 힘들어지는데 이는 아기의 떼가 더 늘기 때문이다. 아기의 질적 운동성이 좋아지면 좋아질수록 떼는 더 심해지게 된다. 아기에게 무조건 많이 공감해 주고 스킨십을 많이 해준다고 해서 애착 관계가 좋아지고 자존감도 높고 말을 잘 듣는 순한 기질의 아기가 되는 것은 아니다. 선천적으로 쉽게 스트레스를 받고 크게 화를 내는 기질의 아기를 그동안 스트레스를 받지 않게 조심히 키워왔다면 질적 운동성이 좋아지면서 떼가 더 심해질 수 있다. 이 시기에는 언어이해력이 매우 빠른 속도로 발달하는 시기이므로 엄마의 말을 이해하지만, 자기가 하는 행동을 저지하는 경우에는 온몸으로 거부하면서 떼를 쓸 수도 있다. 아기의 몸 움직임과 언어이해력, 떼를 쓰는 형태를 잘 관찰하면서 아기가 어떤 발달 특성을 가진 존재인지 분석하려는 노력이 필요하다.

아기의 큰 근육 질적 운동성

Your Baby's Gross Motor Movement Quality

걷기, 계단 오르기, 제자리에서 뛰기를 시작해요

아기가 걷기 시작하면 처음엔 안정적이지 못한 자세를 취한다. 두 발 사이의 간격이 넓고 두 팔이 가슴에서 멀리 떨어진 자세가 된다. 하지만 걷기가 안정되면서 점차 두 발 사이의 간격이 좁아지고 팔도 가슴 쪽에 붙인 안정된 자세로 걷게 된다.

아기가 안정적인 자세로 계단을 오르는 경우에는 등이 펴지고 엉덩이가 뒤로 빠지지 않는다. 반면에 안정적이지 못한 자세로 계단을 오르내리면, 엉덩이가 뒤로 빠지면서 상체가 앞으로 많이 기울어지고 팔을 벌리는 자세가 된다.

생후 20개월 무렵이 되면 아기는 제자리에서 점프를 하기 시작한다. 처음에는 무릎만 굽혀지고 발이 땅에서 떨어지지 않는다. 그러나 시간이 지나면서 낮은 높이일지라도 두 발이 바닥에서 떨어지는 형태로 제자리 뛰기를 할 수 있다.

흔히 걷기 시작하고 넓은 공간에서 부산하게 걷거나 뛰어다니면, 아기의 운동성이 좋다고 생각하기 쉽다. 하지만 생후 17개월 이후에는 아기의 질적 운동성도 잘 살펴보아야 한다. 계단 오르기, 점프, 한 발 들고 서 있기, 발로 공차기 등 다양한 신체 놀이를 통해서 아기의 질적 운동성이 어떤 상태인지 살펴보는 게 좋다. 질적 운동성이 떨어지면 미끄럼 타기나 그네 타기 등을 어려워할 수도 있고 뛰다가 갑자기 턱을 만나면 균형을 잡지 못하고 넘어지기가 쉬워진다.

집에서 하는 아기발달 검사

큰 근육 질적 운동성

검사명 혼자서 계단 오르기

검사시기 16개월 16일 ~ 24개월 15일

▲ 등이 굽혀지는 불안한 자세 　　▲ 등이 굽혀지지 않은 안정된 자세

검사방법 양육자가 먼저 계단을 오르면서 아기에게 따라 올라오라고 한다. 네발로 기어오르거나 한 손을 잡지 않고, 혼자서 안정된 자세로 계단을 오르는지 확인한다.

만일 네발로 계단을 올라온다면 아기의 손을 잡고 계단을 오르는 연습을 많이 시켜 준 후에 다시 시도한다.

아기의 작은 근육 질적 운동성

Your Baby's Fine Motor Movement Quality

작은 근육 질적 운동성이 떨어지면 대소변 가리기가 늦어집니다

이 시기 질적 운동성에 어려움을 보이는 아기들의 주요 특징은 대소변 가리기가 늦어진다는 것이다. 아기가 대소변을 가리기 위해서는 자신이 원할 때 항문을 조이거나 풀 수 있어야 하고, 소변을 참거나 긴장을 풀고 소변을 배출시킬 수 있어야 한다.

하지만 질적 운동성이 떨어지면 대소변의 조절이 자기 마음대로 되지 않는다. 용변을 보고 싶어 화장실에 가서 바지를 내리고 변기에 앉았을 때 찬 기운이 엉덩이에 닿으면 갑자기 조절이 안 되기도 한다. 자신의 의지대로 대소변을 보고 싶어도 조절이 되지 않으면 아기는 심리적으로 약간의 좌절감을 느낄 수 있

다. 그러므로 대소변 훈련은 절대로 아기에게 강요하지 말아야 한다. 대소변 가리기가 좀 늦어도 아기가 성장하면서 질적 운동성이 자연스럽게 성숙되므로 결국은 화장실에 가서 스스로 대소변을 볼 수 있게 된다. 대소변 가리기가 또래 아기들보다 반년이나 일 년 정도 늦더라도 놀이처럼 계속 시도하면서 시간을 주어야 한다.

작은 근육 질적 운동성이 늦되면 말트이기도 늦어집니다

이 시기에는 입술 주변 작은 근육들의 움직임이 좋아지면서 다양한 발음이 가능하므로 다양한 말을 할 수 있게 된다. 하지만 입 주변의 질적 운동성이 떨어지

면 놀이에 집중할 때 침을 흘리기도 하고 발음이 잘 안되어서 말하기를 멈추기도 한다. 자기가 한 말을 자기가 듣기에도 발음이 정확하지 않아서 아예 말을 하지 않게 되는 경우이다.

아기가 말을 하기 위해서는 아기의 호흡과 침 넘기기, 혀 움직임, 입술의 움직임 등의 운동성이 잘 조화를 이루면서 움직여주어야 한다. 따라서 말이 늦게 트이는 아기의 경우 대부분은 입 주변의 운동발달이 늦되기 때문이라고 이해하면 된다. 정확한 발음을 하려고 해도 혀나 입술이 잘 움직여지지 않고 갑자기 숨이 쉬어지지 않을 수 있고 또는 침을 삼키기 어려울 수 있기 때문에 말하기가

힘들어지는 것이다.

신생아 때의 구강구조는 혀가 아주 크고 앞쪽으로 치우쳐 있어 엄마 젖을 힘 있게 빠는 단순한 움직임만 가능해서 혀를 정교하게 움직이고 입술도 움직여야 하는 발음을 내기는 어렵다. 신생아 때는 젖을 빨리 빨면서 호흡을 하기가 어렵기 때문에 급한 기질을 가진 아기의 경우 엄마 젖을 빨다가 호흡을 못해서 숨이 막히게 되고 울면서 젖을 입에서 빼게 되기도 한다. 생후 3개월 정도가 되면 뚱뚱했던 혀가 좀 길어지고, 호흡의 조절이 조금씩 가능해져 젖을 빨다가 숨을 쉬지 못하는 경우가 줄어든다. 생후 5개월 정도가 되면 입안의 운동 조

▲ 엄마를 따라 입 모양 놀이를 하는 아기

절기능이 많이 원활해진다. 이처럼 서서히 입 주변의 운동기능이 향상되지만 어른처럼 완벽하게 발음을 할 수 있으려면 만 5세는 되어야 한다. 즉, 스스로 호흡과 침 삼키기를 조절하면서 혀와 입술을 움직여 원활하게 말을 할 수 있는 시기는 만 4~5세 무렵이다. 따라서 부모는 만 5세까지는 아기가 말이 트일 때까지 충분히 기다려 줄 수 있어야 한다.

말이 빨리 트이고 늦게 트이고는 아기의 입술 주변의 질적 운동성의 영향이므로 아기가 똑똑하고 똑똑하지 않다는 기준으로 삼지 말아야 한다. 아기의 말하기보다는 말을 이해하는 능력이 아기의 인지능력과 더 긴밀한 상관관계를 갖는다.

아기는 스스로 발음교정을 위한 언어치료를 하고 있습니다

기억해야 할 점은 아기는 자기 입에서 나오는 발음을 귀로 들으므로 항상 스스로 발음 교정을 위한 언어치료를 하고 있다는 사실이다. 아기의 타고난 기질에 따라서, 수더분한 기질의 아기는 자기 발음이 정확하지 않아도 말을 하지만 깔끔한 기질의 아기는 자기 발음이 정확하지 않으면 절대로 입을 열지 않는다. 왜냐하면 자기에게 들리는 말과 입에서 나오는 말이 같지 않다는 것을 스스로 인지할 수 있기 때문이다. 이런 아기는 정확하게 발음할 수 있을 때까지 한 마디도 말을 하지 않다가 만 5세가 다 되어서 갑자기 말을 많이 하기도 한다.

●●●
입술 주변의 질적 운동성이 떨어지는 경우
입술이 벌어진 상태가 자주 관찰된다.
발음에 어려움을 보인다.
말이 늦게 트인다.
딱딱한 음식을 씹기가 어렵다.

집에서 하는 아기발달 검사

────── 작은 근육 질적 운동성 ──────

검사명 **돼지 저금통에 동전 넣기**

검사시기 16개월 16일 ~ 24개월 15일

검사방법 구멍이 뚫린 돼지저금통에 동전을 넣는 시범을 보이고 해보라고 한다. 만일 구멍이 작아서 아기가 잘하지 못하면 구멍을 더 크게 뚫어준다. 돼지저금통은 투명한 것이어야 아기가 자기가 넣은 동전을 눈으로 볼 수 있어서 동기유발에 도움이 된다.

아기의 상호작용 / 의사소통발달

Your Baby's Interaction & Communication Development

무엇보다 언어이해력이 중요합니다

생후 17개월부터는 언어이해력이 매우 빠른 속도로 높아진다. 그러나 아기가 "엄마", "아빠" 등과 같은 말을 한마디씩 시작하면서 초보 부모는 언어이해력보다 얼마나 말을 잘하는가에 초점을 맞추게 된다. 생후 17~18개월 무렵에는 간단한 문장도 이해하고 '엄마 코', '아빠 코' 등의 소유격도 이해하지만 아직 입술 주변의 움직임이 정교하지 못하면 간단한 사물 이름도 말하기 힘들 수 있다. 하지만 입술 주변의 움직임이 원활하면 "엄마 물" 등의 간단한 문장을 말할 수 있는 시기이다.

생후 24개월부터는 문법이 들어간 문장을 이해하기 시작한다. 24개월 이전에는 "할머니한테 사과 가져다주세요", "할아버지한테 딸기 가져다주세요"라고 말하면 '할머니 사과', '할아버지 딸기'처럼 단어만 들려서 할머니가 사과를 먹는다는 말인지 사과를 가지고 있다는 말인지 정확하게 이해하기 어려웠다면, '할머니에게 사과를', '할아버지에게 딸기를' 같이 주격 조사와 목적격 조사를 이해하게 된다. '하다', '안 하다'처럼 부정어 '안'이 들어갔을 때의 차이를 이해해 말이 트이는 경우에는 "먹을 거야", "안 먹을 거야"처럼 말을 할 수도 있다.

그러나 말을 이해해야 표현할 수 있으므로 이 시기의 언어발달은 언어표현력이 아니라 언어이해력에 맞추어져야 한다. 이 시기 아기의 인지발달은 아기의 언어이해력만으로 평가해도 된다.

아기는 표정과 몸짓으로 말해요

엄마가 하는 말을 이해하는 아기는 엄마의 질문에 얼굴 표정과 몸짓으로 자신의 의사를 표현한다. 말을 "어어"밖에 못 할지라도 몸짓을 통해 아기가 하려는 말을 이해할 수 있다. 따라서 아직 말이 트이지 않는 이 시기 아기와의 상호작용을 위해서는 아기가 하는 몸짓과 얼굴 표정으로 마음을 잘 읽을 수 있어야 한다.

아기가 손으로 냉장고를 가리키며 "어, 어" 하거나 엄마의 손을 잡고 냉장고로 가는 경우 "아, 냉장고에서 먹을 것을 꺼내 달라고?" 하는 식으로 아기가 하고자 하는 말을 엄마가 대신 해주면 된다. 아기가 분명히 얼굴 표정과 몸짓으로 자신의 의사를 표현했는데 "대체 뭘 원하는 건데? 말로 해봐" 하고 다그친다면 아기는 자신의 의사가 받아들여지지 않은 것에 상처를 받아 심하게 화를 낼 수도 있다.

아직 말이 트이기 이전인 이 시기에는 아기가 말로 자신의 의견을 이야기해주기를 바라는 부모의 성급한 마음을 잠시 내려놓는 게 좋다. 강요하지 않는 태도가 무엇보다 중요하다. 성인들의 경우에도 의사소통의 70%는 말이 아닌 얼굴 표정과 몸짓으로 이루어진다고 한다. 의사소통을 꼭 말로 해야 한다는 생각을 버리고 아기가 몸짓으로 표현하는 내용을 이해하려고 노력해 보자.

이 시기에는 아기가 엄마가 말하는 간단한 심부름을 이해하고 할 수 있는지, 아기가 자신이 좋아하는 사물 이름을 알고 있는지, 가족의 호칭을 알고 있는지, 신체 부위명을 알고 있는지, 엄마 것이나 아빠 것과 같은 소유격을 이해하는지 등을 확인해 보는 것이 좋다. 그림책을 볼 때는 '호랑이가 밥을 먹고 있네요', '자동차에 바퀴가 있어요' 등의 짧은 문장으로 말해주는 것이 좋다.

집에서 하는 아기발달 검사

언어이해력

검사명 **소유격 인지하기**

검사시기 16개월 16일 ~ 21개월 15일

검사방법 아기가 이미 알고 있는 눈, 코, 입, 손 등에 '엄마 눈', '아빠 코' 등의 소유격을 붙여서 물어본다.

집에서 하는 아기발달 검사

검사명 '똑같다' 이해하기

검사시기 17개월 16일 ~ 24개월 15일

검사방법 똑같은 그림을 양쪽 벽에 붙여 놓고 "여기 있는 그림과 똑같은 그림이 어디 있지?"라고 물어본다. 사물명을 말하면 안 된다. "똑같은 그림"이라고 말해야 한다.

아기의 감정조절력

Your Baby's Emotional Regulation

운동성이 좋아지고 몸이 커지면서 떼가 점점 늘어요

아기의 떼를 다루는 방법은 아기의 발달 특성을 고려해서 선택해야 한다. 생후 17~24개월은 언어이해력이 향상되어 일상생활에서 엄마가 반복적으로 하는 말의 의미와 의도를 정확하게 파악할 수 있는 능력이 생기는 시기이다.

또 스스로 몸을 움직여서 새로운 환경에 적응할 수 있을 만큼 운동성이 좋아지고 몸무게도 는다. 이때 아기는 엄마가 자신을 신체적으로 다루기 힘들다는 사실을 알게 된다. 그래서 엄마의 의도를 알면서도 원하는 바를 이루기 위해서 단순히 크게 우는 것을 넘어 몸부림을 치거나, 머리를 바닥에 박거나, 물건을 던지는 등의 과격한 행동을 보이며

저항을 한다. 물론 타고난 아기의 기질에 따라 말귀를 알아듣고 양육자의 지시를 잘 따르는 아기들도 있지만, 실제 그런 아기는 많지 않다.

아기의 행동 형태는 타고난 기질과 가족의 양육 태도가 영향을 미친다. 물론 아기의 타고난 기질과 양육 환경이 몇 대 몇으로 영향을 미치는지에 대해서는 전문가마다 의견이 다를 수 있다. 하지만 분명한 것은 양육 환경이 심한 학대와 방임, 혹은 심한 과잉보호가 이루어지는 환경이 아닌 이상 대부분의 아기는 타고난 기질이 50~70% 정도로 영향을 미친다고 보아야 한다.

아기가 떼를 부릴 때 부모는 불안해지기도 하고 화가 나기도 한다. 단호한 태도를 보이면서 몸을 구속하려고 해도 이미 덩치가 커진 아기가 몸을 과격하게

움직이기 시작하면 목소리가 높아지고 아기를 잡은 손에 힘이 들어가게 되는데 이때 질적 운동성이 좋은 아기들의 경우 부모가 자신을 아프게 했다고 생각하면 겁을 먹기보다는 더 과격해지기도 한다. 타고난 기질은 뇌의 감각영역과 감정, 이성영역 간의 신경 통합능력으로 이해해야 한다. 따라서 만 3세 이전의 무조건적인 과잉보호는 학대 방임과 똑같이 아기 뇌의 감정조절프로그램 활성화를 저하시킨다는 사실을 꼭 기억해야 한다.

과잉보호와 학대 방임은 '감정조절력의 미성숙'이라는 동일한 결과를 가져옵니다

아기의 언어이해력과 질적 운동성을 살펴봐서 조금이라도 지연을 보인다면 과잉보호적 양육 태도나 과격한 양육 태도는 가급적 자제해야 한다. 자폐성 발달장애나 지적장애, 혹은 의사소통장애를 가진 아기들의 경우 뇌 발달의 어려움으로 인해 언어이해력과 질적 운동성이 모두 심하게 지연된다. 선천적 발달장애를 가진 경우가 아닐지라도 언어이해력과 질적 운동성에 약간의 지연을 보이는 경우 기질적으로 까탈스럽고 떼가 심해질 수 있다. 아기가 떼를 부릴 때는 안쓰럽다고 과잉보호를 하거나 힘들어서 화내고 방임하기 전에 아기의 언어이해력과 질적 운동성을 세밀히 관찰해야 한다.

아기의 떼를 예방하기 위해서는 아기 행동에 일정한 원칙을 정해주어야 한다. 아기는 갈등의 감정이 있을 때 스스로 어떤 감정에 따라 행동을 해야 할지 모르기 때문에 오히려 어른이 결정해 주기를 기대한다. 따라서 허용되는 행동의 범위를 일러주는 것이 좋다.

집에서는 떼를 심하게 부리는 아기들도 허용되는 행동의 범위를 처음부터 알려주는 어린이집에서는 심하게 떼를 부리지 않는 경우가 많다. 생후 17~24개월 아기라고 해도 어린이집은 일정한 프로그램이 진행되고 같이 행동하는 또래 친구들이 있으므로 자신에게 기대되는 행동이 무엇인지 파악하고 맞추기가 쉽다. 만일 어린이집에서도 떼가 심한 경우에는 전문가의 발달 진단이 필요하다.

집에서 하는 아기발달 검사

감정조절력

검사명 **아기가 떼를 부리는 단계 확인하기**

검사시기 17개월 16일 ~ 24개월 15일

검사방법 다음 표를 활용해 아기가 어느 단계까지 떼를 부리는지 관찰한다.

1단계	심한 울음 혹은 심한 짜증을 부린다.	
2단계	몸을 뒤로 잦히고 바닥에 눕거나 구른다.	
3단계	머리를 흔들거나 쥐어뜯고 심하면 땅에 박는다.	
4단계	토하거나 혀를 눌러 일부러 토하게 만든다.	
5단계	5~10초 동안 숨을 멈춘다. (주로 18개월 무렵에 시작되어 5세 무렵에 사라진다.)	

TIP 언어이해력 발달 지연이 쉽게 드러나지 않는 아기도 있어요

생후 24개월 된 아기의 언어이해력 수준이 19개월인 경우라면 아기 나이의 80% 수준이므로 정상 범위에 속한다고 진단하게 된다. 하지만 18개월 이하의 수준이라면 아기 나이의 75% 이하의 수준이므로 언어이해력 지연을 의심하게 된다. 언어이해력이 18개월 수준 이하로 지연을 보이더라도 만일 비언어성 지능의 수준이 정상 범위에 속한다면 또래 집단에서 눈으로 친구들의 행동을 보고 따라 할 수 있으므로 아기의 언어이해력 지연을 조기에 발견하기가 어렵게 된다. 또래 아기들과 몸으로 하는 놀이에는 적극적으로 참여하지만 이해하기 어려운 질문을 받을 때는 모르는 척하면서 고개를 돌리거나 다른 곳으로 가버리기 때문에 무뚝뚝한 성격이라고 여겨지기 쉽다. 간혹 이해할 수 없는 질문을 받을 때 미소를 지으면서 상황을 회피하려고도 하므로 언어이해력 지연을 조기 발견하기 어렵게 된다.

비언어성 지능, 흥미도, 친밀감은 정상 수준이지만 언어이해력만 지연을 보이는 경우

생후 18개월 이후에 비언어성 지능이 계속 향상되는데 언어이해력은 향상되지 못해 갑자기 떼가 늘기 시작하는 경우가 있다. 언어이해력의 지연으로 양육자가 달래는 말을 이해하지 못하므로 떼가 말로 달래지지 않는 것이다. 이런 경우에는 비언어성 지능은 정상 수준이므로 어린이집이나 실내 놀이터에서 또래 친구들과 자유롭게 놀 수 있는 기회를 제공해서 비언어성 지능 발달은 지속하면서 가정에서 직접 아기의 언어이해력 수준의 인지발달 놀이를 해주어야 한다. 예를 들어, 생후 24개월 아기가 비언어성 지능은 정상 수준이지만 언어이해력이 60% 정도인 14~15개월 수준이라면 간단한 사물명 인지만 가능한 수준이므로 말을 길게 하지 말고 간단한 사물명, 동작명만 활용해서 의사소통을 하려고 노력해야 한다.

흥미도, 친밀감은 정상 수준이지만 비언어성 지능과 언어이해력은 지연을 보이는 경우

생후 24개월에 비언어성 지능과 언어이해력이 모두 자기 나이의 80%에 이르지 못하면서 말이 트이지 않은 아기는 언어표현력 향상을 위한 노력보다 언어이해력과 비언어성 지능의 향상을 도와주어야 한다. 간혹 언어재활치료를 받던 아기가 3년 정도 시간이 지난 후 말이 트이는 경우가 있는데, 이는 언어재활치료의 결과가 아니라 3년이라는 세월 동안 자연 성숙에 의한 인지능력의 향상과 입 주변의 운동능력 향상으로 말이 트였다고 봐야 한다. 따라서 생후 24개월 된 아기의 비언어성 지능과 언어이해력 수준이 자기 나이의 70%인 16~17개월 수준이라면 말을 트이기 위해 언어치료의 기회를 제공하는 것보다는 발달 수준에 맞는 놀이가 필요하다. 돼지 저금통에 동전 넣기나 동그라미, 네모 도형 맞추기 놀이와 엄마 눈, 아빠 코, 엄마 바지, 아빠 티셔츠 등 물건이 누구의 것인지 이야기하면서 소유격의 개념을 이해할 수 있는 놀이가 필요하다.

비언어성 지능과 흥미도는 정상이지만 언어이해력과 친밀감은 지연을 보이는 경우

비언어성 지능과 흥미도가 정상 수준이지만 언어이해력과 친밀감에 지연을 보인다면 조기에 발견해서 도와주어야 한다. 이런 경우의 아기는 사람이 하는 말과 사물의 소리에는 관심이 없고 여기저기 돌아다니면서 놀기를 좋아한다. 그래서 양육자가 보기에 놀기만 좋아하고 말은 안 듣는 개구쟁이라고 판단할 수도 있다. 친밀감이 떨어지므로 지연이 된 언어이해력을 향상시키는 학습이 매우 어렵다. 이런 아기는 언어이해력을 높이기 위한 학습의 기회를 제공하는 것보다 사람과 친밀감을 형성할 수 있도록 몸으로 하는 놀이가 필요하다. 이때 양육자나 함께 놀이를 하는 사람은 놀이 시간에 간단한 말과 동작어를 높은 억양으로 제공해 주어야 한다. 양육자가 신체적 피로로 이러한 놀이 환경을 제공하기 어렵다면 전문 발달 프로그램을 통해서 친밀감과 말자극을 동시에 제공하는 방법도 있다.

Q&A

생후 17~24개월

질적 운동성

Q 머리를 자주 부딪쳐 걱정이에요

우리 아기는 17개월 된 남자아기입니다. 뛰어다니거나 높은 곳에 오르다가 넘어져서 머리를 자주 부딪히곤 합니다. 가끔은 매우 심하게 부딪히는데, 조금 울 다가 그칩니다. 물론 심하게 울 때도 있습니다. 적어도 하루에 두세 번은 머리를 부딪히곤 하는데요. 더 어렸을 때도 머리를 많이 부딪혔습니다. 침대에서 떨어지기도 했고요. 이렇게 머리를 많이 부딪히면 혹시 머리가 나빠지지 않을까요?

A 대부분의 아기가 걷고 뛰면서 무게 중심을 잡기까지 여러 차례 넘어지는 경험을 합니다. 머리를 부딪혔을 때 머리가 나빠질 정도의 손상이 온다면 뇌 손상의 증상인 구토를 하거나 의식이 혼미해지는 증상을 보입니다. 많이 넘어졌지만 구토를 하거나 정신을 잃지 않았으므로 뇌 손상까지는 오지 않은 것 같습니다.

Q 아기가 자꾸 넘어져요

23개월 된 남자아기의 엄마입니다. 걸음마는 13개월에 했는데 지금도 데리고 나가면 잘 넘어져요. 소아과 선생님께서 뛰듯이 걷는다면 상관없다고 하시는데 그래도 너무 자주 넘어지니까 걱정이 되네요. 놀이터에 갈 때도 자주 걸어야 더 잘 걸을 것 같아서 꼭 걷게 하는데 여전히 넘어집니다. 왜 그럴까요?

A

걸을 때 무게 중심이 발끝으로 가기 때문입니다. 이런 경우 걸음을 걸을 때 균형 감각을 잡기가 힘들어서 걸음걸이의 속도를 조절하기 어려운 상태에서 빠른 속도로 걷게 됩니다. 질적 운동성이 떨어지기 때문에 걷다가 자꾸 넘어지는 것이죠. 아기에게 어른 운동화와 같이 탄탄한 운동화를 신기고 손을 잡은 상태에서 천천히 계단을 오르고 내리기를 할 수 있도록 도와주면 좋습니다. 바닷가 진흙 같은 곳에서 매우 천천히 걷는 연습을 시키셔도 좋습니다. 소아재활의학과 전문의와 상담 후 혹시 맞춤형 신발이 아기의 걷기에 도움이 된다면 마련해주셔도 도움이 됩니다.

Q 18개월인데 아직 걷지 못하면 발달장애인가요?

18개월 된 남아로 몸무게는 9킬로그램이 좀 넘는데 또래 아기들보다 좀 적게 나갑니다. 워낙 입이 짧아 잘 먹지 않습니다. 아기의 증세가 다음과 같은데 만일 발달장애면 어떤 치료를 받아야 할까요? 생후 12개월 무렵에 종합병원에서 간단한 발달 검사를 했는데 전체적으로 5개월 정도 느리다고 하더군요. 근육이나 다른 데 문제가 있는 건 아니고 더 자세한 것을 알려면 MRI를 찍어보아야 안다고 했습니다.

① 아직 걷지 못합니다. 뒤집기부터 전반적으로 모든 과정이 느렸습니다. 이제 겨우 혼자 앉고 잡고 일어서며 잡아주면 걷습니다. 또 서거나 잡고 걸을 때면 항상 까치발을 합니다.

② 하루 종일 뭐라고 소리 지르고 "맘마", "엄마"와 비슷한 말을 계속 합니다.

③ 물을 컵으로 주면 몸에 힘을 꽉 주며 손을 부르르 떱니다.

④ 이름을 부르면 두세 번은 불러야 쳐다봅니다.

⑤ 사람들이 오는 걸 좋아하고 잘 어울리며 조부모한테도 잘 가고 낯은 심하게 가리지 않습니다. 하지만 엄마와 절대 떨어지지 않습니다.

⑥ 15개월까지만 해도 잠투정이 너무 심해서 겨울에도 동네를 두세 바퀴는 돌아야 잠이 들곤 했습니다.

⑦ 물건이 많으면 손으로 다 흐트러뜨려 놓습니다.

⑧ 눈은 잘 마주치고 방긋방긋 잘 웃으며 놀고 잠도 잘 잡니다.

⑨ 물건을 잡을 때 엄지와 검지로 살짝 잡고 다른 손으로 힘을 줍니다.

Ⓐ 현재의 발달 수준은 12개월 정도의 수준으로 보입니다. MRI는 발달 평가와 머리둘레 평가 후에 찍을 것인지를 결정해도 늦지 않습니다. 발달 지연의 원인이 MRI를 통해서 밝혀지는 것은 30% 정도이므로 발달 지연을 보일 때 매번 MRI 촬영이 필요한 것은 아닙니다. 12개월 수준으로 놀아주기 위해서 간단한 사물 이름을 알려주세요. 그리고 인지발달 지연으로 인한 운동발달 지연이 의심됩니다. 소아물리치료의 도움이 꼭 필요하지 않을 수도 있지만 소아재활의학과 전문의와 상의하시기를 바랍니다.

Ⓠ 우량아면 잘 걷지 못하나요?

이제 17개월 된 아기 엄마입니다. 아기의 몸무게는 18킬로그램이고 키는 100센티미터 정도로 우량아입니다. 날 때도 크게 태어났고, 잘 먹습니다. 그래서인지 아직 혼자 걷지 못합니다. 배로 기어다닌 건 생후 11개월 정도이고 그 전에 앉는 것부터 한 것 같네요. 무언가를 잡고 걸어 다니고 잡아주면 걸으며 무릎으로 기어다닌 건 15개월 정도입니다. 순서가 많이 바뀌었어요. 지금도 혼자 서 있을 수 있고, 손을 잡아주면 걷고, 가끔 칭찬해 주며 오라고 하면 혼자 서너 발짝씩, 많게는 일곱 발짝씩 걷기도 하는데 아직 혼자 걷지는 못해요. 말은 "엄마", "아빠", "어부바" 정도인데 말귀는 다 알아듣습니다. 어떻게 해야 할까요?

Ⓐ 혼자서 3~7발짝 정도 걷고 말귀를 잘 알아듣는다면 인지발달이 떨어져서 못 걷는 경우가 아닐

가능성이 큽니다. 굳이 소아물리치료의 도움이 필요하지 않습니다. 즐거운 놀이처럼 혼자 걷는 연습을 시켜주시길 바랍니다.

Q 심장 수술을 한 아기인데 아직 걸음마를 못 해요

조금 있으면 꽉 찬 18개월인데 아직 걸음마를 못 해요. 늦게 걷는 아기도 있다고 하지만 너무 많이 늦는 것 같아요. 혼자 일어서거나 손을 잡아주면 몇 발짝을 떼지만 결국 주저앉고 마네요. 태어나자마자 심장에 구멍이 있어서 심장 수술을 했는데 그래서일까요? 병원에 가서 진료를 받아보고 싶은데, 어떤 검사를 받아보아야 할까요?

A 심장 수술을 했다면 체력이 달릴 수도 있고 호흡에 어려움이 있을 수도 있으므로 걷기에 영향을 미칠 수 있습니다. 손을 잡아주었을 때 몇 걸음 걷는다면 운동신경의 문제라기보다는 체력과 다리 근력이 부족해서일 가능성이 높습니다. 병원에서 진료를 원하시면 수술받은 병원에서 소아재활의학과 전문의의 진료를 받으세요. 힘든 심장 수술을 겪었으므로 좀 천천히 발달해도 시간을 주시길 바랍니다.

Q 21개월, 잔병이 많은 남자아기인데 아직 못 걸어요

첫 아기라 그런지 잔병도 많고 병원도 자주 가고 약도 한두 달 걸러 한 번 정도씩 자주 먹습니다. 말도 "맘마", "엄마", "책" 정도밖에 못 하고요. 붙잡고 서는 건 하는데 혼자 서고 걷는 걸 아직 못 합니다. 낯가림도 심하고, 손잡고 걸음마를 시키려고 해도 서너 발짝 걸으면 그냥 주저앉습니다. 음식은 가리지 않고 잘 먹는 편인데 잘 크는 것 같지도 않고 걱정이 됩니다. 15개월에 대학병원에 갔을 때 피 뽑아서 검사해 보더니 괜찮다고는 했는데, 추가로 염색체 검사를 해보자고 했어요. 아직 못 했는데 해보아야 할까요?

A 아기의 뇌 발달 상태를 알아보는 발달 평가는 피검사로 진단 내리지 않습니다. 염색체 검사보다는 현재의 발달 수준을 알아보는 발달 평가가 필요합니다. 발달 평가 후에 발달 지연의 원인이 염색체인지 다른 질병인지를 판단해도 됩니다. 잔병이 많았다면 다리의 근력도 많이 부족할 것 같습니다. 발달 평가를 통해서 인지발달이 몇 개월 수준인지 파악하고 아기의 발달 수준에 맞는 놀이를 제공해주시길 바랍니다.

Q 20개월 아기가 율동을 따라 하지 못해요

운동발달이 너무 늦어 대학병원에서 발달 지연이라는 말을 듣고 물리치료를 받았습니다. 15개월쯤 겨우 걷기 시작했고 돌 때부터 인지에 엄청 신경 써서 책도 많이 읽어주고 많이 놀아줬어요. 그런데 20개월이 다 되어가는데 율동을 못 해요. 한 달 차이로 태어난 조카가 뭐든 빠른 아기라 자꾸 비교하게 되네요. 말은 "아빠", "엄마", "할미", "할비", "멍멍", "야옹", "없다", "우유" 정도 할 수 있습니다. 언어 쪽은 크게 걱정이 안 되는데 동작성 운동이 걱정입니다. 운동발달은 확실히 늦된 아기인 것 같거든요.

A 운동발달이 느린 아기들은 율동 놀이에서도 어려움을 보입니다. 걸으면 운동 지연 문제가 해결된 것으로 생각될 수 있지만 걷기가 늦은 아기들은 생후 60개월까지 문제해결을 위해서 필요한 다양한 운동능력에 어려움을 보입니다. 그러나 아기의 발달 수준을 미리 예측하기 위해서 확인해야 할 발달영역은 운동발달이 아니라 언어이해력입니다. 언어이해력이 20개월 수준이 되는지 확인해 보세요. 주변의 간단한 사물 이름은 모두 인지해야 하고 간단한 심부름도 이해해야 합니다. 신체 부위 이름도 알아야 하고 엄마 코와 아빠 코의 차이도 알면 좋습니다. 조카와 비교하면 속이 상하겠지만, 중요한 것은 현재 아기의 발달 특성이 성인이 되었을 때도 문제가 될지 안 될지 여부입니다. 18세 때 독립적인 문제해결 능력에 결정적으로 영향을 미치는 것은 운동발달이 아니라 언어이해력입니다.

Q 사지강직 증상 때문에 걱정이에요

이제 20개월 된 아기입니다. 사지강직이 심해서 약도 먹이고 있고 치료를 열심히 받고 있지만 목 가누기는 10개월 때나 지금이나 별 차이를 못 느끼겠어요. 강직된 손 때문에 물건은 전혀 잡지 못해요. 인지발달은 걱정하지 말라고 했지만 어떻게 걱정이 안 되겠어요. 말은 못 하지만 '아빠', '엄마', '주사', '미워', '우유' 등의 단어는 확실히 알아듣고 만화 <짱구>를 무척 좋아합니다. 운동하고 몇 개월이 지나서 뒤집기를 시도했는데 이제는 그냥 대자로 누워 있습니다. 움직이려고 하지 않아요. 어떻게 해야 할까요?

A 사지에 경직이 오는 운동장애인 것 같습니다. 운동발달은 소아물리치료사의 도움을 구하세요. 언어이해력의 경우 정상 범위에 속할 가능성이 높습니다. 집에서 아기에게 사물 이름을 인지시키는 일을 열심히 해주세요. 운동발달은 약과 소아물리치료사의 도움을 받으시고 언어이해력을 향상시키는 언어 놀이를 집에서 해주시면 좋겠습니다.

Q 20개월 전후의 운동발달 상황이 궁금해요

21개월이 지났는데 제자리에서 깡충깡충 못 뜁니다. 아기는 뛰고 싶어서 몇 달 전부터 실내 미끄럼틀 위에 올라가 아래를 내려다보는데 항상 한 발이 먼저 내려와요. 미끄럼틀은 겁 없이 타는데 왜 제자리에서 깡충깡충 못 뛰는지 모르겠어요. 계단은 오르내립니다. 20개월 전후의 아기들 운동발달이 어떤지 궁금해요.

A 걷기 이후에 발달되는 질적 운동성에 어려움을 겪고 있는 것 같습니다. 24개월까지는 시간을 줄 수 있으므로 우선 바닥에서 점프하기를 연습시켜 주세요. 점프를 도와주는 놀이기구의 도움을 받아도 좋습니다. 20개월에 손잡이를 잡고 계단을 오르내리는 능력과 점프하는 능력은 각각 다른 발달영역이므로 계단을 오르내린다고 해서 점프가 가능한 것은 아닙니다. 제자리 점프 놀이부터 해주세요.

Q 18개월인데 아기가 말을 안 하려고 해요

우리 딸은 도통 말을 하려고 하지 않아요. 지금 할 수 있는 말은 "엄마", "어부 바", "인나", "빠", "지 땅(준비땅)" 등 몇 단어가 안 됩니다. 그렇다고 말을 못 알아듣는 것은 아니에요. 심부름도 잘해요. 자기가 원하는 일이 있으면 와서 손을 잡아끌고 가고요. 다섯 살 된 언니가 있는데 작은애가 장난감이며 책을 갖고 있으면 뭐든지 다 빼앗아버려요. 혹시 큰애한테 스트레스를 받아서 말을 안 하는 것인지, 아니면 어디가 이상이 있어서 말을 안 하는 건지 궁금해요.

A 말이 트이는 것은 질적 운동성과 관련이 있으므로 큰아기한테 스트레스를 받아서 말이 늦게 트인다고 생각하기는 어렵습니다. 생후 18개월에 간단한 사물 이름을 이해하고 심부름을 잘한다면 일단 언어이해력에 지연이 없다고 판단됩니다. 세부 사물 이름도 알려주시고 신체 부위, 가족의 호칭 등을 알려주시면서 지속적으로 언어이해력 수준이 향상되는지 살펴보세요. 아기가 말을 잘하지 못해도 몸짓으로 자신의 의사를 표현하므로 아기가 하는 몸짓을 이해한다는 표현을 해주시길 바랍니다.

Q 말하기와 대소변 가리기가 늦어요

20개월 된 딸아기인데 두 단어 이상 붙여서 말을 하지 못하고 말하는 단어도 몇 가지밖에 안 됩니다. '응가'나 '쉬'라는 단어도 말하지 못합니다. 그냥 좀 늦는 거겠죠? 큰집 아기들도 말하는 것과 대소변 가리는 것이 좀 늦더라고요. 언젠가는 하겠지 하고 생각하지만 그냥 이대로 두어도 괜찮은지 궁금합니다.

A 말하기와 대소변 가리기는 모두 작은 근육의 질적 운동성과 관계가 있으므로 같이 늦어질 수 있습니다. 생후 20개월이라면 집 안에 있는 대부분의 물건 이름 정도는 알고 있으면 좋겠습니다. 세부 사물 이름도 알려주시려고 노력해 주세요. 물론 '응가', '쉬' 등의 말로 자신의 의사를 표현해주면 좋겠지만 아기 나름대로 얼굴 표정이나 작은 몸짓으로 응가나 쉬를 표시할 수 있으므로 아

기의 행동을 세밀히 관찰해 주시길 바랍니다.

Q 22개월, 아기가 책만 보는데 언어 능력은 많이 느린 것 같아요

우리 아기는 10개월쯤부터 책을 좋아했고 늘 읽어달라고 조르더니, 지금은 다른 놀이에는 관심이 없고 책만 읽어달라고 조릅니다. 그렇지만 아기의 언어 능력은 많이 느린 것 같아요. 책을 많이 읽으면 언어발달에 도움이 된다고 하던데 우리 아기는 왜 그럴까요? 발달에 문제가 있는 건 아닐까요?

A 그림책을 많이 읽어준 후 아기가 얼마나 말을 잘하는가를 살피시기보다는 얼마나 말을 잘 이해하는지 살피셔야 합니다. 그림책을 많이 읽어주었는데도 언어이해력이 지연된다면 아기는 엄마가 하는 말을 이해한 것이 아니라 책에 있는 그림과 색깔을 즐긴 것입니다. 그림책을 많이 읽어준다고 해서 모든 아기의 언어이해력이 의미 있게 증가하지는 않습니다. 선천적으로 언어이해력에 어려움을 보이는 아기들의 경우에는 엄마가 책을 읽어줄 때 나오는 단어와 그림은 연결시킬 수 있지만 엄마가 말하는 문장의 의미는 파악하지 못합니다. 지금 나이에 아기들이 보는 책은 그림책이므로 시각적으로 그림과 색깔의 차이를 인지하는 것인지 엄마가 읽어준 문장을 이해하는 것인지 잘 분별해 보세요.

Q 아직 '엄마'라는 말도 하지 못해요

17개월 여아입니다. 보통 여자아기들이 말이 빠르다고 하는데 전 빠른 것까지는 기대 안 하고 그저 '엄마', '아빠' 정도만이라도 했으면 좋겠어요. 물론 가끔, 정말 가끔 한 번씩 해주긴 해요. 그리고 '아빠'라는 말을 더 잘합니다. 언어가 느린 게 제가 자극을 덜 주어서일까 고민도 해보고 노력하고 있는데 잘 안 되네요. 구연동화처럼 책을 읽어주어도 문화센터에 가면 집중하는데 제가 하면 딴짓을 합니다. 성격이 활발한 것 같은데 어디 가면 얌전

하다는 소리를 듣고요. 저희 아기도 말귀는 알아듣는다고 생각해요. 심부름은 곧잘 하니까요. 인지 부분에서는 동물을 가르쳐주는 중이지만 아직 잘 모르는 것 같아요. 도형 끼우기와 같이 작은 근육 쓰는 건 잘해요. 하지만 아직 색깔은 몰라요. 제가 보기에는 지극히 정상적이고 예쁜 아기인데 왜 말을 안 할까요? 너무 집에서만 키워 또래와 어울릴 기회가 없었던 것 같아 이번 달부터 문화센터도 다닙니다.

A 17개월에 언어이해력이 정상 범위에 속하고 손 조작도 어려움이 없는데 말만 안 하는 발달 특성은 전혀 걱정할 일이 아닙니다. 말이 늦게 트이는 아기라고 생각하시고 최소한 48개월까지 기다리셔도 좋습니다. 발달 문제가 아니므로 힘들어하지 마세요.

Q 17개월 딸아기, 단어만 말해요

전 말이 매우 빨랐고 아기 아빠는 느린 편이었대요. 아빠는 두 살 반쯤이 되어서야 제대로 말을 했고 말수도 매우 적었다고 합니다. 그에 반해 저는 돌 전부터 제법 말을 많이 해서 우리 아기랑 비슷한 17개월 무렵에는 문장을 말했다고 합니다. 사실 언어발달에 별로 신경 안 썼는데 아기를 키우고 있는 친정엄마가 자꾸 아기 말이 늦다고 해서 걱정되네요. 지금은 단어만 말할 줄 알아요. 하지만 정확한 단어보다는 의성어가 많고 발음이 잘 안 돼요. 말귀는 귀신같이 다 알아듣고 신체 부위 같은 것도 다 알아요. 교재나 홈스쿨링 같은 걸 이용해야 할까요?

A 아기가 신체 부위도 안다면 전혀 걱정할 일이 아닙니다. 말을 잘하게 하기 위해서 전집 교재도 홈스쿨링도 필요하지 않습니다. 단, 그림책과 홈스쿨링은 언어이해력 향상에는 도움을 줄 수 있으므로 이를 위해서라면 하셔도 좋습니다. 무엇보다도 어린이집 경험이 언어이해력 향상에 도움이 될 겁니다.

Q 우리 아기 언어치료가 필요할까요?

23개월 남아입니다. 가족들 사이에서 첫 손주이고 저도 첫아기라 많이 신경 썼는데 도통 말을 안 하네요. 대여섯 가지 단어는 말했는데 한 번 해보고 다시 입을 안 열어요. 말귀는 엄청 잘 알아듣는데 자기가 원하는 것에만 반응합니다. 뭐든지 자기 위주고 다른 사람이 하자는 대로 따라오는 법이 없어서 문화센터 적응도 힘들고요. 새로운 곳에 가는 걸 엄청 싫어하고 뭐든 새로운 걸 꺼립니다. 도전 정신은 있는데 자기가 잘 못하는 것은 안 하려 하고 혼자 며칠을 생각해 보다가 도전하는 것 같습니다. 중요한 시기에 발달이 늦어져 나중에 후회할까 걱정되어 치료를 받고 싶은데 어떤 치료가 좋을지, 그리고 새로운 곳에 적응하기 힘든 아기도 치료가 가능할지 궁금합니다. 운동능력은 정말 좋습니다. 근육발달도 좋고요. 다만 씹어 먹지 않으려 하고 먹는 것에 영 관심이 없네요. 기분 좋으면 마음대로 돌아다니고 기분 나쁘면 엄마한테 안겨서 하루 종일 징징거립니다. 엄마를 엄청 찾고 종일 붙어 있으려 해요. 예민한 아기라서 키우면서 단 한 번도 편했던 순간이 없습니다. 남편도 바쁘고 아기가 아토피가 있는 데다 잘 안 먹고 해서 스트레스를 많이 받고 우울했는데 그게 영향을 끼치지는 않았을까 걱정스럽습니다.

A 24개월에 말을 잘하지 못한다고 해서 굳이 언어치료를 받을 필요는 없습니다. 소아물리치료사나 소아작업치료사가 입 주변의 운동성을 향상시키기 위한 언어치료를 제공하기도 하지만 운동장애가 있지 않은 이상 24개월에 치료적인 접근을 시도하지는 않습니다. 발음은 입 주변의 여러 운동 기능이 잘 통합되어야 가능합니다. 자연 성숙에 의해서 말이 트일 때까지, 최소한 생후 48개월까지 기다려주세요.

Q 아기가 "싫어"라는 말을 반복해요

우리 아기는 17개월 된 여자아기인데 최근에 고개를 가로저으며 "싫어! 싫어!" 하는 말을 반복합니다. 처음에는 싫은 것을 표현한다는 것 자체가 신기했는데 너무 심한 것 같아요.

마음에 들지 않으면 물건을 던지고, "씨~"라는 말을 하며, 자기의 머리를 때리기도 하고, 자리에 누워 바닥에 머리도 박아요. 그냥 잠깐 저러는 거려니 생각하다가도 걱정이 돼요. 제가 조기 교육에 대한 완전한 이해 없이 주워들은 얘기로만 아기를 키운 걸까요? 아기가 태어나자마자 경쟁이라도 하듯이 책을 샀고 아기가 조금 늦다 싶으면 불안해했어요. 태어난 지 한 달 된 아기에게 거금을 들여 동화책과 장난감을 사주기도 했고요. 이런 조바심 때문에 아기가 스트레스를 받았나 봐요. 책만 읽으면 소리를 지르며 덮어버립니다. 부정적인 아기로 성장하는 건 아닌지 걱정이에요.

A 17개월 아기는 언어로 자신을 충분히 표현하지 못하므로 행동이 과격해지기 쉽습니다. 아기가 무엇을 즐거워하고 무엇을 즐거워하지 않는지 잘 살펴보시길 바랍니다. 아기의 발달 상태를 고려하지 않은 조기 학습은 아기에게 심한 스트레스를 주고 결국 양육자를 거부하는 반응까지 나타납니다. 책을 다 치우고 장난감을 가지고 놀아주거나 여기저기 놀러 다녀보세요. 어떤 경우에도 아기에게 책을 강요하지 않는 게 좋습니다.

Q 담요를 입에 물고 빨면서 자요

만 19개월 된 딸아기를 둔 초보 엄마입니다. 우리 아기는 담요에 너무 집착을 합니다. 제가 젖이 부족해 조금 먹이다가 분유를 먹였는데 잘 먹지 않아 고생을 했어요. 그래서 돌이 지나자마자 분유를 끊고 밥을 먹였답니다. 그런데 언제부터인가 졸릴 때면 이불을 입에 물고 쪽쪽 빠는 소리를 내며 뒹굴다 잠이 듭니다. 위생상 이불을 무는 것이 좋지 않을 것 같아 공갈젖꼭지를 물려주면 조금 빨다가 다시 이불을 빱니다. 한 번은 다른 집에 가서 자야 하는데 미처 이불을 준비 못 했어요. 그런데 아기가 잠을 못 자고 울고 떼쓰고 하면서 어찌할 바를 모르더라고요. 결국 그냥 집으로 돌아와야 했습니다. 평소 잘 놀다가도 이불 생각이 나면 방으로 가서 이불을 끌어안으며 너무 좋아합니다. 가끔은 저에게도 이불을 내밀며 빨라고 합니다. 젖을 많이 못 빨아서 그런 건가 싶어 엄마로서 미안하기도 하고 정서적으로 안정이 안 되어서 그러는 건 아닌지 걱정이 됩니다.

Ⓐ 아기들이 특별히 애착을 갖는 물건이 있을 수 있습니다. 담요를 물어야 잠을 잘 수 있다면 그렇게 하도록 내버려두세요. 억지로 담요를 빼앗으려고 하면 아기가 담요에 더 집착합니다. 만일 그동안 아기와 즐겁게 놀아주지 못했다면 좀 더 적극적으로 놀아주면 좋겠습니다. 또 집착을 가질 필요가 없는 물건에 아기가 집착하는 것 때문에 엄마의 불안이 심해진다면 성격심리 검사를 통해서 엄마가 불안을 느끼는 원인이 무엇인지 알아보면 좋겠습니다.

Ⓠ 뭐든 자기가 하겠다고 떼를 써요

23개월 된 남자아기의 엄마입니다. 우리 아기는 요즘 무조건 자기가 하겠다고 떼를 씁니다. 실제로 아기가 할 수 있다면 시키지만 할 수 없는 일까지 하겠다고 떼를 써서 난감합니다. 앞으로 차차 배워가며 하게 될 일인데 마냥 못 하게 할 수도 없고, 스스로 하게 내버려두자니 방법을 잘 모르겠어요. 아기가 온순한 성격이라 지금까지 그리 큰 문제는 없었어요. 그런데 밖에서 노는 시간이 늘면서 맞기도 하고 싸우는 걸 봐서 그런지 맘에 안 드는 일이 있으면 엄마를 때리려고 하고 가끔은 "때찌" 하며 무릎을 때리기도 합니다. 다른 아기들보다 모방이 좀 심하거든요. 어떻게 지도해야 하나요?

Ⓐ 발달 나이로 보면 스스로 하고 싶어 하는 자율성이 커지는 나이이므로 이는 정상 행동입니다. 시간이 허락한다면 스스로 해볼 기회를 주세요. 성취욕이 크고 자율성이 높은 아기는 남이 해주는 것을 아주 싫어합니다. 오히려 하고 싶은데 능력이 되지 않아서 아기가 속상해하지요. 의욕과 달리 자신의 운동능력이 모자라 자존심이 자주 상하는 아기의 심정을 이해해 주세요. 단, 아기가 모방하려 할 때 엄마가 일상에서 가능한 것과 가능하지 않은 것에 대해 단호한 태도로 분명히 말해줘야 합니다. 엄마가 싫어하는 행위는 싫다고 표현해 주세요.

Ⓠ 속이 상하는 일이 생기면 엄마를 때려요

24개월 된 우리 아기는 친구들과 놀다가 속이 상하는 일이 있으면 꼭 엄마인 저를 때립니다. 친구가 때리거나 장난감을 빼앗아서 속이 상하면 "나도 같이 놀자!" 혹은 "때리지 마!" 하고 말로 표현하라고 가르칩니다. 그럼 실제 그렇게 하는데 그러고 나서도 저를 때립니다. 왜 그럴까요? 또 장난감을 갖고 놀 때 아기가 방바닥에 다 쏟아붓고 노는데 어느 정도 놀았다 싶으면 제가 일일이 치우거든요. 그런데 치운다고 떼쓰고 못 치우게 하네요. 기질 문제인가요?

A 아기가 스스로 스트레스를 조절하는 능력이 부족하면 주변 사람들을 힘들게 합니다. 게다가 생후 24개월은 양육하기 매우 힘든 나이죠. 상대방을 배려하지 못하는 기질을 타고났다면, 야단을 쳐서 변화시킬 수도 없습니다. 하지만 엄마를 때릴 때 아기의 손을 잡고 단호한 태도로 때리지 말라고 엄마의 메시지를 전달하시길 바랍니다. 엄마가 메시지를 전달했다고 해서 금방 엄마를 때리는 행동이 수정되는 것은 아닙니다. 24개월 아기의 떼는 생후 60개월 무렵이 되면서 자연스럽게 줄어들게 됩니다. 너무 심하게 감정적으로 야단치지 않도록 유의해 주세요.

Q 둘째가 생기니 엄마 곁에서 떨어지지 않으려 해요

은아(생후 20개월), 성아(생후 1개월)를 둔 엄마입니다. 성아를 낳고 산후조리하는 한 달 동안 은아를 시어머니께 맡겼습니다. 거기서는 아주 잘 놀았다고 해요. 한 달이 지난 후 다시 만나자 처음에는 저를 못 알아보는 것 같더니 이내 붙어서 안 떨어지려고 해요. 성아에게 젖 주려고 하면 짜증을 내면서 엉겨 붙습니다. 성아가 울면 은아도 따라 울면서 성아한테 못 가게 합니다. 하지만 가끔 성아 볼을 쓰다듬어주기도 해요. 어떻게 해야 하나요?

A 동생이 태어났을 때 동생처럼 어리게 행동하면 엄마의 사랑을 다시 받을 수 있을 거라고 생각하고 행동하는 퇴행 행동이 나타나는데 이는 정상 발달 과정입니다. 어린 아기와 같이하는 행동을 적당히 받아주시고 더 많이 예뻐해 주세요. 동생이 엄마의 사랑을 빼앗아 간 것이 아니라는 걸 느끼게 해주셔야 합니다. 첫째는 보통 동생에 대해서 양가감정을 느낍니다. 따라서 동생을 예뻐하는 행동을 할 때 많이 칭찬해 주세요. 큰아기와 일대일로 놀아주는 시간도 가지셔야 합니다.

Q 또래 아기들에게 항상 물건을 빼앗겨요

22개월 된 남자아기의 엄마입니다. 우리 아기는 너무 순해서 항상 맞기만 하고 때릴 줄도 모릅니다. 물건을 뺏겨도 화를 내거나 속상해하지 않을 때가 많습니다. 더구나 주변 또래 아기들은 대부분 공격적인 성향을 갖고 있어서 아기가 많이 당하곤 해요. 성격이 너무 순한 것도 문제가 될까요? 좀 크면 자기 물건에 대한 애착이 생길까요?

A 차라리 빼앗기는 것을 뺏는 것보다 마음 편해하는 아기들이 있습니다. 미끄럼틀을 탈 때에도 다른 아기들이 다 탄 다음에 타는 아기들이지요. 제가 아주 좋아하는 아기들입니다. 아직 22개월이므로 물건을 빼앗겼을 때 속상해하면 엄마가 다시 가져다주셔도 좋습니다. 18세까지 다양한 경험을 통해서 자신을 공격하는 사람들과 어떻게 상호작용하는 것이 상대에게도 도움이 되고 자신에게도 도움이 되는 것인지 충분히 대화를 통해서 터득할 수 있으니 걱정하지 마세요.

Q 아기가 너무 잘 놀라요

23개월 된 남자아기인데 너무 잘 놀라서 걱정입니다. 집에서 남편이 "여보" 하고 저를 부르기만 해도 놀라서 안깁니다. 그때 누군가 옆에 안길 사람이 없으면 무서워하며 울려고 합니다. 안아주어야 안심을 하고요. 밖에 나가서 뛰어놀다가도 차 소리만 나면 뛰어와서 안깁니다. 신생아 때부터 그랬는데요. 애를 안고 계단을 내려오면서 살살 걷는다고 걸어도 한 발 내디딜 때마다 "으응, 웅" 같은 작은 신음 소리를 내며 겁을 먹고, 차 브레이크만 밟아도 몸을 움츠렸어요. 잠도 잘 자고 먹는 것도 그런대로 잘 먹는데 시간이 지나면 괜찮아질까요? 예정일에 아기 심장박동이 좀 안 좋다고 해서 유도분만을 했었는데 관계는 없겠죠?

A 아기들의 특정한 행동들에 대해 우리는 아직 과학적으로 그 원인을 다 밝히지 못했습니다. 단지 우리가 보기에 별일이 아닌데 아기가 놀란다면, 아기에게는 놀랄 상황이라는 것을 인정하는 태도가 필요합니다. 안아주고 놀랄 일이 아니라고만 말해주세요. 만 5세 이후가 되면 놀라는 증상이 많이 줄어들 겁니다.

Q 아기가 음경을 많이 만져요

우리 아기는 19개월 된 남자아기인데 아직 대소변을 못 가립니다. 날이 더워 땀띠가 나서 집에서는 기저귀를 벗겨놓는데요. 벗겨놓으면 음경을 계속 열중해서 만집니다. 야단도 쳐보고 관심을 다른 데로 돌려놓아도 그때뿐이고 항상 손이 그쪽으로 가 있습니다. 그나이에도 기분이 좋아지는 것을 느껴 계속 만지는 걸까요? 나이 먹어서도 집착할 것 같아 걱정입니다. 또 세균 감염도 걱정되고요. 어떻게 해야 그런 행동을 하지 않을까요?

A 보통 자위행위는 스트레스 상황에서 발생합니다. 불안하거나 심심한 경우에 주로 많이 하지요. 자위행위를 하는 모습을 보면 부모 입장에서 매우 불안하겠지만 성적인 의미가 아니므로 침착하게 무엇 때문에 아기가 불안감이나 심심함, 무료함을 느끼는지 분석해 보시고 스트레스 상황에서 벗어나게 도와주시면 좋겠습니다.

질적 운동성이 떨어지는 아기,
스포츠를 강요하지 마세요!

한 아기 엄마가 생후 24개월이 된 아들을 데리고 찾아왔다. 아기는 사회적으로
나 경제적으로 부유한 부모 밑에서 태어난 첫아들로, 행복하게 성장하고 있었
다. 엄마의 고민은 아기가 잘 넘어진다는 것이었다. 발달 평가 결과 인지발달은
정상 범위에 속하는 데 질적 운동성이 좀 떨어졌다. 질적 운동성을 썩 좋지 않
게 타고난 것인데 이 정도면 걱정할 일이 아니므로 잘 넘어지는 이유를 설명해
주고 편하게 아기를 키우라고 조언을 해주었다. 집으로 돌아간 아기 엄마는 아
기의 운동발달을 향상시키기 위해서 고가의 유아운동 프로그램을 모두 검색해
보았다. 그리고 은퇴한 축구선수가 운영하는 축구 프로그램을 비롯해서 유아
들이 할 수 있는 모든 운동발달 프로그램을 알아보고 보낼 수 있는 시기가 되
면 열심히 아기를 데리고 다녔다. 하지만 아기는 점점 운동에 흥미를 잃어갔다.
초등학교에 입학한 후에도 아기는 또래 아기들하고 놀려고 하지 않아 학교 적
응에 어려움을 보였다고 한다.

아기가 열 살이 됐을 때 엄마는 우연히 아들이 손으로 조작하는 놀이를 좋
아한다는 사실을 발견하게 됐다. 손으로 무언가를 만드는 일은 아기가 지겨워
하지 않고 꾸준히 오랜 시간 작업을 했던 것이다. 아기가 오랜 시간 흥미를 잃

지 않고 하는 놀이가 있다는 사실에 엄마는 깜짝 놀라며 좋아했다.

유아기에 정상 수준의 인지발달을 보이면서 운동발달만 좀 늦는 경우에는 운동발달 이외의 영역에 아기가 흥미를 느끼고 있다는 의미이기도 하다. 인지발달이 정상 범위에 속하면서 운동발달만 늦는 경우 아기의 성품은 조용하고 언어이해력을 요하는 놀이나 손으로 조작하는 놀이를 좋아할 가능성이 높다. 하지만 이 엄마는 안타깝게도 아기가 좋아하는 놀이보다 아기가 어려워하는 부분을 향상시켜야 한다는 불안으로 스포츠 활동을 열심히 시켰던 것이다.

질적 운동성이 떨어진다는 것은 순발력, 민첩성, 균형 감각, 조정력 등이 떨어진다는 이야기이다. 이런 경우 또래 집단에서 공격성을 보이는 아기들을 무섭다고 느낀다. 아기들이 때리려고 하거나 몸으로 놀자고 다가오는 경우 심리적으로 위축되고 적절히 반응해 주지 못한다. 당연히 공격성이 필요한 스포츠 놀이는 싫어하게 된다. 이런 아기들에게는 유아기 놀이로 자전거 타기나 수영과 같은 운동 놀이가 적합하다. 하지만 만 8~10세 이후 특별한 기회를 통해 흥미를 느끼게 되면 축구나 농구, 배구 같은 순발력, 조정력, 민첩성을 요하는 스포츠에도 잘 적응할 수 있다.

질적 운동성이 떨어지는데 엄마가 열심히 놀아주고 다정하게 대하면서 스포츠 활동을 같이 하자고 부드럽게 권하는 경우, 엄마의 기대에 부응하기 위해서 아기는 하기 싫은 스포츠 놀이를 해야 한다. 이럴 때 아기의 답답한 심정을 잘 읽어주어야 한다. 모든 아기는 엄마를 사랑한다. 더구나 자신에게 부드러운 태도로 대해주는 엄마는 세상에서 가장 소중한 존재이다. 그래서 엄마가 자신에게 원하는 것이 싫어도 아기는 엄마를 기쁘게 하려고 협조해 주는 것이다. 유아기에는 다양한 놀이가 필요하지만 운동이건 음악이건 미술이건 아기가 싫어하는 경우에는 뇌 발달 증진에 도움이 되지 않는다. 어린이집이나 유치원에서 하는 놀이는 짧은 시간에 다양한 프로그램이 들어가므로 자신이 싫어하는 놀이라도 잠깐만 참으면 되므로 협조를 곧잘 한다. 하지만 집에 돌아와서는 아기가 좋아하는 놀이를 할 수 있도록 도와주는 것이 유아기 뇌 발달을 도와주는 일이다.

아기의 기질에 따른
감정조절법

| 까다로운 아기 |

자주 울고 분유도 조금씩 자주 먹는 아기를 돌보다 보면 양육자는 진이 빠지게 된다. 아기의 요구를 금방 들어주지 않는 경우 소리를 지르듯 울며, 얼굴이 빨개지고, 땀을 흘리면서 울기도 한다. 이런 아기들은 생후 1개월부터 손에서 떼지 못하고 항상 안고 키워야 하고, 체중이 쑥쑥 늘지 않아 엄마 속을 태운다.

6개월이 지나면 울 때 대개 소리를 지르지만 눈물은 별로 나지 않고, 눈을 뜨고 엄마의 눈치를 살피며 우는 특성을 보인다. 안아주어도 울고, 내려놓아도 울기 때문에 아무리 애를 써도 아기는 기분이 풀리거나 지쳐서 잠이 들 때까지 운다. 기분이 좋을 때는 잘 웃고 애교를 부리며 놀다가도, 한번 울기 시작하면 끝을 본다. 만약 양육자가 '누가 이기나 해보자'라는 식으로 우는 아기를 옆방에 두고 모르는 척하는 경우, 숨이 넘어갈 정도로 울어 결국 양육자가 지고 만다. 그러나 기어다니거나 걸어 다니게 되어 자율적으로 행동할 수 있게 되면, 짜증은 많이 줄어든다. 말을 하게 되면 울음과 짜증은 사라진다. 하지만 원하는 요구를 들어주지 않는 경우 떼가 심해져, 백화점에서 원하는 장난감을 사주지

258

않으면 바닥에서 버둥거리는 행동을 하는 등 엄마를 당황시키기도 한다.

심한 경우 검사를 받아도 검사자의 의도에 개의치 않으며, 검사자가 화를 내도 검사자의 눈을 쳐다보지 않고 자기가 하고 싶은 대로만 한다. 검사자나 엄마가 야단을 치는 경우, 장난감을 포기하고 검사실을 나가려고 한다. 야단을 쳐도 한 귀로 듣고 한 귀로 흘리는 태도를 보이므로 엄마는 아기가 자신을 무시한다는 생각이 들어 화가 나기도 한다. 체력이 좋고 목소리에 위엄이 있는 아빠나 할아버지가 따끔하게 야단을 쳐주는 경우에 아기의 행동을 어느 정도 제어할 수 있지만, 엄마의 체력과 가는 목소리로는 아기를 도저히 다룰 수가 없다. 또래 아기들과는 잘 놀려고 하지 않고, 자기의 요구를 들어주는 어른이나 나이 차이가 크게 나는 형들을 쫓아다니며 논다.

까다로운 아기는 생후 24개월까지 대강 아기에게 맞추며 키우다가 신뢰할 만한 원장님이 운영하는 어린이집에 보내는 것이 좋다. 혹은 형제들이 많은 친척집에 자주 보내는 것도 아기의 사회성과 감정조절력 향상에 도움이 된다. 자신의 감정대로 행동했을 때 또래 아기들 속에서 불이익을 당하면 아기가 행동을 절제할 수 있기 때문이다. 만일 아기의 버릇을 잡겠다고 매를 들면, 엄마와 아기의 애착 관계가 손상될 수 있고 행동 수정이라는 결과는 얻을 수 없다.

생후 6개월 이전에 심하게 우는 아기는 달래도 울기 때문에 마음을 차분하게 갖고 숨을 깊게 쉬면서 아기의 울음소리에 흥분하지 않도록 노력해야 한다. 품에 안고 달래면서 체력을 소모하기보다는 유모차에 태워서 흔들거나 엎어놓고 등을 쓸어주면서 아기가 스스로 감정을 가라앉히기를 기다리는 것이 양육자의 에너지를 효율적으로 쓰는 방법이다.

걸어 다닐 정도가 되면 야단을 칠 때 아기의 얼굴을 가볍게 잡고 엄마의 눈을 쳐다보게 해야 엄마의 말에 조금이라도 귀를 기울인다. 소리를 지르거나 짜증을 내고 때리기보다는 일단 하던 일을 멈추고 아기의 키 높이로 엄마의 몸을 낮추어 눈을 맞추도록 계속 요구하는 태도가 필요하다. 단, 까다로운 기질의 아기들은 야단맞을 일이 많으므로 평상시에 아주 재미있게 놀아주면서 양육자에 대한 신뢰와 애착을 쌓는 게 좋다. 그래야 엄마가 야단을 칠 때 조금이나마 엄마의 입장을 고려해 준다. 양육자가 힘들어서 항상 신경질을 내면 일반적인 애착 관계를 형성하기가 어렵다.

| 순한 아기 |

부모 입장에서 가장 효도를 하는 아기는 바로 순한 기질을 타고난 아기일 것이다. 모유나 분유를 먹이면 다시 먹을 때까지 누워서 놀다가 잠이 들고, 배가 고프거나 기저귀가 젖은 경우에만 우는 아기다.

순하고 머리가 좋은 경우 정상적인 운동발달과 지적발달을 보이면서 말을 잘 듣는 아기로 자라기 때문에 키우기가 수월한 경우가 많다. "이런 아기는 열 명도 키우겠다"라고 주변에서 이야기해 주는 아기들이다. 이런 아기는 생후 4개월까지 순하면서도 잠자는 시간이 일반 아기들보다 많지 않다.

반면 순하면서 잠을 많이 자는 아기는 태어났을 때부터 약간의 발달 지연을 가지고 있어, 적절히 도와주지 않으면 근육의 긴장도가 떨어져 운동발달이 많이 늦어지거나 인지발달이 늦어지는 경우가 많다. 아기가 잠을 푹 잔다고 신생아 때 4시간이 넘도록 재우고 모유나 분유를 먹이지 않을 경우 체중이 감소하기도 한다. 특히 모유를 먹이는 경우 먹다가 잠이 들어 얼마를 먹였는지 확인하지 못해 체중 감소를 알아내기가 어렵다. 반대로 많이 먹는 경우에는 움직이지 않으므로 살이 많이 오르기도 한다.

순한 기질의 아기는 부모가 조금이라도 신경을 쓰지 않으면 혼자서 놀게 되는 것이 일반적이다. 따라서 모빌만 달아주고 엄마가 집안일을 하는 경우 아기의 두뇌 발달을 위한 자극이 충분히 제공되지 않을 수도 있다. 실제로 아기 엄마가 슈퍼를 운영하느라 바빠 아기에게 모유만 먹이고 작은 방에 홀로 눕혀 놓았다가 아기의 발달 지연을 불러온 경우가 있었다.

순한 기질의 아기라면 신생아 시기부터 깨어 있을 때 잠깐이라도 엎어놓아 아기의 목 가누기를 도와주어야 한다. 단, 솜이불은 위험하며 바닥이 탄탄한 곳에 깨어 있는 시간에만 엎어놓아야 한다. 아기가 요구하지 않아도 아기와 눈을 맞추거나 시각적 · 청각적 자극이 많은 환경을 만들어 아기의 뇌가 사고하도록 도와주어야 한다. 커서 발달 지연을 보인 아기 중 많은 아기가 무척 순했다는 사실을 명심해야 한다.

| 말 잘 듣는 착한 아기 |

"여기 있는 휴지, 휴지통에 갖다 버리세요", "장난감은 장난감 통에 넣으세요" 아기가 말을 잘 들었으면 하는 것은 모든 엄마의 바람이다. 엄마가 요구하는 모든 것을 얼굴을 찡그리지 않고 그대로 하는 아기들이 있다. 어쩌면 저럴까 싶을 정도로 엄마의 말에 전혀 거부감을 보이지 않는다. 이 아기들의 특징은 몸놀림이 조심스럽고, 말이 많지 않으며, 눈치를 보는 것 같지도 않은데 엄마의 말이 떨어지기가 무섭게 지키는, 그야말로 기가 막힌 아기들이다. 이런 아기를 둔 엄마들의 특성을 보면, 엄마의 성품 역시 조용하고 목소리의 톤이 높지 않으며 신경질적이지 않다는 것이다. 그런데 엄마들은 아기가 자기주장이 너무 없고, 누가 때려도 맞기만 하지 때릴 줄 모른다며 행복한 고민을 한다. 엄마 자신도 순종적인 성격이라 많이 당하고 살았다고 생각해서 자신의 성격이 마음에 들지 않는데, 닮지 말았으면 하는 자신의 성격을 그대로 닮았다고 속상해하기도 한다.

타고난 성품이 부드럽고, 환경에 별로 저항적이지 않은 아기들이 있다. 엄마의 유전인자로 원래도 부드러운 성격에 엄마 역시 부드러워 환경적으로도 아기 행동이 크게 과격해질 기회를 얻지 못한다. 이런 아기의 기질을 색깔로 비유한다면 투명한 수채화 톤이다. 하지만 맑은 수채화는 조금만 흙탕물이 튀어도 자국이 나서 상처를 입기 때문에 자신의 맑은 모습을 유지하기란 쉬운 일이 아니다. 아기의 성격이 바뀌길 원한다면 우선 엄마라는 환경의 특성부터 바꾸어야 한다. 엄마라는 가장 영향력 있는 환경을 강한 톤으로 바꾸면 아기는 점차 바뀔 수 있다. 또 피아노나 바이올린이 아닌 태권도나 무술 같이 활동적인 취미 활동을 시킬 것을 권한다. 축구나 배구처럼 함께 어울리며 승부를 위해 모든 에너지를 모으는 특별활동도 좋다. 아기의 기질은 타고나는 것인 한편, 환경을 통해서도 변화시킬 수 있다.

아기의 기질은 아기가 가지고 태어나는 행동 성향을 설명하기 위한 수단이다. 기질은 연구자에 따라 다르게 나뉠 수 있다. 각 연구자의 기질에 대한 의견은 내 아기의 행동을 이해하는 하나의 틀로써만 활용하자. 성인이 되었을 때 성격의 몇 퍼센트가 기질적인 요인이며 몇 퍼센트가 환경적인 요인인지에 대해서는 의견이 분분하며 일반적으로 50 대 50이라고 이야기한다. 아기가 감정 조절력이 좋은 성인으로 자라려면 환경적인 노력이 지속되어야 한다. 따라서 아기의 기질과 발달 특성에 맞게 훈육 방법과 양육 환경을 제공하려는 노력이 필요하다.

Chapter 6
생후 25~36개월 아이발달

" 몸놀림이 활발해지고 언어이해력이 향상돼요! "

생후 25개월부터 특별히 몸을 움직이는 운동 놀이에 집중하는 아이들이 있다. 개구 쟁이라고 표현할 수도 있는 이 아이들의 경우 가만히 앉아서 엄마가 책을 읽어주면 별로 좋아하지 않는다. 반면에 가만히 앉아서 그림책에 나오는 그림을 즐기거나 엄 마랑 동화책 읽기를 좋아하는 아이는 어린이집에서 뛰어노는 놀이는 크게 즐기지 않을 수도 있다. 하지만 몸놀림이 활발해지면서 운동 놀이를 즐기는 아이는 작은 방 에서 하는 놀이에 쉽게 흥미를 잃는다.

생후 25~36개월에 언어이해력이 매우 빠른 속도로 발달하는 아이들이 있고, 반 대로 몸놀림이 매우 빠르게 발달하는 아이들이 있다. 따라서 아이들 각각의 발달 특 성에 맞는 양육 환경을 제공하는 것이 좋다. 운동발달이 좀 떨어진다고 운동 놀이를 계속 시키면 몸놀림이 민첩하지 못한 아이들은 심하게 스트레스를 받을 수 있다. 마 찬가지로 언어이해력을 높이겠다고 몸으로 놀고 싶어 하는 아이를 앉혀놓고 책을 읽어준다면, 아이는 엄마가 읽어주는 말의 의미를 파악하기보다 단순히 엄마의 목 소리를 즐기며 누워 있을 수도 있다. 심한 발달 지연을 보이지 않는다면 아이가 좋 아하는 놀이, 그리고 잘하는 놀이 중심으로 놀아주는 것이 부모와 아이의 상호작용

증진에도 도움이 된다.

아이의 발달이 우수한 편이라면 나이보다 한 살 정도 위인 아이들과 혼합반으로 이뤄진 또래 집단 활동이 가능하다. 반면 발달에 약간의 어려움을 보이는 경우라면 36개월 이전에는 보육 중심의 어린이집을 활용하는 것이 좋다. 자기보다 나이가 많은 혼합반보다는 자기 나이 수준이거나 혹은 한 살 어린아이들과 1년 정도 활동하는 것도 나쁘지 않다.

살다 보면 '작전상 후퇴'가 필요한 시기가 있다. 발달이 좀 느리다면 어린이집에 한 살 반을 낮추어 보내서 스트레스를 덜 받게 한 후, 1~2년 후에 또래 집단에 넣는 것도 좋은 양육 전략이 될 수 있다. 아이의 발달 특성에 따라서 발달 증진을 위한 전략도 차이가 나므로 부모는 아이의 발달 특성을 잘 살펴보려고 노력해야 한다.

아이의 큰 근육 질적 운동성

Your Baby's Gross Motor Movement Quality

균형 감각이 중요해요

생후 25개월부터는 다양한 동작과 기능이 가능한 질적 운동성이 빠른 속도로 발전한다. 그래서 빠른 속도와 안정된 자세로 달릴 수 있고 계단 오르내리기, 점프하기, 포크로 반찬 찍어 먹기, 혼자서 양말 신고 벗기, 간단한 옷 입고 벗기 등 일상생활에서 필요한 다양한 동작들이 가능하다.

이 시기 큰 근육 운동발달의 질적 운동성에서 가장 중요한 능력은 균형 감각이다. 생후 25개월 이후에 혼자서 계단을 올라가는 동작을 하려면 근력이 많은 영향을 미친다. 반면 혼자서 계단을 내려오는 동작을 하려면 시각적인 깊이를 인지하면서 내려와야 하므로 시각과 균형 감각의 통합이 요구된다.

생후 25개월에 혼자서 계단을 오르는 동작에는 어려움을 보이지 않으나 내려오는 동작에서는 큰 어려움을 보인다면, 바닥에서 한 발 들고 서 있는 동작을 할 때도 어려움을 나타낸다. 마찬가지로 토끼처럼 깡충깡충 뛰기는 가능해도, 바닥에 선을 그어놓고 선을 의식하면서 멀리뛰기를 시도해 보라고 한다거나 공책 크기의 종이를 놓고 넘어서 뛰라고 하면 어려움을 보일 수도 있다.

시각과 균형 감각의 통합에 어려움이 적은 아이들은 소집단 신체 활동이나 어린이집에서 하는 신체 놀이를 즐겁게 할 수 있다. 하지만 어려움을 나타내는 경우 제시한 과제를 수행하는 속도가 느리거나 정확하게 수행하지 못한다. 그래서 시각과 균형 감각의 통합이 어려운 아이들에게는 몸의 균형을 잡기 힘든 상황에서 어느 곳을 봐야 하는지를 알려 주는 것이 좋다. 그냥 앞으로 뛰는 놀이보다는 앞에 있는 장애물을 피해서 뛰는 놀이가 도움이 된다. 미끄럼틀을 내려올 때도 앞에 부모가 서서 부모의 가슴이나 다리에 시선을 맞추고 내려올 수 있게 도와주면 된다.

시각과 균형 감각의 통합이 잘 되는 아이들이 어린이집과 같은 또래 집단 활동에서 보다 자신감을 갖게 되며 적응하는 데 어려움이 적으므로, 어린이집 적응에 어려움을 보일 때 아이의 시각과 균형 감각의 통합이 잘 되는지를 살펴볼 필요가 있다.

이 시기에 또래 집단 활동에서 많이 하게 되는 신체 놀이가 바로 율동 놀이이다. 이때부터는 율동을 얼마나 정확하게 따라 하는지 관찰해볼 필요가 있다. 율동을 따라서 하긴 하지만 정확성이 떨어지는 경우 질적 운동성의 어려움을 의심해 봐야 하기 때문이다.

초보 부모의 경우 다른 아이들과 비

교할 기회가 없으므로 아이가 질적 운동성에 어려움이 있어도 그냥 지나치기가 쉽다. 몸을 움직일 때 유연성과 순발력이 떨어져서 또래 집단 활동에 적응을 잘하지 못하면 아이가 심리적으로 겁이 많다고 오해하기도 한다. 몸 움직임의 유연성이나 순발력이 떨어지는 경우에는 재롱잔치 등의 행사를 크게 하는 어린이집에는 보내지 않는 것이 좋다. 몸의 유연성과 순발력은 커가면서 아이가 스스로 동기를 가지고 몸을 많이 움직이면 좋아지는 발달영역이므로 아이가 거부할 경우 억지로 많은 운동을 시키지 말아야 한다. 단, 아이의 운동발달 특성이 아이의 사회성발달에 영향을 미칠 수 있다는 사실을 부모가 인지하려는 노력은 필요하다.

 TIP **감각-운동 통합능력** Sensory-Motor Integration

우리는 일상의 생활에서 매일매일 예측하지 못하는 새로운 자극들을 경험하게 된다. 눈으로 새로운 자극이 들어오거나 새로운 소리가 들리거나 손으로 물건을 만졌을 때 또는 몸의 흔들림을 느끼게 되었을 때 몸이 새로운 자극에 잘 반응할 수 있어야만 새로운 자극들을 즐길 수 있다. 만일 새로운 자극들에 몸이 잘 반응하지 못해서 긴장하고 움츠러든다거나 몸의 중심을 잃는 경우에는 사고가 나서 다칠 수 있다.

아기의 뇌에는 새로운 자극이 들어왔을 때 그 자극의 의미를 이해하고 몸을 적절히 움직일 수 있는 프로그램이 만들어져서 태어난다. 이 프로그램을 감각-운동 통합프로그램이라고 말한다. 감각-운동 통합프로그램을 강화시키려면 다양한 자극에 몸이 반응할 수 있는 놀이환경이 필요하다. 어린이집이나 유치원에서의 다양한 놀이 프로그램은 아이의 인지능력뿐만 아니라 감각-운동 통합능력을 향상시켜서 새로운 자극이 주어지는 환경에 잘 적응할 수 있도록 도와주게 된다.

집에서 하는 아이발달 검사

감각-운동 통합능력

검사명 **선을 보고 멀리뛰기**

검사시기 24개월 16일 ~ 36개월 15일

검사방법 바닥에 30센티미터 간격으로 선을 그어 놓는다. 선에 두 발을 놓고 서서 앞에 보이는 선까지 뛰어보게 한다. 꼭 두 발을 모아 뛰어서 앞에 있는 선까지 뛸 수 있는지 살펴본다. 꼭 바닥의 선에 시선을 고정하고 뛰어야 한다. 그래야 시각-운동 협응능력을 알아볼 수 있다.

집에서 하는 아이발달 검사

감각-운동 통합능력

검사명 **'반짝반짝 작은 별' 율동 따라 하기**

검사시기 24개월 16일 ~ 36개월 15일

▲ 정확한 손놀림   ▲ 불안정한 손놀림

검사방법 "반짝반짝 작은 별~" 노래를 부르면서 율동을 해보자. 율동 시 손 모양이 정확하게 만들어지는지 살펴본다. 움직임의 정확성이 떨어지는 경우에 율동 시 왼쪽, 오른쪽으로 방향 전환과 양손이 위아래로 놓이는 동작을 만들기 어렵다. 아이가 잘하지 못한다면 무리해서 정확하게 하도록 가르칠 필요는 없다. 아이의 몸이 아직 준비가 되지 않았다고 판단하고 낮은 수준의 율동 놀이를 시키면 된다.

아이의 작은 근육 질적 운동성

Your Baby's Fine Motor Movement Quality

구슬에 줄을 넣을 수 있어요

생후 25~36개월이 되면 구멍이 뚫린 구슬에 줄을 넣어서 목걸이를 만들 수 있을 정도로 작은 근육이 발달된다. 구멍에 줄을 넣고 당길 때 구슬을 당기는 방향과 줄을 당기는 방향이 반대가 되므로 이는 힘 조절을 요하는 질적 운동성을 필요로 하는 동작이다. 줄을 잡고 구슬을 당기는 원리가 이해되지 않는 경우에는 줄을 끼우기만 하고 놀이를 중단하게 된다. 아이의 손을 잡고 짝힘을 사용하는 방법을 반복해서 알려주면 아이가 금방 배울 수 있다.

컵에 물을 따르는 일도 부모가 옆에서 도와주면서 아이가 해보도록 기회를 주는 것이 좋다. 자동 급수기에서 물을 받는 일도 아이가 컵을 손에 쥐고 강도

를 조절할 수 있는 좋은 기회가 된다. 위험하다고 아이에게 시키지 않고 부모가 하기보다는 아이가 일상생활에서 반복적으로 해야 하는 일들을 할 수 있는 기회를 주어야 한다.

아이들이 스스로 동기를 가지고 열심히 도형을 따라 그리기란 매우 어렵다. 따라서 아이가 필력이 약하고 도형을 정확하게 따라서 그리지 못한다고 억지로 시키지는 말아야 한다.

연필을 쥐고 일자를 쓸 수가 있어요

생후 25개월부터는 대부분 크레파스나 연필을 쥐고 간단한 도형 따라 그리기 정도의 놀이는 할 수 있다. 가로와 세로로 일자를 정확하게 그리거나 동그라미를 그려보게 하자. 간혹 따라 그리는 데 어려움을 나타내는 아이들이 있다.

보통 손아귀 힘은 강하지만 연필로 간단한 도형을 따라 그릴 때 필력이 약하면 손목이 약해서라고 생각하기 쉽다. 그러나 이는 손아귀 힘은 강해도 칼질이 잘 안되거나 바느질을 잘하지 못하는 현상과 비슷하다. 어른이라면 칼질과 바느질을 열심히 연습해서 능력을 향상시킬 수 있다. 그러나 생후 25~36개월의 아

대소변을 가리기 시작해요

아이의 운동기능이 생후 24개월 수준이 되면 대소변을 가릴 준비가 된 상태가 된다. 따라서 아이의 질적 운동성이 심하게 지연되지 않는 경우라면 대소변 훈련이 가능한 시기이다. 어린이집에 다니게 되므로 어린이집에서 다른 친구들이 화장실에 가는 모습을 관찰하거나 변기에 앉아 있는 모습을 우연히 보게 되는 경우에 모방학습을 통해서 화장실에 가서 대소변을 보는 일에 거부감을 덜 느끼게 될 수 있다. 집과 어린이집에서 반복적으로 훈련하도록 친절하게 도와주어야 한다.

집에서 하는 아이발달 검사

작은 근육 질적 운동성

검사명 **동그라미 그리기**

검사시기 24개월 16일 ~ 36개월 15일

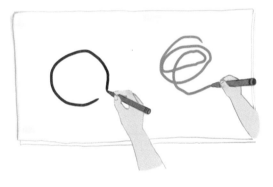

검사방법 엄마가 동그라미를 천천히 그린 후 똑같이 그리라고 해본다. 아이가 동그라미를 정확하게 그리는지 살펴본다. 정확하게 그리지 못하는 경우에 아이의 손을 같이 잡고 천천히 그리는 연습을 시켜 주면 된다.

아이의 언어발달

Your Child's Language Development

크다, 작다, 많다, 적다를 이해할 수 있어요

생후 25~36개월은 상대적인 개념과 상징적인 의미를 이해하기 시작하는 시기이다. '많다', '적다'는 사물 이름이 아니라 상대적인 양의 차이에 따라붙는 말이다. 마찬가지로 '크다', '작다', '길다', '짧다', '무겁다', '가볍다', '가장 크다', '가장 작다' 등의 말은 상대적인 상황에 대한 표현이다.

언어이해력에 어려움을 겪는 아이들의 공통된 증상은 단순 사물 이름 인지에는 어려움을 보이지 않으나 상징적인 의미나 추상적인 개념의 이해에는 어려움을 나타낸다는 것이다. 생후 24개월까지는 단순 사물 이름 인지와 세부 사물 이름 인지에는 전혀 어려움을 보이지 않으므로 집안 물건의 이름을 다 알고 새롭게 알려주는 사물 이름도 한 번에 익힐 수 있다. 하지만 생후 24개월 이후에도 '많다', '적다', '크다', '작다' 등을 알려주면 이해하기 힘들어한다. '크다', '작다'는 큰 물건과 작은 물건 두 개를 놓고 상대적인 의미인 것을 이해시킨 후에 알려주어야 한다. 생후 25개월 이후에는 스토리를 이해할 수 있는 시기이므로 스토리가 있는 동화책을 읽어주기 시작해도 좋다.

생후 25개월 이후에는 반드시 언어이해력을 점검해 보아야 한다. 이스라엘 정부의 경우 보건소에서 생후 32개월에 모든 아이의 언어이해력을 평가해서 언어이해력에 어려움을 보이는 아이들을 조기 발견해서 치료하려고 노력한다.

말트임이 늦어도 기다려주세요

이 시기에는 문장을 이용하여 말을 아주 잘하는 아이들이 있고, 아직 단어로만 말을 하는 아이들도 있다. 말이 빨리 트인 경우 매우 빠른 속도로 말이 늘기 때문에 말이 늦게 트이는 아이들의 부모들은 불안이 매우 심할 수밖에 없다.

하지만 여러 번 강조하지만 아이의 인지 발달에 있어서 중요한 것은 언어이해력이다. 언어이해력이 정상 범위에 속하는 경우 단어로밖에 말을 못 해도 생후 25~36개월에는 별도의 언어치료가 필요하지 않다. 만약 말을 트이게 하기 위한 언어치료를 2년 정도 받는다고 해도 이는 언어치료의 효과가 아니라 자연 발달에 의해서 말이 트인 것이다. 2년 동안 말트임을 위한 언어치료를 받지 않아도 입 주변의 운동성이 자연적으로 발달하여 말이 트일 수 있으므로 말이 늦게 트인다고 언어치료를 서두를 필요는 없다.

한때 아이의 발음을 좋아지게 하겠다고 설소대 수술을 시키는 일이 유행처럼 번진 적이 있다. 물론 선천적인 발달장애를 가진 아이들 중에서 설소대가 심하게 짧은 경우에는 수술을 시키기도 한다. 하지만 정상 발달을 보이는 아이들에게 말이 늦게 트인다고 해서 설소대 수술을 시키는 일은 절대로 하지 말아야 한다. 말이 트이지 않으면 무조건 언어치료를 해야 한다고 생각하거나, 설소대 수술을 받으면 발음을 더 정확하게 낼 수 있다는 생각은 이제 버려야 한다. 만 5세 이전에는 말을 얼마나 잘하는가가 아니라 아이의 나이 수준에 맞게 얼마나 말을 잘 이해하는가가 중요하다.

집에서 하는 아이발달 검사

언어이해력

검사명 **'많다 적다' 이해하기**

검사시기 24개월 16일 ~ 36개월 15일

검사방법   아이가 즐겨 먹는 과자를 두 개와 다섯 개로 접시에 나누어 놓고 어느 접시에 과자가 더 많으냐고 물어본다. 상대적으로 많은 양과 상대적으로 적은 양을 같이 놓고 '많다', '적다'의 개념을 알려준다.

아이의 친밀감 형성

Your Child's Intimacy

이유 없이 싫어했던 사람과도 좋은 경험이 쌓이면 친밀감을 형성할 수 있어요

생후 24개월까지는 과학적으로도 밝힐 수 없는 원인에 의해서 사람에 대한 아기의 선호도 차이가 나타난다. 아빠라 해도 무조건 남자라면 싫어하는 아기도 있고, 나이 든 사람을 싫어하는 아기는 할아버지가 친절하게 대해도 할아버지만 보면 울기도 한다.

하지만 생후 24개월 이후에는 여러 가지 경험에 의해서 사람에 대한 선호도도 달라진다. 할아버지를 싫어했던 아이도 할아버지가 항상 자신에게 좋은 경험을 주었다면 천천히 할아버지를 신뢰하고 할아버지와 긴밀한 애착 관계를 형성할 수 있다. 낯선 사람을 완전히 신뢰하

기까지는 이론적으로 6개월 정도의 시간이 필요하다고 한다. 하지만 2달 정도 자주 만나면서 긍정적인 경험을 쌓게 되면 이유 없이 싫었던 사람과도 신뢰 관계와 애착 관계를 쌓을 수 있으므로 자주 긍정적인 경험을 갖게 해주는 일이 필요하다. 많은 가족이 함께 생활하는 경우, 처음에는 특정한 사람에게만 안기고 좋아하지만 2년 정도 시간이 흐르면 모든 가족 구성원과 의미 있는 애착 관계를 형성할 수 있다.

요즘 같은 핵가족 시대에는 아이에게 많은 가족들과 애착 관계를 형성할 수 있는 양육 환경을 제공하기 어렵기 때문에 안타까울 따름이다. 어렸을 때 아이가 좋아하지 않았던 가족들이라 해도 꾸준히 즐거운 상호작용의 경험을 가질 수 있도록 해보자. 충분히 아이가 믿고 신뢰할 수 있는 관계 형성이 가능하다. 단, 잠자기 직전이나 스트레스가 매우 심한 경우에는 아이가 가장 믿고 의지하는 가족 구성원하고만 소통하려 할 수 있다. 그 사람 자체가 아이에게 안도감을 주기 때문이다. 따라서 아이가 낮에는 아빠나 할아버지와 잘 논다고 해도 잠을 잘 때는 엄마만 찾거나 아니면 아빠 혹은 조부모처럼 어떤 특정 가족 구성원을 찾을 수 있다. 하지만 가족 구성원 모두와 안정적인 애착 관계가 형성되어 있다면 이런 행동은 줄어들게 된다.

사회성 발달을 위해서 어린이집 경험과 또래 집단 경험이 꼭 필요합니다

생후 25개월부터는 아이가 어린이집에 적응할 수 있지만 친하게 지내는 단짝을 쉽게 만들기는 어렵다. 친구들과 일대일 놀이를 하기보다는 각각 놀면서 다른 친구들이 어떤 행동을 하는지 관찰하곤 한다. 하지만 같이 놀지 않아도 옆에 또래 친구들이 있는 것만으로도 모방 학습의 효과를 기대할 수 있다. 만약 함께 생활하는 가족이 많지 않다면 아이가 또래 친구들과 시간을 보내는 일은 반드시 필요하다.

일주일에 한 번, 한 시간 정도 또래 친구들과 만난다면 아이에게는 또래 친구들을 관찰하고 연구할 수 있는 시간이 절대적으로 부족하다. 반면 어린이집의 경우 매일 4~5시간을 친구들과 같이 보내게 되므로 각 친구의 행동 특성을 관찰하고 개념화시켜서 그들과 어떻게 상호작용을 할지 결정할 수 있다.

따라서 아이의 발달 증진과 사회성발달을 위해서는 일주일에 하루, 한 시간 가량 놀고 오는 프로그램보다는 매일 가는 어린이집을 선택하는 것이 바람직하다. 아이가 아직 말이 트이지 않아서 언어적 상호작용이 가능하지 않더라도 또래 집단에서 생활하는 것을 즐긴다면 어린이집 적응에 큰 어려움을 보이지 않을 것이다.

생후 25~36개월에 조기 발견해야 할 발달장애

생후 25~36개월은 아이가 아직 말은 잘 하지 못해도 언어이해력이 향상되면서 상호작용이 활발해지는 시기이다. 따라서 선천적으로 언어이해력이 떨어지거나 사람들과의 상호작용에 어려움을 보이는 발달장애를 조기 발견할 수 있다.

의학적으로 발달장애의 원인은 확실하게 밝혀지지 않았다. 다만 발달장애아들은 일상생활과 학습 활동에 필요한 기능에 어려움을 나타낸다. 발달장애는 엄마의 배 속에서 아기의 뇌 발달이 이루어질 때 특정 영역의 뇌 발달이 활발하게 이루어지지 못해 발생한다고 생각한다. 언어이해력 지연과 상호작용의 어려움이 동반되는 발달장애는 이르면 생후 24개월 전후에 조기 발견이 가능하고, 32개월 무렵에는 경한 발달장애라도 조기에 아이의 발달 특성에 따른 프로그램을 제공하기 위해서 진단해 보는 것이 바람직하다.

이 시기에 조기 진단해야 하는 대표적인 발달 문제가 '자폐스펙트럼 장애'이다. 자폐스펙트럼 장애는 말을 이해하거나 말을 하기가 매우 늦고 질적 운동성에도 심한 지연을 나타내므로 어린이집 선생님의 지시를 이해하기 힘들고 또래 아이들처럼 몸을 움직이는 놀이를 하기가 어려워 또래 집단 적응이 힘들어진다.

이런 발달 지연이 있다면 단순히 어려서 어린이집에 적응하지 못하는 것으로 생각하기보다는 발달장애 여부를 조기에 진단받는 것이 바람직하다. 어린이집을 보내지 않는 아이의 경우 가족과의 상호작용에는 큰 어려움을 보이지 않으므로 조기 발견하기 어려울 수도 있다.

발달장애는 뇌신경망의 발달과 관련이 있으므로 가능한 한 조기에 발견해서 적정한 자극을 제공해 주어야 한다. 연구 결과 생후 24개월 무렵부터 제공된 발달 프로그램이 발달장애아의 일상생활 문제해결 능력을 높이는 데 도움이 되는 것으로 밝혀졌다.

자폐스펙트럼 장애가 환경적인 자극 결핍과 애정 결핍으로 인한 '반응성 애착장애'로 오진되는 경우가 많다. 공통적으로 언어발달 지연과 질적 운동성의 지연, 상호작용의 어려움 등을 나타내기 때문에 혹시라도 발달장애의 원인을 잘못된 양육 환경 때문이라고 생각하면 안 된다. 이는 아이의 발달 특성만 보고 발달문제의 원인을 무조건 부모에게 돌리는 오류를 범하는 것이다. 전문가들은 단순히 증상으로 진단을 내리지 말고 아이의 발달 특성과 부모의 양육 태도를 세밀히 분석해서 정확하게 선천적인 원인에 의한 발달장애인지 아니면 환경적인 어려움으로 인한 발달장애인지를 명확하게 분별하려는 노력이 필요하다.

아이가 다루기 힘든 기질과 발달 특성을 보이면 부모의 양육 태도에도 영향을 미친다. 따라서 양육 환경 때문에 생긴 문제인지, 혹은 아이의 기질 탓으로 양육 스트레스가 심해서 부모가 미숙한 양육 태도를 나타내 생긴 문제인지 엄밀하게 구분해야 한다. 모든 부모는 미숙하다. 하지만 양육 태도의 미숙함이 아이의 뇌 손상을 가져올 정도의 가해와 방임에 해당하는지는 엄밀하게 분석해야 한다. 단순히 많이 놀아주지 못했다고 아이의 뇌 발달을 저하시키고 발달장애 증상을 가져오는 것은 아니다.

반응성 애착장애

한동안 우리 사회는 '반응성 애착장애'라는 공포증에 시달렸다. 아이에게 스킨십을 충분히 해주지 않거나 열심히 자극을 주고 애정을 주지 않으면 엄마와의 애착 형성에 문제가 생기고, 아이의 뇌 발달에도 문제가 생겨 사회성에도 영향을 미치게 된다고 알려져 있기 때문이다.

그 덕에 초보 엄마들은 충분한 스킨십을 위해 종일 아이를 안고 있어야 했다. 또 하루에 몇 시간 어린이집에 있다 온다고 해도 양육자와 안정된 애착을 형성할 수 있는데, 만 3세까지는 주 양육자와의 애착 관계가 중요하기 때문에 어린이집에 보내면 안 되며 엄마가 직장에 나가서도 안 된다는 인식이 널리 퍼졌다.

반응성 애착장애는 오히려 만 5세 이전의 병적인 보살핌이 주요 원인이다. 여기서 병적인 보살핌이란 아동학대와 아동방임을 뜻한다. 아이를 신체적·정서적으로 학대하고 성장에 필요한 영양 공급과 수면, 놀이 환경을 제공해 주지 못하는 경우에 해당한다.

따라서 선천적인 발달장애로 인한 부모와 아이 간의 문제는 반응성 애착장애로 진단하지 않는다. 그리고 반응성 애착장애가 있는 아이들에게는 보통 성상 지연이 나타나는데, 단순한 방임 때문에 발생한 성장 지연을 반응성 애착장애라고 진단 내리지도 않는다. 성장 지연이 있는데 부모의 양육 행동을 관찰한 결과, 아이의 기본적인 요구에 대한 지속적인 무시가 있을 때 진단 내리는 것이다. 따라서 잘 먹이면서 아이가 말을 듣

지 않을 때 한두 번 엉덩이를 때렸다거나, 아이가 밥을 잘 먹지 않으려고 해서 한두 번 밥을 먹이지 않았다고 해서 반응성 애착장애 증상이 나타나는 것은 아니다.

아이가 성장 지연과 발달 지연을 보이는 경우, 부모로서 충분한 영양 공급을 하지 않은 것인지, 아니면 노력했지만 아이가 먹지 않고 거부하다 보니 화가 나서 먹이는 노력을 중단하게 된 것인지는 엄밀하게 분석할 필요가 있다.

자폐스펙트럼 장애

자폐스펙트럼 장애는 다양한 영역의 발달 문제를 함께 보이는 발달장애로 생후 조기 3년 이내에 나타난다. 가장 심한 경우에는 사람과 눈도 맞추지 않고 상호작용하려는 의지를 전혀 보이지 않기도 한다. 아기 때부터 장난감에는 적극적으로 시선을 두지만 사람의 눈은 의식적으로 피하기도 한다. 생후 24개월 이후에도 가족들이 스킨십을 하거나 상호작용을 위해서 접근할 때 상대의 의도를

파악하려는 긴장감을 보이지 않는다. 24 개월 이후에는 꼭 조기 발견되어야 하지만 대부분 자기 마음대로 하려는 아이, 혹은 고집이 센 아이로 생각하고 발견하지 못하는 경우가 많다.

자폐스펙트럼 장애는 주로 사회경제적으로 수준이 높은 가정의 아이들이 진단받을 기회를 얻으면서 부모가 보인 냉담한 양육 태도가 증상의 원인이라는 오해를 받기도 했다. 그로 인해 자폐 아동을 가족으로부터 격리해 시설에서 양육하게 하는 잘못된 치료 방법까지도 등장했다.

하지만 1960년대에 들어서면서 아이의 자폐증상이 뇌 기능의 문제이며 가족의 수입이나 삶의 형태, 부모의 교육 수준 등이 영향을 미치지 않는다는 사실이 밝혀졌다.

최근에는 심한 자폐증상을 보이지 않지만 경하게라도 상호작용에 어려움을 보이는 경우 자폐스펙트럼 장애라는 진단을 내리고 조기에 발달프로그램을 진행하려는 경향이 있다. 경한 자폐스펙트럼 장애인지 아니면 단순히 자기중심적이고 고집이 심한 개구쟁이인지는 전문가에 의해서 엄밀한 분석을 통해 진단되어야 한다.

사람에게 관심이 적어서 친밀감을 보이지 않고 과제집착적인 경향이 있어 자폐스펙트럼 장애처럼 보였지만 특별한 조기 발달프로그램 없이 커가면서 점점 사회성이 좋아져 일상생활을 하게 되는 늦되는 아이를 자폐스펙트럼 장애로 진단해서 과잉치료를 하는 경향도 있으니 조심해야 한다.

생후 24개월 이후에 관찰되는 자폐스펙트럼 장애 아이들의 행동 특성을 아래에 자세히 설명한다. 아이가 아래의 행동 특성 중 여러 가지 특성을 보일 때는 자폐스펙트럼 장애를 의심하고 전문가의 진단을 받아야 한다. 하지만 한 가지 행동 특성만 보이는 경우에는 정상 발달을 보이는 아이의 행동 특성으로 이해할 수 있다.

1) 언어이해력

초보 부모들은 아이가 말이 늦게 트이는 것을 걱정하곤 한다. 하지만 자폐스펙트럼 장애 아이에게 있어서 중요한 발달 지연은 언어표현력이 아니라 언어이해력의 지연이다. 일상에서 쓰는 간단한 사물 이름이나 동작어(밥, 물, 우유, 나가자, 앉아, 안 돼, 밥 먹어 등)는 이해할 수 있다. 하지만 생후 14~16개월이면 할 수 있는 간단한 심부름조차도 생후 24개월 이후에 하지 못한다. 그래서 부모들은 아이가 부모의 말은 알아듣는데 자기 마음대로 하려고 하는 기질을 타고나 부모 말을 듣지 않는 아이라고 생각하기도 한다.

생후 25~36개월 무렵에 말이 좀 트인 경우라면 '반향어'를 한다. 자폐스펙트럼 장애 아이의 약 80%가 반향어를 한다고 보고되고 있다. 이는 엄마가 하는 말을 그대로 따라 하는 것을 말하며, 가장 쉬운 예로 엄마가 "밥 먹을래?" 하고 물었을 때 그 말의 의미를 알든 모르든 반복적으로 중얼거리는 증상이다. 이러면 부모는 아이가 문장으로 말을 할 수 있다고 생각해 좀 더 기다려보자고 생각하게 된다. 많은 아이들이 성장 과정에서 '반향어'를 하게 된다. 따라서 친밀감도 잘 나타내고 언어이해력에 지연이 없이 단순히 '반향어'를 쓴다고 해서 자폐스펙트럼 장애라고 진단하면 안 된다.

2) 감정 교류의 어려움

엄마가 아이에게 애정을 표현할 때 아이가 엄마의 감정을 받아준다는 느낌을 받기가 어렵다. 마찬가지로 엄마가 화를 내도 아이는 긴장하는 태도를 보이지 않는다. 결국 엄마의 감정이 아이에게 전달되지 않기 때문에 엄마는 상호작용에서 좌절감을 겪을 수 있다. 많은 경우에 혹시 엄마가 스킨십을 많이 해주지 않았거나 놀아주지 않아서 문제가 생긴 건 아닌지 하는 죄책감을 갖기도 한다. 아이가 지금 어떤 마음인지 파악하기도 매우 힘들다. '좋다', '싫다' 정도의 감정은 아이와 종일 생활을 함께하는 경우 분별이 가능하나 그 이상 아이의 감정이 엄마에게 전달되기는 어렵다. 자폐스펙트럼 장애 아이들은 자신의 감정을 표현하는 데 큰 어려움을 보이기 때문이다. 울거나 고함을 지르거나 웃는 행위가 상황에 맞지 않게 표현되므로 주 양육자가 아이의 기분을 파악하기가 매우 어렵다.

아이와 감정 교류가 어려운 가장 큰 이유는 아이가 의도적으로 엄마와의 눈맞춤을 피하기 때문이다. 정상 발달인 아이는 태어나자마자 사람의 얼굴에 관심을 보이고 반응을 나타낸다. 생후 4개월만 지나도 얼굴 표정을 통해서 상대방의 기분을 파악할 수가 있고 그에 따라 자신의 행동을 결정하려고 노력한다. 하지만 심한 자폐스펙트럼 장애 아이들은 눈 맞춤이 매우 힘들다. 하지만 엄마가 위험 상황에서 자신을 보호해 줄 수 있는 의미 있는 존재라는 것을 인지하기 때문에 놀이 시간에는 상호작용을 거부하지만 무언가 먹고 싶은 게 있으면 엄마에게 다가와 손을 잡고 냉장고로 가는 행동을 보이게 된다. 낯선 곳에서 겁이 나는 경우에도 엄마를 찾고 의지하는 행동을 보인다. 그러므로 가끔 아이를 만나는 가족이나 이웃이 아이의 행동이 이상하다고 조언해도 엄마 입장에서는 기본적인 상호작용이 가능하고 엄마를 신뢰하므로 자폐 경향이 있다는 사실을 인정하기가 어려워진다.

3) 감각자극에 대한 과소반응과 과민반응(Hyposensitivity Reaction & Hypersensitivity Reaction)

자폐스펙트럼 장애 아이의 경우 말 정보에 대해서는 민감하지 않은 반면, 시각적 혹은 청각적 자극에 대해서는 매우 민감하거나 매우 둔한 모습을 보이게 된다. 피부자극에 대해서도 매우 민감하거나, 반대로 아주 둔감한 반응을 보이기도 한다. 특히 고개를 움직일 때 느끼게 되는 어지러운 감각에 대해서는 둔하므로 심심할 때 혼자서 빙글빙글 자기 몸을 돌리는 놀이를 하기도 한다. 보통 아이는 높은 곳에 올라가면 땅과 자신의 거리가 시각적으로 느껴지면서 어지럽고 무섭다고 느낀다. 하지만 자폐스펙트럼 장애가 심한 경우 높이 올라가면서 깊이가 인지되어도 무서움을 느끼지 못하므로 심심하면 계속해서 높은 곳으로 올라가려고 한다.

4) 변화에 대한 거부감

친숙한 환경에 변화가 생기면 자폐스펙트럼 장애 아이는 심한 거부감을 나타낸다. 항상 입던 옷이나 신발이 바뀌거나 늘 가던 길이 아닐 때 거부감을 보일 수 있다. 따라서 아이를 데리고 외출 준비를 하는 일이 엄마들에게는 큰 부담이 될 수 있다.

5) 의미 없는 행동 혹은 강박적인 행동

심심할 때 자폐스펙트럼 장애 아이는 계속해서 방문을 열고 닫는다거나, 엘리베이터를 타고 종일 오르내리려고 하는 행동을 나타낸다. 백화점에 가면 엘리베이터나 에스컬레이터가 있는 곳에서 계속 놀려고 하므로 엄마가 볼일을 보기가 어렵다. 정상 발달을 보이는 아이 중에서도 성장기에 잠깐씩 문을 열고 닫거나 엘리베이터나 에스컬레이터만 보면 타려고 하는 아이들이 있으므로 단순히 반복적인 행동 특성만 가지고 자폐스펙트럼 장애를 의심하면 안 된다.

6) 특정 사물에 대한 집착

자폐스펙트럼 장애 아이는 자동차를 좋아하며, 특히 자동차 바퀴 돌리는 것을 매우 좋아한다고 알려져 있다. 자동차 바퀴는 단순한 동작으로 움직일 수 있으므로 많은 아이가 성장기에 자동차 바퀴를 좋아하기도 한다. 정상 발달을 하는 아이들의 경우 선호하는 장난감을 치우고 새로운 장난감을 주면 흥미를 느끼지만 자폐성 발달장애 아이는 새로운 장난감으로 관심을 유도하기가 어렵다. 자폐스펙트럼 장애인 경우에는 집착하는 장난감을 치우고 새로운 장난감에 관심을 가지게 하는 노력이 필요하지만, 정상 발달을 보이면서 특정 사물에 집착하는 경우에는 굳이 아이가 좋아하는 장난감을 치울 필요는 없다. 정상 발달 아이의 경우에는 어린이집에서 다양한 놀이를 경험하므로 집에서는 아이가 좋아하는 장난감만 가지고 놀게 해주어도 발달 지연을 가져오지 않는다

7) 사회적 상징적 놀이의 어려움

생후 24개월 이후에는 소꿉놀이, 슈퍼 놀이와 같은 상징적인 놀이가 가능하다. 하지만 자폐스펙트럼 장애 아이의 경우 이러한 놀이를 하려는 동기가 없기 때문에 가족이나 또래 집단과의 놀이에 협조를 잘 안 한다. 블록 놀이를 할 때도 블록을 이용해서 자동차나 집 같은 상징적인 형태를 만드는 일이 어렵다. 그래서 생후 24개월 이후에도 블록을 일렬로 늘어놓거나 위로 쌓기만 하는 단순한 놀이를 한다.

자폐스펙트럼 장애의 주된 증상의 원인을 부모가 잘 놀아주지 않았기 때문이

라고 생각하는 부모가 많다. 생후 24개월 이전에 상호작용을 시도했을 때 아이가 잘 따라주지 않으면 부모는 결국 아이 혼자 놀게 두는데, 부모가 처음부터 혼자 놀게 했기 때문에 증상이 나타난 것이라고 해석할 수도 있기 때문이다. 방송의 육아프로그램들이나 육아서적에서 아이의 발달 지연 혹은 문제 행동이 부모의 잘못된 양육 태도 때문이라고 이야기하는 경향도 있다. 하지만 아이가 혼자 놀게 된 원인이 부모에게서 시작되었는지, 아이의 선천적인 행동 특성에서 시작되었는지는 잘 분석해 보아야 한다.

자폐스펙트럼 장애는 '자폐성 발달장애', '자폐아', '소아자폐', '전반적 발달지연' 등 다양한 형태로 불린다. 자폐 그리고 자폐 관련 장애(Autism and Related Disorders)라는 말을 쓰기도 한다. 자폐 경향을 보이는 아이들을 관찰한 결과 자폐 경향이 매우 심한 아이들부터 아주 경한 아이들까지 다양한 형태가 있다는 사실을 알게 되면서 '자폐스펙트럼 장애(Autism Spectrum Disorders, ASD)'라는 진단명을 붙이게 되었다. 보통 영화나 TV에서 접하는 자폐성 발달장애 아이들의 경우 매우 심한 자폐 경향을 보인다. 그래서 자신의 아이가 방송에서 접한 아이보다는 증상이 가볍다고 생각하고 당연히 자폐스펙트럼 장애가 아닐 것이라고 여기는 부모가 많으며 그 결과 조기 발견하지 못하는 경우가 생긴다. 반면에 불안감을 유발하는 SNS 영상들로 인해서 자폐스펙트럼 장애에 대해 과도한 불안감을 갖기도 한다.

최근에는 경한 형태라도 자폐 증상을 보이면 조기에 진단하고 조기 중재에 들어가는 추세다. 일반적으로 부모 교육을 포함한 조기 중재 혹은 조기 특수교육 프로그램은 만 2세 이전부터도 제공된다.

수용성 표현성 복합 언어장애

수용성 표현성 복합 언어장애는 비언어성 지능과 사람에 대한 친밀감, 흥미도 등의 행동발달이 정상 범위에 속하면서 언어의 규칙을 이해하고 언어 상징을 이해하는 데 어려움을 보이는 경우를 말한다. 즉, 말을 이해하는 기능과 말을 하는 기능에만 어려움을 보인다. 커가면서 말로 의사소통하기가 어려워서 사람을 피하게 되므로 경한 자폐스펙트럼 장애로 진단하기도 한다. 하지만 생후 18~24개월 이전에는 적극적으로 친밀감을 표현하고 상호작용을 하다가 24개월 이후부터 서서히 눈을 맞추지 않고 사람을 피하게 되므로 처음부터 친밀감을 표현하지 않는 경우보다 진단에 엄밀함이 필요하다.

부모 교육 시 이러한 아이들의 특성을 설명하면서 '미국에서 온 아이'라고 부르곤 한다. '미국에 거주하는 한국 가정에서 태어나 간단한 한국말은 이해하지만 말을 조금만 복잡하게 하면 이해하지 못한다'라는 의미로 쓰는 표현이다. 사람을 좋아해서 어린이집에 가면 선생님과 아이들에게 관심을 보이지만 질문을 던지면 도망가는 아이를 생각하면 된다. 하지만 실제 미국에서 온 아이와 다른 점은 심한 자폐스펙트럼 장애 아이들과 같이 질적 운동성에 큰 어려움을 나타낸다는 사실이다. 따라서 몸으로 표현하는 놀이가 많은 어린이집 적응에 큰 어려움을 보일 수도 있다.

생후 25~36개월에 표준화된 검사를 했을 때 언어이해력이 자기 나이의 80% 수준까지 도달하면 정상 범위 내에서 언어이해력이 떨어진다고 진단한다. 따라서 24개월 이후에 아이의 언어이해력을 정확하게 평가하는 일이 꼭 필요하다. 이 시기에는 언어이해력 수준을 부모가 판단하기 매우 어려우므로 전문가에 의한 발달 평가가 필요하다.

언어표현력의 경우에는 부모가 반복적으로 집에서 읽어준 책의 문장을 말하기도 하기 때문에 언어표현력에 문제가 없다고 판단하기가 쉽지만 질문을 했을 때 질문에 맞는 답변을 못하는 경우가 많다. 또 간단한 의문대명사의 차이를 이해하는 시기인데 "언제 먹었어?", "어디서 먹었어?", "누구하고 먹었어?"와 같은 질문을 했을 때 의문대명사의 차이를 이해하지 못한다면 아이가 문장으로 길게 이야기하더라도 수용성 표현성 복합 언어장애의 가능성을 생각해야 한다.

수용성 표현성 복합 언어장애의 경우, 사람과의 친밀감 형성에 어려움이 없으며 퍼즐 등 비언어성 놀이 능력에 지연을 보이지 않으므로 단순히 말이 좀 늘는 거라고 생각하기 쉽다. 아이의 언어이해력 수준과 비언어 인지발달 수준을 파악하고 이를 향상시키기 위한 맞춤 일대일 교육을 하면 언어이해력의 향상 및 의사소통 기술의 변화를 기대할 수 있다.

수용성 표현성 복합 언어장애에 대한 이해 부족으로 학습 효과가 빠르고 좋은데도 아직 특화된 어린이집이나 유치원, 특수교육 프로그램이 만들어지지 못하고 있어 안타깝다. 언어이해력을 향상시키는 전문 프로그램이 필요함에도 언어장애 아이들에게 단순한 놀이치료가 제공되는 점도 안타까울 뿐이다. 선천성 발달장애에 대한 진단이 생후 24개월 전후에 이루어지고 각 장애 특성에 맞는 유아 특수교육 프로그램들이 정부기관에서 제공돼야 한다. 수용성 표현성 복합 언어장애의 경우 조기에 발견해서 발달 특성에 맞는 교육 프로그램이 제공될 경우 아이의 일상생활 적응 능력이 의미 있게 향상되기 때문이다.

TIP 전문적인 발달 평가는 어떻게 하는 것인가요?

발달 평가 도구를 통해서 또래 아이들과 비교했을 때 어느 정도의 수행능력이 있는지를 알아보기도 하고 현재 아이의 발달 수준이 몇 개월 수준인지를 산출해 내기도 한다. 부모의 답변으로 산출해 내는 경우도 있지만 검사자가 직접 검사도구를 가지고 아이와 상호작용하면서 아이의 발달 수준을 평가하기도 한다.

발달 평가는 아직 아이와 말로 원활하게 소통이 가능하지 않은 0~3세 무렵에 이루어지기 때문에 검사 과제를 아이가 잘하지 못할 때 운동능력의 어려움으로 수행하지 못하는지 아니면 인지능력의 어려움으로 수행하지 못하는지를 잘 판단할 수 있도록 검사자는 아이의 운동발달에 관한 연구와 훈련이 되어 있어야 한다. 검사실에 들어왔을 때 아이의 컨디션과 협조도에 따라서 아이의 수행능력에 큰 차이를 보일 수 있다. 따라서 검사자는 아이의 컨디션에 따라서 검사를 진행할 것인지 중단할 것인지를 판단할 수 있어야 한다. 만일 까탈스러운 아이의 기질적인 원인으로 검사에 협조가 되지 않는다고 판단되는 경우에는 적절한 <아이훈육법>을 활용해서 아이의 협조도를 끌어낼 수 있어야 한다. 아이의 협조가 잘 이루어지지 않은 경우 무조건 검사실에서 보이는 아이의 행동만으로 확진하려고 해서는 안 되고 주 양육자의 답변으로 이루어지는 검사도구의 결과를 참고로 발달 검사를 위해서 재방문해야 할지를 결정한다.
발달 평가는 부모에게 아이의 운동발달, 언어발달, 시각인지발달, 행동발달에 대해서 설명해 줄 수 있는 좋은 수단이므로 검사자는 검사 중 혹은 검사 후에 부모에게 아이의 발달 특성과 양육 방법에 대해서 자세히 설명해 줄 수 있어야 한다. 필자가 가장 선호하는 발달 평가도구는 '베일리 영유아 발달 검사도구'이다.

베일리 영유아 발달 검사(Bayley Scale of Infant Development)
베일리 영유아 발달 검사는 미국의 낸시 베일리 여사에 의해 개발된 검사이다. 발달 검사도구 중에서 유일하게 발달지수(Developmental Quentient, DQ)가 산출되는 검사이다. 검사 항목이 많아서 아이의 다양한 반응을 검사하고 부모에게 보여줄 수 있으며 부모 교육용으로 활용되기도 한다. 또래 아이들의 발달 대비 아이의 상대적인 발달 상태를 통계 처리를 통해 나타낸 수치로 발달지수를 산출한다. 베일리 영유아 발달 검사는 영유아 발달 평가를 위해 전 세계적으로 가장 널리 사용하는 영유아기가 발달 평가로 인지, 언어, 운동, 정서, 사회성, 적응 등 다양한 영역에 걸친 발달 수준을 파악해 통합적인 발달 정보를 제공한다.

질적 운동성 발달

Q 퍼즐 놀이와 지능의 상관관계가 궁금해요

아이 친구(생후 29개월) 중에 퍼즐을 무척 잘하는 아이가 있습니다. 20조각을 2분 안에 맞추는 것을 보고 놀랐어요. 그런데 이 아이는 언어발달이 좀 느린 것 같아요. 아직 한 문장도 말하지 못해요. 퍼즐을 잘하는 아이가 지능이 높다는 말이 있던데 그 둘 사이에 관련이 있나요? 언어와 이해력이 빠른 것이 아이의 지능과 관련이 있는지도 궁금해요. 또 운동발달이 빠른 아이, 예를 들어 개월 수에 비해 자전거를 빨리 타는 아이, 놀이터에서 놀때 다른 아이들에 비해 몸 움직임이 능숙한 아이, 놀이기구들을 잘 다루는 아이 등의 경우에도 지능과 관련이 있는지 궁금합니다.

A 만일 퍼즐 능력은 우수하나 언어이해력이 의미 있는 지연을 보인다면 발달영역 간의 차이가 크므로 전문적인 발달 평가 후 특수교육이 필요할 수도 있습니다. 29개월에 퍼즐을 맞추는 능력은

비언어영역의 문제해결 능력입니다. 이 아이의 경우 비언어영역의 지능이 높은 수준으로 타고난 것이죠. 지능은 비언어영역과 언어영역으로 나뉩니다. 비언어영역은 퍼즐을 포함해서 블록 놀이, 미로, 시각적 인지 등 다양한 영역을 통해서 평가합니다. 반면 언어영역은 언어이해력과 표현력으로 평가합니다. 29개월에 언어표현력이 우수하지 않은 것은 만 5세 이후의 지능 수준에 크게 영향을 미치지 않습니다. 비언어영역의 놀이 수준도 높고 언어이해력도 높은 수준이라면 지능이 또래 집단에서 높을 가능성이 있습니다. 반면 자전거를 잘 타거나 몸놀림이 빠른 것은 운동영역의 문제해결 능력입니다. 만 5세 이전에는 운동영역, 비언어 인지영역, 언어이해력으로 발달 영역을 나누어서 각 영역별로 문제해결 능력이 어느 정도 되는지 관찰하고 각 영역별 발달 수준에 맞는 놀이를 제공하려는 노력이 필요합니다.

Q 걷고 뛰는 게 아기 같아요

30개월의 우리 딸은 개월 수에 비해 키도 크고 몸무게가 많이 나가서 발달이 잘되었다고 생각했습니다. 그런데 걷고 뛰는 게 20개월 정도의 아기 같아요. 그냥 좀 늦되는 거겠지 하고 생각했는데 어린이집 선생님이 아이가 주로 앉아 노는 것 같다고 많이 걷고 뛸 수 있도록 해주라고 하시네요. 병원에서 발달 검사를 해보아야 할까요? 좀 더 기다려봐야 할까요?

A 30개월에 질적 운동성이 썩 좋지 않으면 아이가 움직이면서 하는 운동 놀이를 좋아하지 않습니다. 특히 질적 운동성이 좋아 빨리 달리고 높은 곳에서 뛰어내리는 활발한 아이들 사이에 있으면 더 몸을 움직이지 않으려고 합니다. 30개월의 질적 운동성은 엄마가 잘 놀아주지 않았기 때문이 아니라 선천적으로 운동성이 좋지 않기 때문입니다. 기본적인 근력과 균형 감각을 향상시키기 위해서 부모님이 아이와 함께 많이 걷고 뛰어주면 도움이 됩니다. 언어이해력이 정상 범위에 속한다면 전문 발달 검사를 받지 않으셔도 좋습니다.

Q 두 발 뛰기와 지적 능력이 관계가 있나요?

우리 아이는 31개월 된 여자아이인데 두 발 뛰기를 거의 30개월 다 되어서야 했어요. 다른 것은 발달에 맞게 잘했고 자기 의사표현도 잘합니다. 그런데 두 발 뛰기를 시키면 제자리에서 뛰는 자세만 하고 제대로 하지를 않았어요. 제가 스트레스를 줘서 그런 걸까요? 그런데 어린이집 다니면서 시간이 흐르니까 어느날 하더라고요. 혹시 두 발 뛰기가 지적 능력에 영향을 미칠까요? 다른 아이들은 24개월 정도면 하던데 우리 아이만 너무 늦게 해서 걱정이 됩니다.

A 언어이해력이 정상 범위에 속하고 어린이집에 잘 적응한다면 두 발 뛰기가 잘 안되는 운동성 문제만으로 전체 지능에 영향을 주지는 않습니다. 퍼즐 놀이와 같은 비언어영역의 문제해결 능력과 언어이해력이 정상 범위에 속하고 몸 움직임만 좀 더딘 것이라면 정상 발달로 진단을 내립니다. 두 발 뛰기에 너무 신경 쓰지 마시고, 지속적으로 운동 놀이를 해주시면 운동성은 서서히 향상됩니다.

Q 운동을 자꾸 시키면 역효과가 날까요?

운동발달이 느린 아이들은 부모가 아무리 노력해도 소용없는 건가요? 31개월 된 우리 아이는 다른 건 별로 걱정되지 않는데, 운동발달이 좀 느린 것 같아요. 걷기도 돌 지나서 했고 두 발 모아 뛰기도 28~29개월에 했습니다. 자신이 없는 동작은 잘 하지 않으려고 해서 그런 것 같기도 하고요. 제가 어렸을 때 '운동치'였는데 우리 아이도 그렇게 될까 봐 걱정입니다. 지금부터라도 운동할 기회를 많이 주는 것이 도움이 될까요? 아니면 오히려 역효과가 날까요?

A 운동신경이 둔해도 운동을 자꾸 하면 운동신경이 발달합니다. 엄마가 먼저 몸치를 극복하기 위한 노력을 해보세요. 몸치가 극복되는 경험을 직접 해보면 아이의 운동성도 극복할 수 있다는 자신감이 생길 것입니다. 또 아이 역시 엄마의 행동을 즐겁게 따라 하면서 몸을 움직이게 되고 자연

히 운동성은 향상됩니다. 유아기 아이들은 운동을 열심히 하는 엄마를 옆에 두었을 때 그만큼 운동 놀이를 할 수 있는 기회가 늘어납니다. 아이에게 억지로 운동 놀이를 시키지 마시고 엄마가 운동하는 모습을 매일 보여주세요.

Q 우리 아이 손가락 발달이 늦어요

32개월 된 남자아이입니다. 사물을 가리키거나 움직임에는 문제가 없어 보이지만 나이를 표시할 때나 엄지를 사용해서 물건을 잡을 때 손가락이 자연스럽지 않습니다. 특별한 운동이 필요할까요? 그리고 놀이기구를 만지거나 학습할 때 너무 산만해요. 가령 탑 쌓기를 하다가 몇 개 안 쌓고 부숴버리거나, '꽝꽝' 하는 소리를 내며 장난감을 벽이나 사람에게 부딪치는 행동을 합니다. 성격에 문제가 있는 것일까요? 마지막으로 말도 느립니다. "엄마", "아빠", "이모" 등 일상적인 말은 몇 가지 하는데 한 단어 이상의 어휘는 구사하지 못해요.

A

아이가 손 조작에 어려움을 보이는 것 같네요. 더불어 자기 손이 마음대로 움직이지 않는 스트레스 상황에서 공격적인 행동을 보이는 것 같습니다. 말이 느린 것도 작은 근육 발달이 느린 데 원인이 있을 가능성이 큽니다. 손이 자기 마음대로 움직이지 않고 말하고 싶어도 말이 나오지 않아서 답답한 아이의 심정을 이해해 주시고 심하게 야단치지 마시길 바랍니다. 우선 언어이해력이 정상 범위에 속하는지 확인해 주시고 시간을 두고 자연 성숙에 의해서 운동성이 좋아지기를 기다려주세요. 작은 근육의 질적 운동성이 좋지 않을 경우 손가락과 발음이 모두 늦을 수 있습니다.

Q 자꾸 안아달라고 해요

33개월 남자아이인데 아기 때부터 우량아였고 지금도 튼실합니다. 그래서인지 운동발달이나 걷는 것 모든 면에서 좀 느렸어요. 그래도 크게 걱정 안 했는데 요즘 어딜 가나 조금 걷다가 안아달라고 하고, 내려놓으면 조금 걷다가 다시 안아달라고 해요. 뛰는 모습도 약간 불안정하고요. 활동량이 그리 많은 아이는 아닙니다. 덩치가 커서 그럴까요? 병원을 가봐야 하는 건지, 단지 걷기 싫어서 그런 건지 궁금합니다.

A 우량아여도 운동성이 좋은 경우에는 안아달라고 하지 않습니다. 운동성이 느린데 몸까지 무거우니 걷기가 힘든 것입니다. 아이가 살을 뺄 수 있도록 노력해 보세요. 운동성이 느린 아이들은 활동량이 적어 더 쉽게 비만이 됩니다. 실내 놀이터에서라도 몸을 활발하게 움직여 놀 수 있는 기회를 주시고, 수영장에서 물놀이를 할 수 있는 기회를 주셔도 좋습니다.

Q 우리 아이 작은 근육발달이 걱정이에요

35개월 남자아이를 둔 엄마입니다. 작은 근육발달이 너무 늦어서 걱정이에요. 올해 건강검진(간단한 설문 검사)에서도 작은 근육발달에 문제가 있다는 진단을 받았고, 어린이집 선생님도 작은 근육 운동발달이 너무 늦다고 걱정하시더라고요. 아이에게 문제가 있다기보다 제가 옆에서 잘 못 해줘서 그런 거 같아요. 아이와 잘 놀아주는 엄마도 아니고, 어떤 방법으로 아이에게 다가가야 할지, 무엇을 해야 아이가 좋아하고 흥미를 가질지 잘 모르겠어요. 지금 우리 아이는 색연필을 가지고 낙서하는 것이나 블록 쌓기, 스티커 붙이기 같은 놀이조차 잘하지 않으려고 해요. 뛰어놀거나 큰 장난감을 가지고 노는 것만 좋아하는 아이, 어떻게 하면 좋을까요?

A 언어이해력이 정상 범위에 속한다면 아이가 하고 싶어 하는 **놀이 중심으로 놀아주세요**. 만일 언어이해력이 정상 범위에 속하지 않는다면 발달 검사를 권합니다. 작은 근육발달이 안 된 것은 어머니가 안 놀아주셔서가 아니고 선천적으로 느리기 때문입니다. 언어이해력이 정상 범위에 속한다면 아이가 좋아하는 놀이로 놀아주셔야 아이와 엄마 사이의 애착이 안정적으로 형성될 수 있습니다. 아이가 하기 싫어하고 잘하지 못하는 놀이를 억지로 시키면 아이는 엄마를 사랑하면서도 거부하게 되므로 심리적인 어려움을 겪게 됩니다. 스티커 붙이기와 같이 작은 근육을 활용하는 놀이는 방문 교사의 도움을 받으셔도 좋습니다. 손 조작이 잘 안된다고 억지로 손 조작 놀이를

시키면 아이가 화를 더 많이 내게 되므로 아이가 좋아하는 놀이를 중심으로 놀아주세요.

Q 우리 아이 발음이 정확하지 않아요

25개월 된 남자아이를 둔 엄마입니다. 우리 아이는 잘 먹지 않아 지금도 몸무게가 11킬로그램이 채 되지 않고 16개월이 지나서야 걸었습니다. 그런데 아이의 발음이 정확하지 않아서 걱정이에요. 사과를 "아과"로 감을 "암"으로 가위를 "아위"로 발음합니다. "밥 주세요", "우유 주세요", "아가 우유 줘" 등의 다른 발음은 잘하는데 위에 적은 몇 가지는 잘 안 고쳐집니다. 어떻게 해야 할까요?

A 25개월 아이의 경우 발음 지연으로 언어치료의 도움을 받을 필요는 없습니다. 작은 근육의 운동성이 자연적으로 성장하도록 시간을 두고 기다려주세요. 언어치료를 하지 않아도 아이 스스로 올바른 발음을 하려고 노력하면서 연습합니다. 시간을 주면 입술 주변의 작은 근육들이 발달하면서 발음이 나오는 경우가 대부분입니다. 단, 48개월 이후에도 발음 지연이 심하다면 발음을 교정하기 위한 언어치료의 도움을 받을 수도 있습니다.

Q 아이가 단어를 중간에 잊어버리는 경우도 있나요?

26개월 된 아이의 엄마입니다. 만 9개월에 "엄마", "아빠", "물"이라는 단어를 서슴지 않고 하더니 그 후에는 말을 하지 않아요. 제가 신경 써서 말을 받아주고 의식적으로 많이 해준다고 했는데도요. 지금은 발음은 좀 안 좋지만 두세 단어는 표현합니다. 사실 만 9개월에 "엄마" 등의 단어를 따라 해서 좀 빠른 편인가 싶었어요. 하지만 이후 말을 안 하다가 15개월 무렵에 자연스레 다시 "엄마"를 부르기 시작했어요. 이렇게 말을 하다가 중간에 하지 않을 수도 있나요?

Ⓐ 몇 마디를 하다가 하지 않고 한참 후에 다른 말을 하는 것은 정상적인 언어발달 과정입니다. 엄마 입장에서는 마치 언어표현력이 퇴행하고 있다고 느낄 수 있지만 발달되다가 안 되는 것 같고 다시 발달되는 형태로 진행되기도 합니다. 엄마가 말을 많이 해준다고 해서 말이 빨리 트이거나 말을 많이 하게 되지도 않습니다. 생후 5~6개월 이전에 옹알이를 많이 했거나 12개월 이전에 단어를 말했다고 해서 말이 빨리 트이거나 말을 많이 하는 아이가 되는 것도 아닙니다. 생후 26개월에 2~3개의 단어를 연결해서 말을 한다면 정상 발달입니다.

Ⓠ 아이가 말을 버벅거려요

29개월 된 여자아이인데 말을 할 때 첫 단어를 여러 번 반복합니다. 예를 들어, 엄마를 "엄엄엄엄마" 하는 식이에요. 시간이 지나면 괜찮아질까요?

Ⓐ 불안해하지 말고 아이가 편한 마음으로 말을 꺼낼 수 있도록 기다려주시면 됩니다. 문장으로 말을 하기 시작하면서 흔히 나타날 수 있는 말더듬 증상입니다.

친밀감 형성

Ⓠ 자주 또래 아이에게 맞고 울어요

28개월 된 딸아이를 키우는 엄마입니다. 한 1년 전부터 또래 남자아이와 자주 싸웁니다. 그런데 그 남자아이가 때리면 아이는 그냥 울기만 합니다. 그 남자아이는 잘 놀다가도 우리 아이가 조금만 울면 와서 더 때립니다. 그래서 아이가 유난히 그 집에는 가기 싫어해요. 때리는 아이를 제가 혼낼 수도 없고 아이 엄마가 가까이 사는 친구라서 안 갈 수도 없고 속상하기만 합니다. 혹시 우리 아이 성격 발달에 문제가 없을까요? 우리 딸도 다른 애를 때릴까 봐 걱정입니다.

(A) 아이를 때리는 친구는 가능하면 자주 만나지 않도록 해주는 게 좋습니다. 아이는 아직 스스로를 보호하기 어려운 나이이므로 부모가 보호해 줘야 합니다. 지속적으로 공격을 당하게 되면 심리적인 스트레스를 겪게 됩니다. 아이 엄마에게 솔직하게 이야기하세요. 그리고 운동성이 좋으면서 성격적으로 공격성이 없는 경우인지, 운동성이 떨어지면서 공격성이 없는 경우인지 살펴주세요.

Q 엄마와 절대 떨어지려 하지 않는 아이, 어떻게 고칠 수 있을까요?

28개월이 된 딸아이가 엄마와 절대로 떨어지려고 하지 않아요. 종일 꼭 붙어서 놀아달라고 하는 아이 때문에 제 아내가 피곤해서 미치겠다고 합니다. 엄마가 시야에 있으면 저와 같이 놀긴 하는데 엄마가 잠깐 베란다에만 나가도 울고불고 난리입니다. 엄마가 없으면 불안해서 그런 것 같습니다. 또래의 다른 아이들은 엄마랑 떨어져서 잘 노는데 우리 아이는 왜 그런 것인지 모르겠어요.

(A) 아이의 기질과 함께 평상시 아이에 대한 아내의 태도를 잘 관찰해보세요. 혹시 아이의 기질이 예민하고, 아내가 아이에게 잘해주다가도 체력적으로 힘들어지면 화를 크게 내는 양육 태도를 보인다면 아이가 긴장해서 항상 엄마를 의식할 수 있습니다. 엄마가 일관적이지 않은 양육 태도를 보이는 경우 아이가 엄마와의 분리를 더 불안해합니다.

Q 아이가 아빠에게 집착하고 엄마를 거부해요

28개월 여자아이를 둔 직장맘입니다. 아이가 돌이 될 때까지는 제가 계속 끼고 살았는데 경제 상황이 급격히 나빠지면서 직장을 나가게 되었어요. 출근 시간이 이르고 출퇴근 거리가 멀어서 저는 아이가 잘 때 출근을 해야 하고, 프리랜서로 일을 하는 아빠가 아이의 어린이집 픽업을 담당해요. 첫 출근을 하자마자 3주 동안 해외 출장을 다녀왔고, 새벽에 출근을 하는 터라 저보다는 아빠와 많은 시간을 보냅니다. 해외 출장에서 돌아왔을 무렵에는 분리불안이 좀 심했으나, 꾸준히 안아주고 표현을 하자 두세 달 후 회복이 된 듯합니다. 그런데 그 뒤로 잘 때 아빠만 찾습니다. 저랑 잘 놀다가도 졸리다 싶으면 아빠를 찾고, 잠깐 잠이 깼을 때 아빠가 옆에 있지 않으면 웁니다. 제가 애를 달래려고 하면 아이는 저를 거부하고 싫다며 손도 못 대게 합니다. 아빠가 집에 없으면 제 품에서 순하게 잠이 드는데 아빠가 있으면 제 손길을 강하게 거부합니다. 아이 아빠는 대체로 모든 것을 허용하는 스타일인 반면, 저는 기준을 갖고 크게 벗어나는 행동에 대해서만 단호하게 대하는 성격입니다. 이런 육아 방식 차이가 아이를 점점 더 아빠에게 집착하는 상황으로 만든 것 같습니다. 이렇게 강하게 아빠에게 집착을 하는 아이가 정상적으로 보이진 않는데요. 그냥 놔두어도 될까요?

A 엄마가 갑자기 출근을 한 데다 출장까지 가게 되면서 아이가 엄마는 자신이 잠자는 시간에 집에 없을 수도 있는 사람이라고 생각하게 되어 그렇습니다. 아빠와 같이 자려고 한다고 해서 엄마와의 애착 관계가 형성되지 않은 것은 아닙니다. 엄마가 안아서 재우고 싶은 마음을 접고 아빠와 편하게 잘 수 있도록 도와주셔야 엄마에 대한 신뢰도 더 높아질 수 있습니다. 남편이 아이에게 하는 태도를 잘 관찰해보시고 따라서 해보세요. 그리고 직장에 아이를 데리고 가서서 엄마가 집에 없는 시간에 어디에 있는 것인지 알게 해주는 것도 아이의 불안을 줄이는 데 크게 도움이 됩니다. 사무실을 보여주시고 동료들과도 인사를 하게 하면서 이곳을 '직장'이라고 부른다고 이야기해 주세요.

Q 아이가 과잉방어를 해요

우리 아이는 29개월 된 여자아이인데 얼마 전까지 너무 순해서 뺏기기만 하고 양보만 하던 아이였어요. 그런데 지금은 다른 아이들이 자기 옆을 지나가기만 해도 "저리 가, 이건 내 거야" 하며 소리를 질러요. 그 아이는 관심도 없는데요. 너무 많이 뺏기기만 하고 맞기만 해서 오버하는 것 같아요. 심지어 엄마인 저한테도 자기 물건은 주지 않아요. 문화센터에 가면 엄마랑 상호 놀이를 해야 하는데 전혀 참여할 수가 없어요. 주고받는 공놀이를 할 때도 저한테 공을 주지 않아요. 사회성이 부족한 건 아닌지 걱정이 됩니다.

A 너무 순해서 뺏기기만 했던 아이라면 자기 것이라고 주장할 때 허용적인 태도를 보여주세요. 2~4개월 정도는 아이의 상한 마음을 치유해 주는 시간이라고 생각하시고 야단치지 마시길 바랍니다. 아이의 언어이해력이 더 좋아지고 상처가 나으면 다시 타협이 가능한 아이로 돌아올 수 있습니다.

Q 어린이집을 가지 않으려고 합니다. 어찌해야 할까요?

29개월, 네 살 여아인데 어린이집을 안 가려고 합니다. 처음엔 어떤 아이든 겪는 과정이라 생각했는데, 아닌 것 같습니다. 한 달 하고 20일 정도 다닌 상태이고 지금까지 결석은 5일 정도밖에 하지 않았습니다. 하지만 한 번도 가겠다고 한 적이 없고 차에 타서 어린이집에 들어갈 때까지 웁니다. 아이가 말을 잘해서 '아파서 안 간다', '엄마가 보고 싶다', '배고파서 밥 먹고 갈 거다', '나중에 갈 거다', '어린이집이 무섭다' 등 핑계를 많이 대요. 어제는 어린이집에서 올려주는 사진을 봤는데 계속 짜증 난 인상에, 웃는 사진이 한 장도 없고 가시방석에 앉아 있는 것처럼 얼굴이 엉망이더라고요. 어린이집에 안 맞는 아이도 있는 것인가 싶고, 지금 적응을 못 하면 5~6세 때도 보낼 수 없는 것은 아닌지 걱정이에요. 집에서는 잘 웃고 잘 먹고 애교도 많고 말도 잘합니다. 어린이집 선생님은 일단 아이가 오면 잘 놀고 잘 먹는다는데, 단순히 울지 않는다고 괜찮은 건 아닌 것 같아요. 제가 전업주부인데 그냥 집에서 홈스쿨링을 해야 하는 것인지 고민이 많습니다.

A 어린이집에 가기 전에 싫다고 해도 어린이집에서 활발하게 논다면 보내도 괜찮습니다. 하지만 어린이집에서 찍은 사진 속 아이의 모습이 우울해 보인다면 보내는 것을 중단하셔도 좋습니다. 집에서 홈스쿨링을 해주시고 36개월 이후에 보내보세요. 대신 아이에게 한 발 들고 서 있기, 공차기, 율동 놀이 등의 질적 운동성을 알아보는 놀이를 시켜보세요. 만약 질적 운동성이 떨어진다면 공격성이 강한 아이들이 무섭게 느껴져 가기 싫어하는 것일 수도 있습니다.

Q 26개월 우리 아들, 발달 지연인 것 같아요

우리 아이는 현재 말을 전혀 못하고 "우~", "엄~" 하는 소리만 내요. 숟가락질을 전혀 못하고 물컵도 잡지 않으려 해 물도 먹여주고 블록은 가지고 놀 줄도 모릅니다. 계단도 혼자는 오르내리지 못하고 대소변도 전혀 못 가립니다. 몇 달 전에 "엄마"라는 말을 이틀 정도 하더니 지금은 전혀 안 하고요. 예전엔 책도 많이 봤고 책장도 한 장씩 잘 넘겨 신기해하기도 했는데 요즘에는 전혀 관심이 없어요. 제가 직장에 다녀서 돌봐주시는 할머니가 힘에 부치니 종일 TV만 틀어주시는데 혹시 TV 중독일까요? 검사를 받고 싶어도 경제적 사정이 좋지 않아 걱정입니다.

A

26개월 된 아이가 아직 혼자서 계단을 오르내리지 못한다면 운동발달에 지연을 보이는 것입니다. 어려서 책장을 넘긴 것은 그림에 흥미를 보이는 것이지 글자를 읽기 때문은 아닙니다. 아이를 돌보시는 할머니가 TV를 너무 많이 보여주셔서 발달이 늦는 것이 아니라 아이가 말을 알아듣지 못하고 상호작용이 잘되지 않기 때문에 TV를 많이 보여주시는 것일 가능성이 더 높습니다. 발달 평가를 통해서 인지발달과 운동발달이 몇 개월 수준인지 알아보세요. 아이의 생리적인 나이가 아닌 발달 나이 수준의 놀이를 해주어야 합니다. 거주 지역의 동사무소에 문의하셔서 경제 사정이 정부의 도움을 받을 수 있는 기준에 해당된다면 정부지원금으로 발달 평가를 받을 수 있는 기관을 소개받을 수 있습니다. 혹은 거주 지역 장애인 종합복지관에서도 발달 평가와 발달 프로그램의 도움을 받을 수 있습니다.

Q 아이가 자폐 혹은 발달장애인지 궁금해요

28개월 남자아이인데 어린이집에는 보내지 않고 3년째 육아휴직을 하며 돌보고 있습니다. 우리 아이는 바퀴나 팽이 등 돌아가는 것에 관심이 많아요. 유모차를 타면 바퀴에 너무 관심이 많아서 놀이터에 가도 유모차를 뒤집어놓고 바퀴를 돌리며 놀았어요. 아이가 하고 싶은 것을 하게 하며 키우자는 생각이 있어서 좋아하는 것을 할 때 내버려두었고, 아빠가 돌아가는 장난감을 만들어주기도 했어요. 바퀴를 좋아하지만 오래 관심을 두는 건 아니고 몇 분 정도 짧게 놀이를 하고 끝내긴 합니다. 그런데 자폐 아동이 바퀴와 같이 돌아가는 것에 관심이 많다고 해서 인터넷 검색을 해보니 아이가 비슷한 증세를 보이는 것 같아 걱정입니다. 또 언젠가부터 항상 손에 뭔가를 쥐고 있으려 합니다. 낙엽이나 돌, 놀이터에서는 작은 모래라도 쥐고 있습니다. 블록 놀이를 하면 블록 하나를 손에 쥐고 다른 손으로 블록을 쌓기도 하고, 사과를 먹을 때도 한 손에 사과를 쥐고 다른 한 손으로 먹습니다. 집에 들어올 때 현관문을 자기가 꼭 잠그고 들어와야 한다든지, 익숙한 길로만 가고 싶어 한다든지 하는 행동들도 하고 아빠 차가 아니면 차를 타지 않습니다. 말은 좀 느리고 두 돌쯤 되면서 언어에 관심을 보였고 지금은 단어나 짧은 문장도 잘 따라 합니다. "엄마 와요", "나가요", "김밥 먹어요" 등의 의사표현을 하고 안 될 때 제 손을 잡고 가서 표현하기도 합니다. 저와는 스킨십을 잘하고 의사소 통도 조금씩 되는 편입니다. 반면 놀이터에 가면 아이들과 놀고 싶어 가까이 가는데 어떻게 놀아야 하는지는 모르는 것 같아요. 식습관은 반찬을 안 먹고 김밥, 볶음밥, 짜장밥, 된장국 등 한 가지만 먹습니다. 제가 볼 때 특별히 지능에 이상이 있지는 않은 것 같고요. 남자아이라 활동적인 편이고 소리에 예민합니다. 믹서기 가는 소리, 원두커피 가는 소리 등을 너무 싫어해요. 이런 아이의 행동들을 좀 더 지켜보다가 병원에 가보아야 할까요? 자폐아동의 특성과 일반 아동의 특성이 비슷한 것도 있는 것 같아 더 혼란스럽습니다.

Ⓐ 자폐 혹은 자폐적인 경향을 보이는 '자폐스펙트럼' 증상 아이들의 특징을 많이 보이고 있습니다. 바퀴를 돌리는 것처럼 단순한 동작을 반복하는 행동이나 변화를 싫어하고 가던 길로 가려는 경향, 편식 등이 자폐 스펙트럼과 비슷한 증상이네요. 자폐 스펙트럼 장애 경향을 가지고 있더라도 주 양육자인 엄마하고 간단한 상호작용이 가능하기도 합니다. 우선 발달 평가를 통해서 언어이해력 수준과 비언어 지능 수준을 알아내야 합니다. 그리고 일대일로 다양한 놀이 경험을 제공하면서 언어이해력 수준을 높이고 자폐 경향을 줄이는 발달 프로그램이 필요합니다. 조기 발달 프로그램을 제공하면 아이의 발달이 많이 향상되므로 만 5세 이후 발달 상태에 따라서 발달장애에 대한 확진을 내리게 됩니다.

Q 놀이치료나 언어치료 같은 것도 방문학습이 있나요?

우리 아이는 31개월이 되었는데 아직 말을 못 하고, 놀이치료 선생님 말씀이 인지도 다른 애들보다 10개월 정도 늦다고 합니다. 언어치료는 아직 못하고 있고요. 단순 발달 지연으로 보기에는 행동장애, 발달장애 성향(주위 산만, 놀이의 패턴화, 타인과의 질적 눈 맞춤이 약함 등)이 좀 있다고 해서 놀이치료는 주 2회 다니고 있습니다. 엄마 역할이 가장 중요하다는 것을 잘 알지만 제가 아이 아빠와 가게를 같이 하고 있고, 일곱 살이 되는 큰애도 돌보느라 아이를 잘 보살피지 못하고 있는 건 아닌지 걱정입니다. 치료 목적이 아니더라도 애한테 도움이 될 만한 방문학습은 없을까요?

A 집에 방문해서 일대일로 학습 활동을 해주는 방문 교사 프로그램을 활용하시기 바랍니다. 아이의 생리적인 나이가 아니라 발달 나이에 맞는 교재를 활용하세요. 31개월인데 10개월 정도 늦다고 진단이 나왔다면 21개월 수준부터 시작을 하셔도 좋고 더 많이 낮추어서 15개월 수준에서 시작하셔도 좋습니다. 일반적으로 비언어 인지발달 수준보다 언어이해력이 떨어지기 때문입니다. 단순히 놀아주는 프로그램이 아니라 언어이해력과 사고력을 확장시킬 수 있는 인지 학습 활동이 필요합니다. 발달장애 아동을 위한 전문교사가 아니어도 방문 교사 프로그램은 아이의 발달 수준에 맞게 일대일로 놀아준다는 의미에서 도움이 될 수 있습니다. 아이가 협조하지 않아도 아이의 발달 수준에 맞는 언어자극과 놀이자극을 제공해 주어야 합니다.

Q 자폐 증세는 몇 살부터 진단이 가능한가요?

34개월 된 남자아이인데 말을 전혀 안 합니다. 아이 아빠도 네 살이 지나서야 말을 했다고 걱정하지 말라고 하는데 '맘', '엄', '빠' 등의 한 음절도 안 하네요. 소아이비인후과에서 청력검사, 뇌파검사 등도 받는데 정상이라 했고요. 종합병원 소아청소년과에서도 작년에 정밀검사를 받았는데 별 이상이 없다고 했지만, 아이가 너무 어려 엄마의 문진으로 진단한 것이라서 믿어도 될까요? 오늘 어린이집 원장님이 면담 요청을 해서 갔더니 자폐 증상이 보인다고 하는데 정말 답답한 심정입니다. 부모 문진 말고 직접 자폐 검사를 할 수 있는 건 몇 살부터 가능한가요?

 어린이집 원장님은 오랜 세월 많은 아이들을 돌봐왔기 때문에 어린이집 적응에 문제가 있다는 원장님의 의견은 새겨들으시는 게 좋습니다. 발달장애가 있는 아이 중 MRI 등 기계를 활용해서 뇌의 기능을 살펴보는 검사에서 문제가 나타나는 경우는 30%에 지나지 않습니다. 발달장애 진단은 아이의 행동을 관찰해서 평가하기 때문입니다. 그래서 주 양육자의 보고와 검사자가 직접 다양한 환경에서 아이를 관찰한 결과를 종합해서 진단을 내립니다. 자폐 경향에 대한 발달 검사는 생후 18~24개월 이후에 가능하므로 직접 아이를 관찰해서 발달 평가를 하는 기관을 선택하시 길 바랍니다.

Chapter 7
생후 37~60개월
아이발달

" 어린이집과 유치원에 잘 적응해요! "

만 3세 이후의 발달 평가는 어린이집과 유치원 선생님의 의견이 매우 중요하다. 운동발달, 언어발달, 행동발달 중에 어떤 발달영역은 우수하고 어떤 발달영역은 지연을 보이더라도 또래 집단 활동에 적응한다면 정상 발달 수준이라고 평가할 수 있다.

이 시기의 아이는 언어이해력이 다소 늦더라도 사람에 관한 관심이 높고 건강한 눈치를 활용해서 또래 집단의 활동에 참여할 수 있다. 질적 운동성이 떨어져서 율동놀이를 정확하게 하지 못하더라도 스트레스 상황에서의 감정조절력이 우수하고 사람을 좋아하는 친밀감을 보인다면 어설픈 동작이라도 율동놀이에 참여하게 된다. 집에서는 혼자서 밥을 먹지 않아 부모가 먹여주어야 해도 또래 집단에서 혼자서 밥을 잘 먹는다면 또래 집단에서 아이의 능력이 발달 평가의 기준이 되기 때문에 걱정하지 않아도 된다.

어린이집과 유치원 선생님의 의견이 중요합니다

그러므로 이 시기의 발달 평가는 어린이집과 유치원 선생님이 아이의 또래 집단 적응행동에 대해서 어떤 의견을 가지고 있는지를 들어보는 일이 중요하다. 어린이집과 유치원 선생님은 활동 보고서를 작성할 수 있게 훈련되어 있으므로 또래 집단에서의 문제해결 능력에 지연을 보인다고 판단된다면 어린이집과 유치원 활동 보고서를 가지고 전문적인 평가를 받아보아야 한다. 발달 평가 혹은 유아지능 검사 전문기관에서는 평가 결과를 내리기 전에 어린이집과 유치원 활동 보고서를 꼭 참고해야 하며 필요할 경우 담당 선생님과 긴밀하게 소통해야 한다.

▲ 어린이집 활동 보고서 (부록3 참조)

인지능력이 우수해도 또래 집단 활동이 꼭 필요합니다

인지능력이 또래 집단에 비해서 월등히 우수한 경우라도 또래 집단 적응에 어려움을 보일 수 있다. 하지만 친구들을 좋아하는 성격이라면, 어린이집과 유치원 적응에 어려움을 보이지 않는다. 하지만 친밀감이 높지 않아 친구들과의 상호작용 놀이보다 개인 놀이에 더 관심을 가지게 된다면 아이의 인지능력 수준보다 낮은 수준인단체 놀이에 흥미를 보이지 않을 수도 있다. 아이가 전반적으로 인지능력에 뛰어난영재성을 보이더라도 또래 집단의 적응은 향후 아이가 사회적응력을 키우기 위해서 꼭 필요한 일이다.

따라서 영재성을 보이는 분야는 가정에서 일대일 놀이학습의 기회를 제공하더라도 매일매일 일반 어린이집과 유치원에서 또래 아이들과의 활동 기회를 제공해야 한다. 학습능력이 매우 우수하더라도 운동발달이나 사회성은 또래 집단에서 활동을 통해서 향상시켜야 하기 때문이다. 인지능력이 탁월한 아이라도 인지능력이 정상 범위에 속하는 아이들과 생활할 기회를 주어야만 원만한 사회성발달을 이룰 수 있다. 학습능력이 뛰어나도 사회성발달이 늦는 경우에는 아이의 탁월한 인지능력을 세상에 도움이 될 수 있게 발휘하기가 어렵기 때문이다.

가정에서는 아이의 발달 수준에 맞게 일대일로 놀아주세요

어린이집과 유치원에서의 단체 활동을 통해서 전반적인 발달 증진에 필요한 경험을 할 수 있지만 일대일로 관심을 받기는 어렵다. 따라서 하원 후에는 가능하면 가족 혹은 일대일 놀이학습프로그램을 통해서 아이의 발달 특성에 맞는 프로그램을 제공해 주는 것이 좋다. 가족의 수가 많은 경우에는 가족들의 활동과 대화가 자연스럽게 아이에게 좋은 놀이학습의 결과를 가져올 수 있다. 하지만 대가족이 아닌 경우라면 일대일 놀이학습의 경험이 필요하다. 인지발달이 우수하다면 가정에서는 아이의 발달 수준에 맞게 또래보다 더 높은 수준의 놀이학습 경험을 제공해야 한다. 인지발달이 늦되는 경우에도 역시 아이의 발달 수준을 고려해서 또래 집단 활동 수준보다 좀 낮추어서 놀이학습의 기회를 제공해야 한다. 인지발달이 정상 범위에 속한다면 가정에서 아이가 좋아하는 놀이를 가족이 같이 해주면 된다.

아이의 운동발달

Your Child's Motor Development

다양한 몸놀림의
기회가 필요합니다

만 3세 이상의 누리 과정에는 춤으로
자신을 표현하며 빠른 동작, 느린 동작
을 연출하는 놀이나 리듬악기 연주, 연
극 등 다양한 몸놀림을 요구하는 프로
그램들이 있다. 단순히 점프를 한다거

나 빨리 달리는 운동성이 아니라, 자신
의 생각과 느낌을 몸 움직임을 통해서
나타내야 하는 작업은 다양한 운동성을
요구한다.

어린 시절부터 자유롭게 몸의 움직임
으로 자기 생각과 느낌을 표현할 기회를
제공하는 일은 몸치인 경우에도 자신감
을 느끼게 해준다. 부모가 몸치여도 가

정에서 음악을 틀어놓고 몸을 움직이는 모습을 보여준다면 아이의 운동성과 상관없이 몸으로 자신을 표현하는 일에 거부감을 느끼지 않을 것이다.

운동성이 좋은 친구들은 더 빠른 동작, 위험한 동작으로 자신을 표현하면서 즐거움을 느낄 수 있다. 이 시기에 다양한 동작으로 몸을 움직이려면 근력, 균형 감각, 민첩성, 순발력, 조정력 등의 능력이 요구된다.

근력

모든 운동성의 기본 능력이 되는 근육의 힘이다. 근력이 떨어지는 경우에는 균형 감각, 민첩성, 순발력, 조정력 등 모든 몸 움직임에 어려움을 겪는다. 아이가 먼 거리를 빨리 걷기 힘들어한다거나 등산과 같이 경사진 곳을 올라가고 내려가는 것을 힘들어하는 경우, 근력 부족 때문일 수 있다. 근력이 떨어지면 짧은 시간은 운동 놀이를 즐길 수 있지만 놀이 시간이 길어지는 경우에는 놀이를 즐기기가 어렵다. 앉아서만 놀려고 하는 아이의 경우 근력을 키워주기 위해서 경사진 곳을 자주 걷는 일이 필요하다.

균형 감각

36개월 이전의 균형 감각을 알아보기 위한 가장 쉬운 방법은 아이가 난간을 잡지 않고 계단을 내려갈 때의 모습을 살펴보는 것이다. 난간을 잡지 않고 계단을 내려갈 때 근력이 좋으면 빠르고 안정된 자세로 내려갈 수 있다. 하지만 근력이 받쳐주어도 균형 감각이 떨어지면 갑자기 속도가 느려지고 엉덩이가 뒤로 빠지는 등 불안한 자세를 취한다. 한 발을 들고 서 있을 때 자세가 불안하고 오랜 시간 서 있기도 어렵다. 균형 감각이 우수한 아이들은 흔들거리는 놀이기구를 즐길 수 있다. 하지만 균형 감각이 떨어지면 몸이 움직이는(머리가 흔들리거나 움직이는) 놀이를 했을 때 심하게 불안감을 느낀다.

민첩성

민첩성은 시각적으로 속도를 감지하고 몸의 움직임을 맞추어가는 능력이다. 예를 들어서 민첩성이 좋으면 상대가 공을 던져주었을 때 공의 속도를 감지하고 정확한 시간에 손을 앞으로 내밀어 공을 잡을 수 있다. 또 멀리 있는 공을 향해 빠른 속도로 달리면서 동시에 시각적으로는 공에 초점을 맞출 수 있어 헛발질하지 않고 힘차게 공을 찰 수 있다. 빠른 속도로 달리면서 앞에 놓인 장애물을 피해갈 수 있는 능력 또한 민첩성을 요하는 동작이다.

아이가 민첩성이 우수하면 빠른 속도로 달리는 친구들 사이에서 몸을 잘 피할 수 있고, 친구들을 잘 피하면서 자기가 원하는 장소로 뛰어갈 수도 있다. 반면 민첩성이 떨어지면 운동성이 좋은 장난꾸러기 아이들이 막 뛰어다닐 때 어지럽고 다칠 것 같아서 겁을 내게 된다.

순발력

순발력은 근육이 순간적으로 빨리 수축하면서 동작을 만들어내는 힘이다. 예를 들면, 가만히 서 있다가 온몸에 힘을 주어 멀리 뛰거나 높이 뛸 때 필요한 운동성을 말한다. 제자리에 서서 공을 멀리 던지거나 발로 공을 멀리 차는 동작에도 순발력이 필요하다. 가만히 서 있다가 두 발로 껑충 뛰어서 줄을 넘는 동작도

마찬가지이다.

조정력

조정력은 자기 생각하는 대로 몸을 가눌 수 있는 능력을 말한다. 조정력이 좋으면 앞에 서 있는 친구에게 공을 던져줄 때 잘 받을 수 있도록 친구의 가슴을 향해서 공을 던질 수 있다. 이에 반해 조정력이 떨어지면 친구의 가슴을 향해서 공을 던져도 친구의 발 아래로 공이 떨어지게 된다. 바닥으로 공을 튕겨 공이 친구의 가슴 높이로 올라오게 하는 동작을 할 때도 정확한 강도로 공을 던질 수 있는 아이가 있고, 힘을 너무 가해서 공이 친구의 머리 위로 올라간다거나 무릎 높이까지만 올라가게 만드는 아이가 있다.

운동성이 우수하면 아이는 어린이집 활동이나 유치원 활동에 강한 자신감을 드러낸다. 언어이해력이 그리 우수하지 못하다 해도 눈치를 활용해서 선생님의 의도와 친구들의 의도를 파악하려고 노력하며 잘 적응해 나간다.

반면에 운동성이 떨어지면 아이는 운동 놀이 시간을 피하거나 장난을 치는 등의 행동을 보인다. 민첩성과 순발력을 요하는 운동 놀이 시간에 우연히 넘어졌는데 담임선생님과 친구들이 관심을 보였을 경우, 지속적으로 관심을 끌기 위해서 일부러 넘어지는 행동을 할 수도 있다. 관심을 받고 싶어 하는 기질을 가진 아이들에게서 흔히 나타나는 행동이다. 만약 운동성을 요하는 놀이 시간에

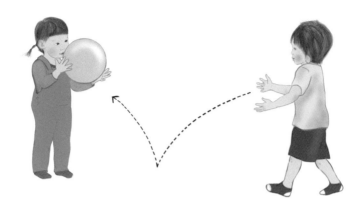

아이가 일부러 넘어지면서 웃는 행동을 보인다면 아이의 질적 운동성을 점검해 보려는 노력이 필요하다.

어린이집이나 유치원에 가기 싫을 때 친구들이 놀려서 가기 싫다고 이야기를 하는 아이들이 있다. 단체 운동 놀이 시간에 자신 때문에 경쟁 놀이에서 지는 경험을 했고, 또래 친구들이 아이에게 원망하는 태도를 보였을 가능성이 크다.

예를 들어, 일렬로 서서 공을 두 손으로 잡고 옆에 있는 친구에게 전달하는 단체 놀이를 했다고 해보자. 이때 공을 두 손으로 잡아서 놓치지 않아야 하고 다른 친구의 손에 정확하게 닿았을 때 공에서 손을 놓아야 하므로 동작에 조정력과 속도감이 필요하다. 긴장하게 되

면 아이는 양손으로 공을 잡다가 놓치거나 친구에게 전달하기 위해서 몸을 돌리다가 놓칠 수 있다. 또 친구가 아직 공을 잡지 못했는데 공에서 손을 떼 공이 바닥으로 굴러갈 수도 있다. 이렇게 실수를 하면 팀이 시합에서 지는 결과를 가져오므로 친구들에게서 원망을 듣게 되고 심한 상실감에 운동 놀이를 피하게 되는 것이다.

질적 운동성과 감각-운동 통합능력이 떨어지는 아이는 일대일 운동 놀이를 권합니다

운동성에 매우 심한 지연을 보여서 또

래 집단에서의 운동 놀이가 불가능한 경우 '발달성 협응장애(sensory - motor integration disorder)'라는 진단이 붙기도 한다. 이때 인지능력은 정상 범위에 속하므로 자기 생각대로 몸이 움직여지지 않을 때 자괴감을 경험하기도 한다.

또래 집단 내에서 계속 실패 경험을 하면 발달 검사 시 운동 놀이를 할 때 무조건 협조하지 않으려는 경향을 보이기도 한다. 이런 경우에는 우선 아이와 선생님 혹은 아이와 부모가 일대일로 아이의 운동성에 맞는 몸놀림을 먼저 시범으로 보여주는 일이 필요하다. 아이가 할 수 있는 동작을 요구해야 아이도 해보려는 욕구가 생길 수 있기 때문이다. 따라서 질적 운동성과 감각-운동 통합능력이 떨어지는 경우 가정에서 일대일 운동 놀이 경험을 많이 제공해 주어야 한다.

질적 운동성과 감각-운동 통합능력이 떨어져서 또래 집단 적응에 영향을 미칠 때 제공되는 프로그램으로는 '감각-운동 통합치료' 혹은 '특수 운동치료'가 있다. 다양한 운동 놀이 기구를 활용해서 근력, 균형 감각, 민첩성, 순발력, 조정력 등의 능력을 높이는 일대일 놀이 혹은 소집단 놀이 프로그램으로 구성되어 있다.

아이의 몸 움직임을 도와주는 감각-운동 통합치료나 특수 운동치료의 경우 넓은 공간과 다양한 운동 시설을 필요로 하므로 사설기관을 이용할 경우 비용이 많이 든다. 운동발달에 심한 지연을 보이는 경우라도 우선은 어린이집 활동이나 다양한 놀이를 통해서 아이의 운동성을 향상시키려는 노력을 해보기를 권한다. 부모의 노력으로도 아이가 운동 놀이에 전혀 협조하지 않을 때는 외부 프로그램의 도움을 받을 수 있다.

아이의 언어발달

Your Child's Language Development

잠결에라도 부모가 일상생활 중에 하는 말을 이해할 수 있습니다

만 3세 이후가 되면 아이의 언어이해력은 일상생활에서 어른들이 하는 이야기를 거의 다 이해할 수 있을 정도로 발달한다. "아이 앞에서 말도 함부로 못 하겠네" 하는 말이 절로 나올 정도로 엄마나 아빠 혹은 할머니, 할아버지가 한 이야기를 며칠이 지난 후에 기억해 내기도 한다. 따라서 일상생활에서 가족이 어떤 내용을 말하는지 어떤 말투로 말하는지를 잘 점검해서 아이 앞에서는 가능한 한 부드럽게 말하도록 노력해야 한다. 아이가 낮잠을 잘 때 아이가 못 알아듣겠지 하면서 들어서는 안 되는 말을 하는 것도 조심해야 한다. 아이는 잠결에도 부모의 말을 듣게 되고 불편한 말일

때는 잠에서 깨지 않는 척할 수 있기 때문이다. 말은 에너지이므로 부모가 하는 말과 말투는 아이의 정서발달에 큰 영향을 미치게 된다.

어린이집과 유치원에서 선생님이 말로 하는 놀이규칙을 아이가 이해할 수 있어야 단체 놀이에 협조가 가능하다. 만일 어린이집과 유치원 선생님이 놀이규칙을 설명할 때 아이가 잘 이해하지 못한다고 의견을 준다면 전문기관에서 아이의 언어이해력이 몇 개월 수준인지를 정확하게 평가받아야 한다.

아이의 언어이해력이 나이의 80% 정도 수준이라면 아이는 건강한 눈치를 활용해서 또래 집단에서 적응한다. 하지만 80%가 되지 못하는 경우에는 "남자 친구들을 파란색 공을 뻥 차고 창가로 뛰어가고, 여자 친구들은 녹색 공을 뻥 차

고 문 앞으로 뛰어오세요" 같은 놀이 지시를 이해하지 못할 수도 있다.

●●●
아이의 언어이해력 수준 계산
40개월 아이의 경우 :
아이 나이의 80%인 32개월 수준이면 정상 범위
60개월 아이의 경우 :
아이 나이의 80%인 48개월 수준이면 정상 범위

아이의 말하기는 여전히 개인차가 심합니다

언어이해력은 빠른 속도로 향상될 수 있지만 언어표현력은 아이마다 차이가 심하다. 발음이 잘 안되는 아이도 있고, 단어로는 말을 하지만 문장으로는 말을 하기가 어려운 아이도 있다. 그래서 첫 단어를 말할 때 더듬는 경우도 발생한다. 또 문장으로 말을 하지만 발음이 정확하지 않아서 알아듣기 힘든 경우도 있다.

언어표현력은 입술 주변 운동성의 어려움으로 인해서 늦어진다. 말을 유창하게 할 수 있으려면 숨을 쉬는 기관과 음식을 삼키기 위한 기관의 운동성이 서로 잘 조정되어야 한다. 즉, 입술 주변의 작은 근육들이 움직여야 하고 '혀'라는 커다란 근육 덩어리도 자유롭게 움직여야 한다. 동시에 침을 삼켜야 하므로 혀는 발음을 돕는 일과 침을 삼키는 일을 동시에 해야 하는데 침을 삼켜가면서 말을 이어가는 일은 생각처럼 그렇게 단순한 동작이 아니다.

나이가 든 사람들이 말을 많이 할 때 침을 잘 삼키지 못해서 입술 끝에 침이 고이는 것 역시 운동성이 떨어지기 때문이다. 환자들은 말을 많이 하면 숨 조절이 잘되지 않아서 숨이 차오르기 때문에 이야기를 하다가 잠시 쉬기도 한다. 결론적으로 말하기와 숨쉬기, 침 삼키기가 동시에 이루어져야 하므로 말을 잘한다는 것은 아이의 인지능력보나는 운동성의 영향을 더 많이 받는다. 유아기의 지능은 언어이해력이 영향을 미치기 때문에 언어이해력이 정상 범위에 속한다면 말하기가 늦어진다 해도 크게 걱정할 일이 아니다.

말이 늦게 트인다고
언어재활치료를
일찍 시작할 필요는 없습니다

말이 늦게 트이는 아이들은 상대방이 자신의 말을 못 알아듣는다는 사실을 깨닫고 스스로 발음을 연습하게 된다. 최소한 48개월 정도까지는 말이 늦는 아이에게 자연 성숙에 의해서 입술 주변의 운동성이 발달하고 스스로 발음을 연습할 수 있도록 시간을 주어도 좋다. 만약 생후 48개월 이후에도 문장으로 말하기 힘들어하고 발음에 지연이 심해서 알아듣기 힘들며 아이가 심리적으로 위축된다면 언어재활치료를 통해서 도움을 줄 수 있다. 물론 48개월 이전이라 해도 문장으로 말이 트였는데 발음 지연이 너무 심해서 아이가 심리적으로 위축된다면 입술 주변의 운동성을 향상시키기 위한 언어재활치료를 진행할 수 있다.

간혹 아이 중에 자신이 완전한 문장으로 말하지 못한다는 사실을 알고 입을 다물어버린 채 한마디도 하지 않는 경우가 있다. 이런 아이들은 머리 회전이 빠르고 자존심이 강한 기질을 갖고 있기 때문에 말을 시켜도 절대로 하지 않는다. 언어재활치료를 시작하면 아이가 심리적으로 거부감을 갖기도 한다. 혀와 입술의 근육의 움직임을 강화시키고 호흡 조절하는 법을 익히게 도와주는 언어재활치료는 아이가 언어치료사에게 친밀감을 느껴야 효과를 볼 수 있다. 따라서 아이가 거부하는데 언어재활치료를 강압적으로 시도하면 안 된다. 언어재활치료를 강압적으로 시도하는 경우 오히려 아이가 말하기를 거부할 수도 있기 때문이다. 대부분 아이는 얼굴 표정이나 손짓, 몸짓으로 의사표현을 적극적으로 하기 때문에 말하기를 강요하지 말고 기다려주는 것이 좋다. 시간이 지나 한번 말이 트이면 물 흐르듯 말을 하게 된다.

아이의 발음 수준을 이해하세요

생후 37~60개월의 아이들은 대부분 발음에 어려움을 겪는다. 발음 역시 운동성이 영향을 미치므로 자연 성숙을 통해서 입술 주변의 운동성이 좋아질 때까지 기다려주어야 한다. 우리 사회가 유아기

TIP 언어표현력을 높이는 의사소통법

❶ "엄마처럼 말해봐"

우유가 마시고 싶을 때 아이가 "우유!"라고만 이야기한다면 "엄마처럼 말해봐" 하고 이야기하고 "엄마 우유 주세요!"라고 천천히 말해준다. 아이가 말할 때 엄마가 입 모양으로 아이의 말하기를 도와주면 좋다. 외국어를 배울 때 선생님이 입 모양을 크게 벌려서 발음해 주면 우리가 그 입 모양을 보면서 어려운 발음을 기억해 내는 원리와 같다. 아이가 완벽하게 말하지 못했더라도 문장을 말하려고 노력했다면 적극적으로 칭찬해 주자.

❷ 완성된 문장으로 이야기해 주기

아이가 "우리가 할머니 집!" 하고 이야기했을 때, "똑바로 이야기해 봐!"가 아니라 "우리는 할머니 집에 갈 거예요" 하고 이야기해 주자. 아이가 하려는 말의 의미를 부모가 정확하게 표현해 주면 아이가 고마워하고 머릿속에 완성된 문장을 다시 입력시킬 수 있다.

❸ 세밀하게 표현해 주기

아이가 길에 있는 굴삭기를 보면서 "저기 탱크!" 하고 이야기한다면 "저건 탱크가 아니야!"라고 말하기보다는 "저기 커다란 굴삭기가 땅을 파고 있네"라고 이야기해 준다.

❹ 강요하거나 부정어 사용하지 않기

아이가 "바나나!"라고 말했을 때 "엄마 바나나 주세요!"라고 말하면 "바나나 줄게" 혹은 "엄마 바나나 주세요"라고 말하지 않으면 "바나나 안 줄 거야" 하고 이야기하면 아이가 심리적인 압박을 느끼므로 하지 않는 것이 좋다.

❺ 보디랭귀지 사용하기

친구가 장난감 자동차를 가져가서 화가 난 아이가 "엄마 치, 차, 차"라고 이야기할 때, "친구가 자동차를 가져가서 화가 났어요?"라고 말하면서 엄마가 표정과 몸짓을 통해서 화가 난 동작을 표현해 주자. 아이는 엄마가 자신에게 쉽게 말해주려고 노력하는 마음을 읽을 수 있다.

의 발달 특성을 이해하지 못해서 한때는 발음에 어려움을 겪는 아이들에게 설소대 수술까지 시키는 안타까운 경우도 있었다.

아이는 만 5세가 되어야 비로소 모국어를 완전하게 발음하게 된다. 발달 연령별로 발음할 수 있는 자음은 다음과 같다.

예를 들어, 만 3세 아이의 경우 'ㅈ' 발음을 정확하게 하기 어려우므로 '모

발달 연령	말소리
2~3세	ㄴ, ㅁ, ㅂ, ㄷ
3~5세	ㄱ, ㅈ
5~6세	ㄹ
6세 이상	ㅅ

자'를 '모다'라고 발음할 수 있다. 이때 "말을 똑바로 해. 모자잖아!" 하고 이야기하지 말아야 한다. 아이가 '모다'라고 발음했어도 '모자'를 말한 것이라면 "아, 모자!" 하고 정확하게 발음을 해주면 된다. 같은 이치로 '물'은 '무', '방'은 '바', '먹었어요'는 '머어요', '귀'는 '쥐'와 같이 발음할 수 있다. 물론 초보 부모가 어느 발달 시기에 어떤 발음이 가능하고 어떤 발음이 가능하지 않은지를 모두 기억한다는 것은 매우 어려운 일이다. 따라서 만 4세까지는 발음 지연을 많이 보이더라도 기다려주는 것이 좋다. 만 4세 무렵에 심한 발음 지연을 보이거나 만 5세 이후에도 몇몇 발음의 지연이 심하다면 4~6개월 정도 언어재활치료의 도움을 받을 수 있다. 아이가 자신의 발음이 부정확하다는 사실을 인지하므로 언어재

활치료사가 도와줄 것에 대한 신뢰가 생기면 적극적으로 협조하고 그 효과를 볼 수 있다.

언어발달이 매우 우수해도 또래 집단에서의 다양한 놀이 활동이 필요합니다

사례

말을 일찍 시작했고 어휘력도 좋아서 어른처럼 말을 하는 아이가 있었다. 자기 의사표현을 하는 데 주저함이 없고 우리말은 스스로 익혀서 만 5세에 그림책을 읽기 시작한 아이였다. 새로운 것을 좋아하고 적응도 빠른데 하기 싫은 걸 하라고 하면 산만해지고, 항상 나서기를 좋아하며 1등을 해야 한다는 생각을 갖

고 있는 아이였다. 영어유치원을 보냈는데 수업 시간에도 늘 제일 먼저 과제를 끝내고 수업을 방해해서 자주 혼이 나며, 또래보다 나이 차이가 나는 형들과 노는 걸 좋아한다고 아이 엄마가 고민을 털어 놓았다.

이 아이는 언어발달과 시각 인지발달이 모두 우수해 또래 집단에서 학습 활동을 하면 지루함을 느끼는 경우이다. 놀이 수준이 낮아도 대부분의 경우 어려운 놀이가 아니므로 협조하고 다른 친구들이 과제를 마칠 때까지 기다릴 수 있다. 하지만 선천적으로 친밀감과 감정 조절력이 떨어지는 경우에는 또래 집단 놀이에서 심심함을 느끼면서 문제 행동을 보이게 된다. 특히 가정에서 아기 때부터 기다리는 기회를 주지 않고 스트레스를 느끼지 않게 키운 경우에는 만 3세 이후에 기다리는 심심함을 견디기 힘들어진다.

영어유치원에서 협조하지 않아 연구소로 의뢰된 아이는 유아지능 검사 결과 또래 집단보다 매우 우수한 수준으로 나왔다. 안타깝게도 아이 부모는 아이의 인지발달 수준이 매우 높다는 사실을 전혀 알지 못하고 있었다.

아이 부모는 아이가 영특하다는 사실을 느끼고 있었지만 아이의 체구가 작아 아이들 수가 많은 일반 어린이집이나 유치원에 보내기가 꺼려졌다고 한다. 대신 영어유치원에 보내면 소수 정원에 좀 더 수준 높은 교육을 받을 것으로 생각하고 영어유치원을 보냈던 것이다. 그리고 영어유치원(영어학원)에서도 아이의 인지발달 수준이 매우 높다는 사실을 파악하지 못했던 것이다. 인지발달 수준은 매우 높아도 영어유치원에서 몸으로 하는 다양한 놀이프로그램이 있었다면 아이는 또래 단체 활동에 협조하기가 쉬웠을 수도 있다. 하지만 소수로 영어학습을 중심으로 하는 경우에는 높은 수준의 영어학습 활동이 어려웠을 것이므로 언어발달이 우수했던 아이는 쉽게 지루함을 느꼈을 가능성이 높다.

만 3세 이후에 언어지능과 시각인지 지능이 매우 높더라도 하루에 4~5시간은 일반 어린이집이나 유치원에서 또래 친구들과의 다양한 단체 활동에 적응시키는 것이 바람직하다. 언어이해력이 우수하므로 가정에서 자기 나이보다 높은 수준의 책을 읽어주거나 따로 영어학습을 시킬 수도 있다. 만 5세 이후에 시도하는 말로 상황을 설명하고 기대되는 아이의 행동을 알려주는 '아이훈육법'을 활용해도 괜찮다. 인지발달이 우수해도 정상 범위의 인지 수준을 보이는 친구들과 잘 지내지 못한다면 성인이 되어서는 사회생활에서도 어려움을 겪게 된다. 따라서 '아이훈육'은 아이의 사회성발달과 자존감발달을 위해서 꼭 실행해 보길 바란다.

아이가 영특하다고 해서 영어유치원을 보내는 것은 썩 권하고 싶지 않다. 영어유치원의 경우 학원의 성격으로 영어학습 위주로 활동하므로 친밀감과 감정조절력이 떨어지는 아이에게 '아이훈육'을 활용하기는 어려울 수 있기 때문이다. 어린이집에서 또래 집단 활동이 너무 쉬워서 지루할 수 있으므로 가정에서는 아이의 지능 수준에 맞는 학습놀이 활동을 해주어야 한다. 친밀감이 떨어지고 감정조절이 어려운 아이들은 과제중심적인 성향을 보이므로 가정에서 일정

시간은 아이의 우수한 인지능력이 활성화될 수 있도록 높은 수준의 학습놀이의 기회를 제공해야 한다.

만 3세 이후에 어린이집과 유치원 선생님으로부터 아이의 인지 수준이 또래 집단에 비해서 월등하게 높다거나 낮다는 이야기를 들었다면 유아지능 검사 및 기타 아이의 인지능력을 평가할 수 있는 다양한 검사도구를 통해서 아이의 발달 특성을 이해하는 일이 필요하다. 어린이집과 유치원 생활에 큰 어려움이 없어도 아이의 인지특성을 이해하는 일은 아이와 상호작용할 때 도움이 될 수 있다.

만 3세 이후 말이 트인 경우에는 유아지능 검사를 통해서 아이의 인지능력을 평가할 수 있다. 말이 트이지 않은 경우에는 말로 상호작용을 하지 않아도 되는 발달 검사 도구를 활용하게 된다. 아이의 인지능력은 언어이해력으로 평가가 가능하므로 말이 트이지 않았어도 아이의 언어이해력을 평가해서 미래의 사회적응정도를 추정할 수 있다.

TIP 만 3세 이후 아이의 인지능력을 평가할 수 있는 검사 도구

한국 웩슬러 유아지능 검사 (Korean Wechsler Preschool and Primary Scale of Intelligence, K-WPPSI)
한국 웩슬러 유아지능 검사는 초등학교 입학 전의 유아들을 대상으로 하는 표준화된 검사이다. 경험이 많은 검사자들은 검사 결과뿐 아니라 각 세부 영역별 아이의 흥미도, 집중력, 스트레스 반응을 잘 관찰해서 부모에게 아이의 학습 지도를 위한 가이드를 제공해 줄 수도 있다. 부모 교육을 겸하기 위해서는 아이가 검사자와 검사를 수행할 때의 아이의 행동을 부모가 관찰할 수 있도록 도와야 한다. 낯선 환경에서 낯선 검사자와의 상호작용을 부모가 관찰하는 것만으로도 아이의 행동 특성을 이해하는 데 크게 도움이 되기 때문이다.

한국 웩슬러 아동지능 검사 (Korean Wechsler Intelligence Scale for Children, K-WISC)
한국 웩슬러 아동지능 검사는 만 6세 이후의 학령기 아동의 지적 능력을 평가할 수 있는 도구이다. 다양한 소검사로 이루어져 있으므로 아동의 지능 특성을 이해하는 데 도움이 된다. 검사 시간이 오래 걸리기 때문에 인지능력이 또래에 비해서 우월하다고 판단되고 장시간 앉은 자세로 과제에 집중할 수 있는 경우에는 초등학교 입학 이전에 실시할 수도 있지만 필자의 경험으로는 만 8세 이후에 실시하기를 권한다.

Q&A
생후 37~60개월

언어발달

Q 간단한 문장 구성이 어렵고, 발음이 부정확해요

37개월 된 남자아이인데 "바꿔 타자", "지금 가", "주스 줘" 같은 수준의 말은 잘합니다. 그러나 간단한 문장 구성조차도 하지 못합니다. 또 말은 많이 하는데 발음이 부정확해요. 점차 알아들을 수 있는 말이 늘고 있지만, 또래에 비해 상당히 늦습니다. 그래서 친구들과 어울려 노는 데도 어려움이 많아요. 말이 늦는 데에는 여러 가지 이유가 있겠지만 혹시 치료가 필요한 것인지 궁금합니다. 운동신경도 둔해요. 예를 들어, 친구들이 계단 두 개를 뛰어내리면 아이도 따라는 하는데 한 계단을 내려와서 한 계단만 뜁니다. 아이 아빠도 운동신경이 좀 둔한 편이긴 합니다. 지나치게 겁이 많아서 또래들과 놀이터에서 놀 때 신중하고, 모험적인 행동은 거부를 많이 합니다. 친구들이 "너랑 안 놀아!" 하면 무리에 섞이지 못하고 혼자 떨어져서 쳐다보고 있을 때가 많아요. 방문 교사가 언어이해력은 좋다고 했는데 어떻게 해야 할까요?

A 운동발달이 조금 떨어지는 경우 말이 늦게 트이는 경우가 많습니다. 방문 교사가 언어이해력이 좋다고 이야기했다면 운동발달이 느려서 말도 늦게 트이는 것일 가능성이 높습니다. 또래에 비해서 민첩성이 떨어지고 의사소통도 어렵다 보니 아이가 우울해지기 쉽습니다. 학습 활동이나 운동 활동을 일대일로 할 수 있는 기회를 많이 주시길 바랍니다. 만 5세 무렵에는 또래 집단과 비슷한 수준의 운동성을 갖게 되고 말로 의사소통도 훨씬 잘하게 되므로 2년 정도 일대일 놀이와 학습의 기회를 최대한 제공해 주면 자신감을 찾는 데 도움이 됩니다. 치료 활동은 굳이 필요하지 않습니다.

Q 이중언어 탓인지 말이 너무 늦어요

만 37개월 된 남자아이인데 말이 너무 늦어서 걱정입니다. 두 돌 지나서부터 1년 정도 영어를 접하도록 해주었습니다. 비디오, 동화, 동요 등을 이용해 간단한 생활 영어를 들려준 상태입니다. 현재 아이의 우리말 수준은 '엄마', '아빠', '할머니'와 같은 이름은 대충 아는 편이고 "~주세요", "안녕하세요", "안녕히 계세요", "싫어", "안 해", "아이 무서워", "안아 줘" 정도를 할 수 있습니다. 우리말은 알아듣고 심부름은 합니다. 그런데 아이가 우리말보다 영어를 더 좋아하고 빨리 받아들이는 것 같습니다. 제가 우리말로 얘기해도 아이는 그걸 영어로 말합니다. 물론 전체 문장은 아니고 핵심 단어만 얘기하는 정도로요. 간단한 영어 문장은 말하기도 하고 우리말 동요도 4~5곡은 처음부터 끝까지 부릅니다. 말을 잘 못해서인지 친구들과 어울려 놀 줄을 모르고 친구가 있어도 혼자 책을 보거나 그림을 그리며 놉니다. 한국말이 늦어서 며칠 전부터는 영어 비디오와 우리말 비디오 모두 치워버렸습니다. 아이가 원하기 전까지는 동화책도 우리말도 읽어주고 있어요. 병원에 다니지 않고 아이가 말을 좀 더 빨리할 방법은 없을까요?

A 영어 발음은 악센트가 들어가고 말에 높낮이가 있어서 아이들에게는 우리말보다 영어가 더 흥미롭게 들립니다. 따라 하기도 쉽고요. 언어이해력이 37개월 수준을 보인다면 우리말로 된 비디오와 영어 비디오 모두 보여주셔도 좋습니다. 하지만 언어이해력이 또래 아이들보다 많이 지연된다면 우리말로 된 비디오만 보여주시길 바랍니다. 언어이해력이 정상 범위에 속한다면 단어나

간단한 문장이 나오는 비디오의 경우 영어나 우리말을 같이 보여주어도 우리말을 이해하는 데 어려움을 가져오지 않습니다. 37개월 아이의 언어발달의 핵심은 언어이해력이지 언어표현력이 아니므로 문장으로 말을 잘하지 못한다고 해서 걱정하거나 언어치료를 받게 할 필요는 없습니다. 아이가 그림 그리기를 좋아하는 것으로 봐서는 우리말을 문장으로 잘하지 못하는 원인이 영어 환경 탓이기보다는 비언어영역에 더 많은 흥미를 보이는 타고난 발달 특성에 있는 것으로 생각됩니다.

Q 아이와 의사소통이 안 돼요

40개월 된 딸아이를 둔 엄마입니다. 아이가 단순히 말이 늦는 거라고 생각해서 그냥 지켜보다가 어린이집에 보낸 지 3개월 정도 됐습니다. 어린이집에 다니면 조금 나아지리라 생각했는데 뭘 물어봐도 쳐다보기만 하고 대답을 하지 않습니다. "유치원에서 뭐 했어?" 하고 물어보면 "저요!" 하고 다른 대답을 하고 선생님이 무엇을 물어봐도 다른 대답을 한다고 합니다. 글자나 숫자를 보고 외우는 것은 잘합니다. 아이가 한 번 울면 떼를 쓰고 계속 울어대며 분이 풀려야 그칩니다. 어릴 때 할머니랑 집에만 있으면서 말을 많이 시키지 않았고 잠을 많이 자곤 했어요. 순한 아기라고 생각해서 놀이를 해주거나 밖에 나간 적도 별로 없었습니다. 그것 때문에 의사소통에 어려움이 있는 걸까요?

A 언어이해력을 알아보아야 하므로 책방에서 언어이해력을 학습시키는 교재를 구입하거나 일대일 방문 교사 프로그램을 활용해서 언어이해력을 향상시킬 수 있는 기회를 제공해 주세요. 질문의 의도는 알아듣는데 답변을 어떻게 해야 할지 모르는 경우도 있습니다. 하지만 만약 언어이해력이 떨어져서 답변을 잘하지 못한다면 언어이해력을 향상시키려는 노력이 필요합니다. 일단 언어이해력 향상을 위한 일대일 학습의 기회를 제공해 주시고, 언어이해력이 의미 있게 향상되지 않으면 전문가에 의한 발달 평가(비언어인지 수준, 언어이해력 수준)를 받아보시기를 바랍니다.

Q 말이 느리고 발음도 정확하지 않아요

저희 딸은 현재 40개월입니다. 태어날 때부터 전체적으로 느렸고 말과 행동도 모두 느린데 지금은 정상아들보다 약 1년 정도 느린 것 같습니다. 쉬운 말은 어느 정도 붙여서 하는데 긴 문장은 뒤에 하는 말만 따라 하고 발음도 정확하지 않습니다. 아이에게 다른 건 이상이 없는 것 같은데 주변에서 다들 너무 느리니까 언어치료를 받으면 좋겠다고 해요. 그런데 언어치료는 대부분 일주일에 한두 번씩 몇 시간을 내야 하는데, 직장을 그만두고 할 수도 없고 어디 부탁할 데도 없습니다. 어머님은 기다려보라고만 하시고요. 이렇게 아이를 방치하다가 후회할 일이 생길까 봐 걱정입니다. 우선은 가까운 놀이방에 보내고 있고 일요일에는 짐보리에도 다닙니다. 만약 놀이치료를 받을 시기를 놓치게 되면 발달이 어느 정도 지연될까요?

A 어머니가 보시기에 1년 정도 느리다고 생각되면 발달 평가를 받아보기를 바랍니다. 생후 40개월에 말이 느린 것은 걱정하지 않으셔도 되지만 비언어 인지능력과 언어이해력이 정상 범위에 속하는지는 살펴보셔야 합니다. 아이가 생리적인 나이의 80% 수준의 언어이해력을 보인다면 크게 걱정하지 않으셔도 좋습니다. 그리고 언어이해력이 떨어지는 경우 놀이치료의 도움을 받아야 하는 게 아니라, 일대일로 인지발달 수준에 맞게 학습을 시켜주는 인지치료나 언어이해력을 향상시켜주는 언어치료를 받으셔야 합니다.

Q 아이가 말을 더듬어요

42개월 된 남자아이를 키우고 있습니다. 36개월이 지나도 말을 잘 못해 걱정을 시키더니, 다행히 지금은 말이 많이 늘었습니다. 아는 단어도 꽤 되고 유창하지는 않지만 자신의 의사표현은 잘합니다. 그런데 말을 더듬어서 걱정이에요. 쉬운 말이나 늘 하는 말은 잘 더듬지 않지만 새로운 말을 하거나 새로운 사람 앞에서는 많이 더듬습니다. "노란 갈, 갈, 갈색이에요" 하는 식으로 한 글자를 몇 번씩 반복합니다. 내년에 유치원을 보내려고 하는

데, 혹시 친구들이 놀려서 상처를 입지 않을까 걱정이 되네요. 유치원에 가면 오히려 집에서와는 다른 경험을 할 수 있고 친구들과 말할 기회도 많아지니까 말하는 데 도움이 될 것 같기도 하고요. 어떻게 해야 할까요?

A 지금 나이에 말을 더듬는 것은 유창하게 말을 하기 위한 단계이므로 걱정하지 않으셔도 좋습니다. 친구들 사이에서는 말을 길게 하지 않아도 서로 눈치로 대화가 되므로 친구 관계도 크게 걱정하지 않으셔도 됩니다. 만약 말을 더듬는다고 무시하는 친구가 있으면 유치원 선생님이 적절히 지도해 주면 됩니다. 문장으로 말을 잘하지 못하던 아이가 6개월이 지나면 문장으로 말을 하게 되듯이, 말을 더듬는 것도 잠시 더듬다가 없어질 가능성이 높습니다. 내년에 유치원에 보내세요.

부록

발달이 정상 범위에 속하지 않을 때 대처법

아기의 발달이 지연된다고 생각되면 빠른 시일 내에 전문가의 진단을 받고 발달 조기 중재를 시작해야 한다. 우리나라에서는 영유아기 성장발달 문제를 조기에 발견하기 위해 소아청소년과에서 영유아 무료검진을 실시하고 있다. 항상 방문하는 소아청소년과에서 발달 지연을 조기 발견하게 되면 종합병원의 해당 진료과를 방문해야 한다. 발달 지연뿐 아니라 발달이 또래 집단에 비해 월등히 우수해서 또래 집단 활동에 적응을 못 하는 경우에도 발달 수준에 대한 평가를 진행하고 아기에게 발달 수준에 맞는 환경을 제공해 주어야 한다.

아기가 소리를 잘 듣지 못하는 경우

조금이라도 소리에 반응을 보인다면 생후 9개월까지 기다려보고 이비인후과 방문을 고려해 본다. 만약 생후 4개월에 아기가 소리에 대해 전혀 반응을 보이지 않으면 이비인후과 진료를 받아야 한다.

아기가 잘 보지 못하는 경우

생후 6개월 이후에 상 위에 있는 콩을 보고 잡으려고 시도하지 못한다면 소아안과 전문의의 진료가 필요하다. 팔을 뻗는 운동성에 어려움을 느껴 잡지 못하는 것이 아니라 팔을 뻗어도 콩이 잘 보이지 않는 경우로 아기가 잘 보이지 않아서 머리를 콩 앞으로 가져가게 된다.

생후 12개월 전에 운동발달이 늦는 경우

생후 4개월 15일까지 목 가누기가 완전히 이루어지지 않거나, 생후 10개월 15일까지 기지 못하거나, 생후 16개월까지 혼자서 잘 걷지 못하는 경우 재활의학과 소아재활의학과 전문의의 진료가 필요하다. 이때 가능하면 소아물리치료사가 많은 병원을 선택해서 진료를 받는 것이 좋다.

말을 잘하지 못하는 경우

- 생후 24개월 이후에 말은 잘하지 못하지만 말귀는 잘 알아듣는다면, 생후 48개월까지는 기다릴 수 있다. 만 4세 이전에는 말을 잘하지 못해도 발달기에 맞는 언어이해력을 보이면 발음을 알아보기 위한 언어평가는 필요하지 않다.
- 생후 24개월 무렵에 "엄마", "아빠"를 하지 못하고 말귀를 잘 알아듣지 못하면서 떼가 매우 심하다면 전반적인 발달 검사가 필요하다. 아이와 직접 상호작용을 하면서 발달을 평가하는 기관을 선택하고, 검사자의 임상 경험이 최소한 5년 이상인지 점검한다.
- 만 4세 이후에 언어이해력은 자기 나이 수준인데 말이 트이지 않거나 발음에 어려움을 보이면 언어평가를 받아볼 수 있다. 하지만 말만 늦게 트이는 경우라면 언어치료가 필요하지 않다. 단, 발음에 어려움을 나타내면서 심리적인 위축이 심하면 발음치료에 도움을 제공해 줄 수 있다. 아이가 심리적인 어려움으로 말을 더듬는다면 아이의 심리를 이해하고 긴장을 풀어주기 위해 노력해야 한다.

인지발달, 운동발달, 행동발달이 모두 늦는 경우

아기가 전반적인 발달 지연을 나타내는 경우, 각 발달영역별로 발달 수준을 알아보기 위해 발달 평가가 필요하다. 그리고 아기의 발달 특성에 맞는 놀이

학습 환경을 제공해 주어야 한다.

발달이 우수하다고 생각되는 경우

생후 36개월 이후부터는 유아지능 검사가 가능하다. 말이 트인 후 유아지능 검사를 수행해서 동작성 지능 수준과 언어성 지능 수준을 알아보고 아이의 발달 수준에 맞는 놀이 학습 활동을 제공해야 한다. 만 5세 이전의 유아지능 검사는 아이의 영재성을 알아보기 위한 수단이 아니라 아이의 발달 수준 및 발달 특성을 이해하기 위한 수단으로 생각해야 한다. 모든 아이는 자신의 발달 수준에 맞는 놀이와 학습 활동을 지원받아야 한다. 놀이 및 학습 프로그램을 정하기 위한 방법으로 발달 평가나 유아지능 검사의 도움을 받을 수 있다.

미숙아 발달 증진을 위한
조기 자극법

임신 37주 미만에 태어난 아기를 미숙아(preterm infant) 또는 조산아라고 한다. 미숙아의 경우 병원 미숙아실 인큐베이터에 있을 때부터 조기 자극 요법을 시행한다. 미숙아는 엄마 배 속에서 일찍 나왔으므로 그 시간만큼 엄마 배 속에서 받아야 하는 자극을 받지 못한 셈이다. 따라서 엄마 배 속에서 제공돼야 했던 자극과 출생 직후부터 제공되어야 하는 감각자극을 함께 제공하는 조기 자극 프로그램을 시행한다. 1970년대와 1980년대 초에 미숙아들을 대상으로 하는 조기 자극이 발달 증진에 어떤 영향을 미치는지 그 효과에 관한 많은 연구가 이루어졌다. 미숙아에게 체중 증가는 곧 뇌 발달을 의미한다. 미숙아실에서의 조기 자극 혹은 가정에서 제공되는 조기 자극이 미숙아의 체중 증가와 발달 증진에 의미 있는 결과를 가져온다는 연구결과들 덕에 대학병원 미숙아실에서부터 조기 자극을 제공하기 위한 많은 변화가 시도됐다. 또 미숙아실에서 퇴원한 후에는 가정에서 어떤 자극이 제공되어야 하는지에 대한 퇴원 교육이 시행되기 시작했다. 미숙아실에는 미숙아들의 발달을 도와주는 발달센터가 세워졌고, 주기적으로 미숙아들의 성장과 발달을 평가하게 됐으며, 부모 교육도 함께 이루어진 것이다.

미숙아가 병원에 입원해 있는 동안 부모는 아기가 너무 작아 만지기만 해도 문제가 발생하지는 않을까 걱정하며 잘 만지지도 못한다. 따라서 병원의 담당 주치의와 간호사들이 부모가 아기에게 적극적으로 조기 자극을 제공할 수 있도록 기회를 제공해 주어야 한다. 퇴원 후에는 이 책에서 이야기한 성장발달 내용들을 참고해서 아기를 대하면 된다. 미숙아실 아기들을 위한 조기 자극 방법으로는 다음과 같은 것들이 있다.

전정기관자극

아기들은 엄마 배 속의 양수에서 열 달 동안 머무르며 흔들리는 자극을 접하게 된다. 엄마가 움직일 때마다 양수가 흔들리는데, 이때 아기의 균형 감각 발달에 영향을 미치는 전정기관자극이 주어진다. 전정기관자극은 머리의 방향이 바뀔 때마다 귀 안의 전정기관에 자극이 주어지면서 뇌로 이어지는 자극이다. 아기가 태어난 이후에도 아기를 안고 흔들어주면 전정기관을 자극하게 된다. 하지만 미숙아의 경우 태어나자마자 병원에 있어야 하므로 몸이 흔들리면서 주어지는 전정기관자극을 받을 기회를 얻기가 힘들다. 인큐베이터 속에 있던 아기가 젖병으로 엄마의 젖이나 분유를 먹을 수 있게 되면 미숙아실 간호사나 아기 엄마가 아기를 잘 감싸서 안고 흔들의자에 앉아서 몸을 흔들며 젖을 먹이면 좋다. 미숙아들은 보통 2~3시간 간격으로 젖을 먹게 되므로 2~3시간 간격으로 몸의 흔들림을 경험하는 전정기관자극을 받을 수 있다. 또한 인큐베이터 속의 아기를 2~3시간 간격으로 꺼내서 자동 흔들 캐리어에 눕혀 놓으면 흔들거리는 자극을 경험할 수 있다.

시각자극

아기는 태어나면서부터 시각적인 자극을 받는다. 미숙아들도 병원에 입원하게 되면 많은 불빛 아래 누워 있어야 한다. 그래서 간혹 불빛 자극에 노출이 되지 않도록 아기에게 안대를 해주기도 한다. 미숙아들이 잘 성장해서 젖병으로도 젖을 먹을 수 있게 되면 깨어 있는 시간이 많아지고 주변의 사물들을 관찰한다. 이때 인큐베이터 속에 가족들이 그린 그림이나 알록달록한 카드를 넣어주면 좋다. 또 자동 흔들 캐리어에 눕혀서 전정기관자극을 주는 동안에 캐리어에 모빌을 달아서 아기가 시선을 집중할 수 있게 도와주기도 한다. 젖병에 젖을 담아 먹이면서 아기와 눈을 맞추려고 노력하는 것도 시각자극을 주는 좋은 방법이다. 목소리를 내면서 눈을 맞추려고 시도하면 아기가 눈으로 엄마를 찾으려는 시도를 더욱 적극적으로 할 것이다.

청각자극

미숙아들은 병원에 입원해 있는 동안 여러 가지 기계음에 노출된다. 24시간 '뚜뚜' 하는 기계음을 듣게 되는데 반복적인 기계음이 미숙아의 뇌 발달에 부정적인 영향을 미칠 것을 걱정해 수많은 연구가 진행되기도 했다. 그러나 미숙아실에서 나는 기계음이 아기에게 뇌 손상을 입힌다고 말하기는 어렵다. 아기의 뇌에는 의미 없이 반복되는 자극에 대해서 입력을 차단시키는 기능이 있다. 따라서 의미 없이 지속되는 기계음이 아기의 뇌를 자극하지는 않을 것으로 생각된다. 아기에게 젖을 먹이는 동안 간호사나 부모가 들려주는 부드러운 목소리는 아기의 정서에 안정을 주는 청각자극이 된다. 단, 청각자극이 강하게 들어오면 미숙아의 온몸이 경직되면서 움직일 수 있으므로 가능하면 부드러운 목소리를 들려주는 것이 좋다.

피부자극

미숙아는 태어나자마자 오랜 시간 미숙아실에 누워 있어야 한다. 그 결과 가장 결핍되는 것이 피부자극이다. 살살 마사지하듯 주는 피부자극과 강하게 마사지하듯 주는 피부자극 중에서 어떤 것이 더 효과적인지에 관한 다양한 연구들이 진행되기도 했다. 최근에는 엄마의 피부에 아기의 피부를 직접 닿게 하는 캥거루식 피부자극이 미숙아의 호흡을 안정되게 한다는 연구결과에 따라서 많이 활용되고 있다.

엄마의 가슴에 직접 아기의 가슴을 닿게 하는 경우 엄마 배 속에서 들었던 심장박동 소리도 들을 수 있으므로 아기의 호흡이 크게 안정되는 것으로 생각된다. 미숙아는 엄마 배 속에서 제공되는 전정기관자극과 출생 후에 제공되는 시각자극, 청각자극, 피부 감각자극들이 모두 결여되므로 이를 보충해 주는 조기 자극 요법을 실시했을 때 호흡이 의미 있게 안정되고 체중이 증가하면서 발달이 증진되는 것으로 생각된다. 미숙아실에서 아기에게 제공할 수 있는 가장 좋은 방법은 엄마가 흔들의자에 앉아서 캥거루 간호법으로 아기를 안고 몸을 흔들면서 부드럽게 아기의 이름을 불러주는 것이다.

어린이집 활동 보고서
작성 사례

어린이집 활동 보고서

* 각 생활 별 아이의 반응을 상세하게 서술해 주세요.

아이이름	김○○		(남)
생년월일	○○○○년 ○월 ○일		
반 이름	다람쥐반		
담당교사	박○○		
작성일자	2024 년 11월 9일		

영역	관찰내용	선생님 말씀
건강 생활	감각 및 신체인식	균형을 유지할 수 있다. 평균대 위를 균형잡고 걸을 수 있고, 기어서 링을 통과하는 등의 신체활동을 할 수 있다.
	기본 운동능력	뛰기, 달리다가 멈추기, 기어가기, 구르기, 팔과 다리를 지시대로 움직이기 등의 활동을 할 수 있다.
건강 생활	건강	건강한 생활을 하기 위한 습관이 바르다. 손씻기, 콧물 닦기 등 스스로 건강하고 위생적으로 생활하려 한다.
	안전	위험한 놀이나 행동은 하지 않는다. 스스로 안전한 생활을 하기 위해 원내의 규칙과 약속을 지킨다.

사회 생활	기본 생활습관	식사를 맛있게 골고루 잘 먹는 편이다. 하지만 바르게 앉아서 식사하는 습관을 필요로 한다.
	개인생활	스스로 양치하고 정리할 수 있으나 다른 개인 물건을 모두 소중히 정리하거나 챙길 수는 없다.
	집단생활	그룹 활동이나 집단 놀이에 관심을 가질 때도 있으나 쉽게 참여하기는 어렵다. 교사가 개입하여 참여를 도우면 함께 활동을 한다. 또래들과는 대화를 하기는 어렵고, 의사소통(간단한) 상호작용 정도 가능하다. 친구들과 "안녕"이나 간지럼을 태우는 등 여아들과 상호작용을 자주 한다. 하지만 아직 교사와의 상호작용이 가장 크다.
표현 생활	탐색	새로운 물건에 대한 관심과 호기심이 있다. 물건일 경우, 만져보거나 주인을 찾아주기도 하지만 새로운 사람에 대한 경계심이 있어 친해지기 쉽지 않다.
	표현	의지할 수 있는 어른 즉, 부모님이나 교사가 곁에 있을 경우 즐거움, 슬픔 등의 감정을 표현할 수 있다. 낯선 곳이나 낯선 어른 앞에서는 좀처럼 감정을 드러내지 않는다.
	감상	음악 감상의 경우, 감상 중 부모님을 찾는 경우가 잦고, 동화 감상의 경우, 자세는 바르지 못해도 주의깊게 듣고 표현한다.
언어 생활	듣기	동요나 동화, 동극을 보거나 듣는 것을 좋아한다. 악기를 이용하여 소리를 듣는 경험을 좋아하고, 다시 그 악기를 접했을 때 과거의 경험을 기억해 내 따라 할 수 있다.
	말하기	질문에 대한 답을 들을 수 있지만 언어발달이 미숙하여 정확한 발음으로 듣기는 어렵다. 질문에 대한 답은 정확한 답이고 상황을 기억하여 이야기해 주는데 단어로 이야기한다.

언어 생활	읽기/쓰기 관심	선을 긋거나 색을 칠하는 활동에 관심이 많고 즐겨한다. 일반 여아들과 마찬가지로 핑크색, 주황색과 같이 따뜻한 색을 좋아하고 색칠할 때의 집중력은 90%를 발휘한다.
탐구 생활	수학적 탐구	많고, 적음을 구분하고 크고, 작음을 인지하고 있다. 수를 정확히 세는 것은 조금 어려우나 간단한 숫자세기가 가능하다.
종합		여느 여아와 마찬가지로 예쁘고, 작고, 따뜻한 색을 띄는 교구나 장난감 등을 좋아한다. 어린이집의 규칙을 모르는 초기에는 규칙이나 약속(줄서기, 선생님을 따라 이동하기, 바르게 앉기, 친구와 짝을 이루기, 순서에 맞게 활동하기 등)이 어려웠으나 현재는 친구와 짝을 이루기와 식사 중 바르게 앉기를 제외한 모든 규칙들을 잘 적응하고 지키고 있다. 초기에 OO이는 친구들과의 상호작용을 원하지 않았으나 현재는 친구들과 인사하기, 같은 물건을 가지고 있을 경우 "똑같아"라고 또래와 소속감을 느끼기도 한다. 이야기를 할 때에는 정확한 대답이기는 하지만 두글자 이상으로 말하지 어렵고 "선새"라고 반응했으나 최근 들어 "선생님"이라고 부정확하지만 세글자를 이야기했다. 친구의 이름, 물건의 명칭 또한 두글자로 말한다.
질문		집단 활동에 잘 참여하지 않는 원인이 아이의 언어이해력의 어려움인지 아니면 성격적인 면인지 잘 모르겠습니다. 집단활동에 참여시키려면 어떤 노력을 더해야 할까요?

김수연의 아기발달백과

2024년 11월 25일 개정 3판 1쇄 펴냄

지은이   김수연
펴낸이   김경섭
펴낸곳   도서출판 삼인
전화   (02) 322-1845
팩스   (02) 322-1846
이메일   saminbooks@naver.com
등록   1996년 9월 16일 제25100-2012-000045호
주소   (03716) 서울시 서대문구 성산로 312 북산빌딩 1층

일러스트 김은선
디자인   Studio O-H-!
제작   수이북스

ISBN 978-89-6436-000-2 13590